21 世纪高职高专计算机案例型规划教材

全新修订

安徽省 2018 年“省级规划教材”(项目号：2017ghjc265)
安徽省省级精品资源共享课程“C#程序设计”(项目号：2016gxk141)配套教材

C#面向对象程序设计案例教程
(第 2 版)

主　编　陈向东
副主编　吴淑英　季耀君
参　编　王　杰　毕　波　虞　娟

北京大学出版社
PEKING UNIVERSITY PRESS

内容简介

本书详细介绍了如何使用 C#语言进行面向对象的程序设计的相关知识，先讲 C#语言和 Visual Studio.NET 平台的相关知识，分别讲述控制台应用程序和 Windows 应用程序编程方法，再从 C#的基本语法规则和程序设计结构讲起，逐步深入到 C#面向对象编程，包括方法、类与对象、数组和索引器、继承、多态、接口、异常处理、委托和事件、文件操作、C#Windows 编程等。全书在面向对象程序设计思想指导下，将面向对象程序设计方法贯穿始终，让读者能够逐步体会并深刻理解“对象”技术的强大功能；每一节都通过案例驱动的方式系统地讲解相关知识点；每个案例都经过精心设计，尽量涵盖所有相关知识点，给出代码、分析及相关知识介绍；每一章都有针对性地设计了理论习题和操作题。

本书于 2018 年 4 月被安徽省教育厅立项为“省级规划教材”（项目号：2017ghjc265），是安徽省省级精品资源共享课程“C#程序设计”（项目号：2016gxk141）的配套教材。

本书内容丰富，知识讲解系统，案例典型，适合作为高职高专院校的计算机及相关专业的教材，也适合作为软件开发人员及其他有关人员的自学参考书或培训资料。

图书在版编目(CIP)数据

C#面向对象程序设计案例教程/陈向东主编. —2 版. —北京：北京大学出版社，2015.8
（21 世纪高职高专计算机案例型规划教材）
ISBN 978-7-301-26145-3

Ⅰ. ①C… Ⅱ. ①陈… Ⅲ. ①C 语言—程序设计—高等职业教育—教材 Ⅳ. ①TP312

中国版本图书馆 CIP 数据核字（2015）第 177755 号

书　　名 C#面向对象程序设计案例教程（第 2 版）
著作责任者 陈向东　主编
责任编辑 翟　源
标准书号 ISBN 978-7-301-26145-3
出版发行 北京大学出版社
地　　址 北京市海淀区成府路 205 号　100871
网　　址 http://www.pup.cn　新浪微博：@北京大学出版社
电子信箱 pup_6@163.com
电　　话 邮购部 010-62752015　发行部 010-62750672　编辑部 010-62750667
印 刷 者 北京虎彩文化传播有限公司
经 销 者 新华书店
787 毫米×1092 毫米　16 开本　21 印张　480 千字
2009 年 8 月第 1 版
2015 年 8 月第 2 版　2020 年 11 月修订　2022 年 1 月第 3 次印刷
定　　价 54.00 元

修订版前言

C#是微软公司专门为.NET 的应用而开发的一种全新且简单、安全、面向对象的程序设计语言，性能极高而且以 Internet 为中心，是目前最流行的程序设计主流语言之一。它吸收了 C、C++、Visual Basic、Delphi、Java 等语言的优点，体现了当今最新的程序设计技术的功能和精华，不仅可以用来开发大型的应用程序，而且特别适合 Internet 的应用开发。

面向对象的程序设计(Object-Oriented Programming，OOP)立意于创建软件重用代码，具备更好地模拟现实世界环境的能力，这使它被公认为是自上而下编程的优胜者。它通过给程序中加入扩展语句，把函数“封装”进编程所必需的“对象”中。面向对象的编程语言使得复杂的工作条理清晰、编写容易，说它是一场革命，不是对对象本身而言，而是对它们处理工作的能力而言。

本次修订开发平台由 VS2010 升级到 VS2019，同时修改了错误，补充了内容，增加了案例，扩展了习题。

本书在编写时选择有典型代表性的案例，突出重点知识的掌握和应用，力求适合学生的学习和教师的教学。同时，将知识和案例有机结合，通过案例强化学生应用能力的培养。每个案例一般由案例说明(包括案例简介、案例目的、技术要点)、代码及分析、相关知识及注意事项几个部分组成，有助于学生对案例的理解和掌握。

全书共分 13 章：第 1 章 C#入门，介绍了 Visual C#.NET 平台的相关知识，分别讲述控制台和 Windows 可视化编程方法；第 2 章 C#语法基础和第 3 章 C#程序结构，介绍 C#的基本语法规则和程序设计结构；第 4 章方法和第 5 章类与对象，介绍面向对象的基本概念；第 6 章数组和索引器，介绍了 C#中数组和索引器的定义和使用；第 7 章继承、第 8 章多态和第 9 章接口，介绍面向对象程序设计核心思想和实现；第 10 章异常处理，介绍 C#程序设计中的异常捕捉及处理；第 11 章委托和事件，介绍 C#中委托的定义与使用和事件的定义与处理；第 12 章文件操作，介绍 C#中与文件相关的操作；第 13 章 C#Windows 编程，介绍 Windows 应用程序的设计方法，窗体和控件的使用。

本书以培养读者面向对象程序设计的能力为目标，兼顾基本概念和基础知识框架。本书采用案例驱动的方式，每一章、每一节都从案例入手，逐步分析介绍相关原理；采用理论描述结合案例的思路，并将知识的高度与案例的深度密切结合起来，对案例进行精选，对理论进行精简，降低了构建完整知识体系的要求和将基础知识一直深入到应用的难度。书中每个案例都经过精心设计，尽量涵盖所有相关知识点，给出代码及分析、相关知识及注意事项，且都是学生熟悉的、与日常生活相关的案例。而且，本书还注重处理好局部知识应用与综合应用的关系，强调实用性，重视培养应用能力。

本课程的前导课程有：计算机文化技术、计算机数学基础和 C 语言程序设计；本课程的后续课程有：C# Windows 编程和 ASP.NET 开发等；本课程建议总学时数为 96 学时，包括实训和课程设计环节，其中理论教学 54 课时，实验教学 42 课时。

本书由南京特殊教育师范学院的陈向东担任主编，温州职业技术学院的吴淑英和马鞍山师范高等专科学校的季耀君担任副主编。具体编写分工为：第 1、4、5 章由吴淑英编写，第 2、3 章由毕波编写，第 6、10 章由王杰编写，第 7、8、9 章由陈向东编写，第 11、12 章由季耀君编写，第13章由虞娟编写。本书由陈向东负责统稿。本书编者长期从事C、C++、C#、ASP.NET等系列课程的教学实践和相关专业的建设工作，同时又是一个开发团队，有着丰富的软件开发和教学经验。

由于计算机技术发展迅速，行业知识更新很快，加上编者水平有限，书中难免存在不足之处，请广大读者不吝指正。编者电子邮件地址为：masszcxd@ qq.com。

编　者

2020年4月

目 录

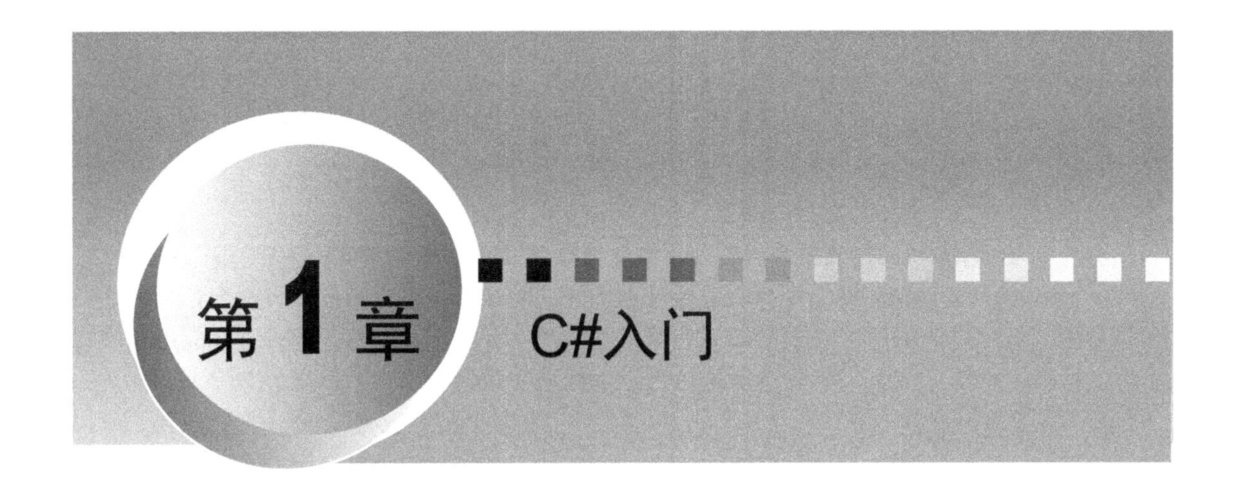

教学目标

(1) 熟悉 Visual Studio.NET 集成开发环境。

(2) 学会编写简单的 C#控制台应用程序和 Windows 应用程序。

(3) 掌握 C#程序结构和书写格式。

(4) 掌握控制台应用程序基本输入和输出方法。

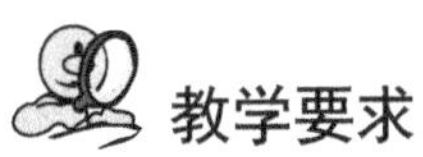

教学要求

知 识 要 点	能 力 要 求	相 关 知 识
.NET 框架与 C#语言	了解	.NET 体系结构、C#语言的特点
Visual Studio.NET IDE	熟悉	Visual Studio.NET IDE 主界面组成
开发控制台和 Windows 应用程序	掌握	创建、编译和执行简单控制台和 Windows 应用程序
C#基本程序结构	掌握	C#程序结构与书写格式
控制台输入、输出方法	掌握	Console 类的 WriteLine( )和 ReadLine( )方法
面向对象的概念	了解	窗体、控件、对象、属性、方法和事件

1.1 .NET 框架和 C#语言简介

1.1.1 .NET 框架简介

学习 C#语言离不开对.NET 的理解，下面从方便学习的角度简单介绍.NET 基础知识。

Microsoft .NET(简称.NET)是微软公司推出的面向网络的一套完整的开发平台，从程序员的角度看，.NET 是一组用于生成 Web 服务器应用程序、Web 应用程序、Windows 应用程序和移动应用程序的软件组件，用该平台建立的应用程序在公共语言运行库的控制下运行。

1. .NET 体系结构

如图 1.1 所示，.NET 体系结构的核心是.NET 框架(.NET Framework)，.NET 框架在操作系统之上为程序员提供了一个编写各种应用程序的高效的工具和环境。.NET 体系结构的顶层是用各种语言所编写的应用程序，这些应用程序由公共语言运行库控制执行。

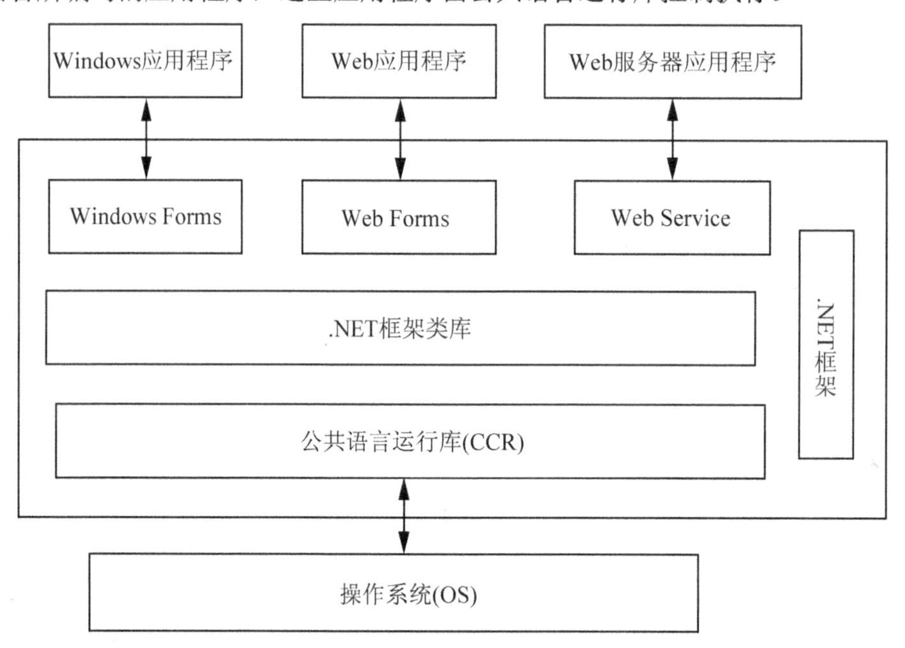

图 1.1 .NET 体系结构

.NET 能支持多种应用程序的开发，其中控制台程序是一种传统而简单的程序形式，一般是字符界面，可以编译为独立的可执行文件，通过命令行运行，在字符界面上输入输出。Windows 应用程序是基于 Windows Forms(Windows 窗体)的应用程序，是一种基于图形用户界面(Graphical User Interface，GUI)的应用程序，一般是在用户计算机本地运行。本书案例采用的是控制台应用程序或 Windows 应用程序。

2. .NET 框架的两个实体

.NET 框架具有两个主要组件：公共语言运行库和.NET Framework 类库。

1) 公共语言运行库

公共语言运行库又称公共语言运行时(Common Language Runtime，CLR)或公共语言运行环境，是.NET 框架的底层。其基本功能是管理用.NET 框架类库开发的所有应用程序的运行并且提供各种服务。

.NET 将开发语言与运行环境分开。一些基于.NET 平台的所有语言的共同特性(如数据类型、异常处理等)都是在 CLR 层面实现的，在.NET 上集成的所有编程语言编写的应用程序均需通过 CLR 才能运行。使用 CLR 的一大好处是支持跨语言编程，凡是符合公共语言规范(Common Language Specification，CLS)的语言所编写的对象都可以在 CLR 上相互通信，相互调用。例如，用 C#语言编写的应用程序，能够使用 VB.NET 编写的类库和组件，反之亦然，这大大提高了开发人员的工作效率。

2) .NET Framework 类库

.NET Framework 类库是一个面向对象的可重用类型集合，该类型集合可以理解成预先编写好的程序代码库，这些代码包括一组丰富的类与接口，程序员可以用这些现成的类和接口来生成.NET 应用程序、控件和组件。例如，Windows 窗体类是一组综合性的可重用的类型，使用这些类型可以轻松灵活地创建窗体、菜单、工具栏、按钮和其他屏幕元素，从而大大简化了 Windows 应用程序的开发。程序员可以直接使用类库中的具体类，或者从这些类派生出自己的类。.NET 框架类库是程序员必须掌握的工具，熟练使用类库是每个程序员的基本功。

.NET 支持的所有语言都能使用类库，任何语言使用类库的方式是一样的。目前已发布的最新.NET 框架版本是.NET Framework 4.8，另一个相关的框架是.NET Core，它是一个新的、开源的、跨平台的、用来构建可在所有操作系统（包括 Windows、Mac、Linux）上面运行的应用框架。对于初学者来说，若要快速开发并部署一个.NET 应用，建议使用.NET Framework。

3. Microsoft 中间语言和即时编译器

.NET 框架上可以集成几十种编程语言，这些编程语言共享.NET 框架的庞大资源，还可以创建由不同语言混合编写的应用程序，因此可以说，.NET 是跨语言的集成开发平台。

如图 1.2 所示，.NET 框架上的各种语言分别有各自不同的编译器，编译器向 CLR 提供原始信息，各种编程语言编译器负责完成编译工作的第一步，即把源代码转换为用 Microsoft 中间语言(Microsoft Intermediate Language，MSIL)表示的中间代码。MSIL 是一种非常接近机器

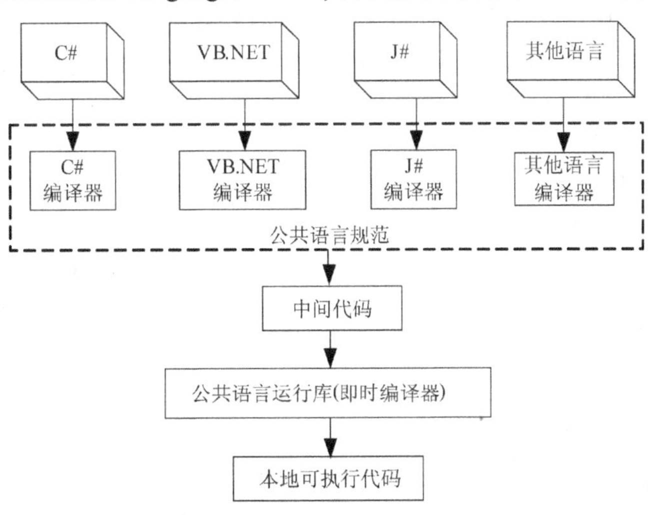

图 1.2　.NET 代码执行流程示例

语言的语言，但还不能直接在计算机上运行。第二步编译工作就是将中间代码转换为可执行的本地机器指令(本地代码)，在CLR中执行，这个工作由CLR中包含的即时编译器(Just In Time，JIT)完成。

1.1.2 认识C#语言

C#语言是微软公司专门为.NET平台量身打造的程序设计语言，是一种强大的、基于面向对象设计方法的程序设计语言，它是为生成运行在.NET框架上的企业级应用程序而设计的。

微软对C#的定义是：C#是一种安全的、现代的、简单的，由C和C++衍生而来的面向对象的编程语言。它根植于C和C++语言之上，并可以立即被C和C++的使用者所熟悉。设计C#的目的就是综合Visual Basic的高生产率和C++的行动力，C#已经成为Windows平台上软件开发的绝对主流语言。

作为.NET的核心语言，C#有很多的优点，如完全面向对象的设计、强大的类型安全、自动的垃圾回收功能、组件技术、跨平台异常处理、版本处理技术等。读者将在后续的C#学习与使用中深入体会这些优点。C#8.0已于2019年4月随着.NET Framework 4.8与Visual Studio 2019一同发布，C#8.0增加了可空引用类型、异步流、模式匹配表达式、递归模式语句等新功能。

1.2 Visual Studio .NET集成开发环境简介

强大的.NET平台必须有强大的集成开发环境(IDE)来支持。微软专门提供了Visual Studio .NET(简称VS.NET)作为.NET平台的集成开发环境，它集成了.NET框架，通过VS.NET可以快速方便地开发.NET应用程序。

1.2.1 VS.NET启动窗口

启动Visual Studio 2019后，默认在主界面显示“启动窗口”。启动后是否需要显示“启动窗口”，可以通过【工具】|【选项】|【常规】|【启动】命令进行设置。

“启动窗口”左侧为“打开最近使用的项目”，右侧为四个功能选项卡，如图1.3所示。左侧的最近使用的项目：列出了最近创建或打开过的项目列表，列表中显示的项目数目可以通过【工具】|【选项】|【常规】命令进行设置。右侧的四个功能选项卡，单击第一个“克隆或者签出代码(C)”，可以使用GitHub代码仓库克隆代码；单击第二个“打开项目或解决方案(P)”，可以打开想要打开的项目或解决方案；单击第三个“打开本地文件夹(F)”，可以打开相关项目文件夹；单击第四个“创建新项目(N)”，可以选择一个项目模板创建新项目。

1.2.2 VS.NET集成开发环境

当创建或打开一个项目以后，将进入如图1.4所示的Visual Studio 2019的开发环境。读者看到的界面可能会与图1.4有所不同，因为Visual Studio 2019的开发环境布局是可以定制的。

Visual Studio 2019典型主界面包含：用户编辑区窗口、工具箱窗口、解决方案资源管理器窗口、属性窗口以及输出窗口等其他窗口。它们的功能介绍如下。

图 1.3　Visual Studio 2019 启动窗口

1. 用户编辑区窗口

用户编辑区是起始页、设计器视图、代码视图及帮助内容的显示窗口，上述这些内容可以通过窗口上部的标签进行切换。用户编辑区允许用户打开某个文件并对文件进行编辑。如果用户打开了多个文件，那么这些文件将以选项卡的方式显示在用户编辑区的窗口上部，选项卡的标题即为文件名。如果选项卡的标题后面带一个星号“*”，则表示这个文件已被修改，但尚未保存。

在用户编辑区主要有两种视图：设计视图和代码视图。选择【视图】|【代码】命令或选择【视图】|【设计器】命令，或者选择窗口上部的选项卡，可在代码视图和设计视图之间进行切换。

图1.4所示的就是设计视图，设计视图用来设计Windows窗体或Web窗体。当创建Windows窗体应用程序或Web应用程序时默认打开设计视图，在该视图中可以为Windows或Web界面添加并设置控件。

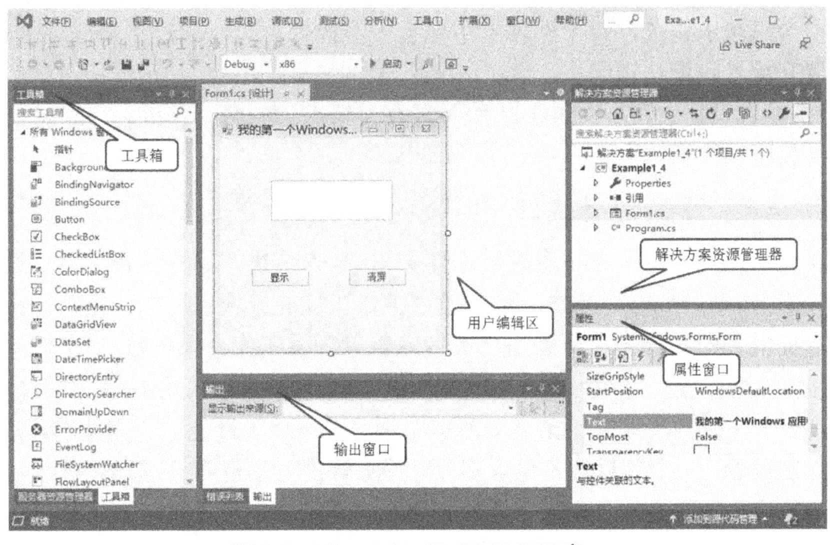

图 1.4　Visual Studio 2019 IDE 窗口

双击设计视图中的窗体或窗体中的任意控件都会打开代码视图，如图 1.5 所示。代码视图是一个纯文本编辑器，在其中可以进行常见的文本编辑操作，如定位、选定、复制、剪切、粘贴、移动、撤销、恢复等操作。VS.NET 的代码编辑器以不同的颜色显示代码中不同含义的内容，如以蓝色显示关键字、以绿色显示注释、以蓝绿色显示类名、以棕红色显示字符串。控制台应用程序只有代码视图。

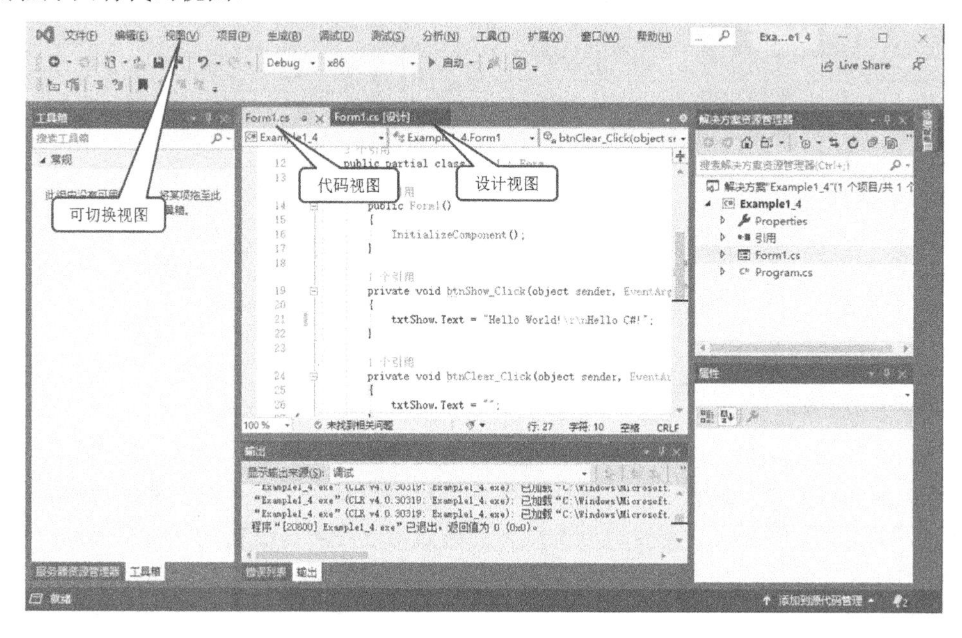

图 1.5　代码视图

2. 【工具箱】窗口

用户编辑区左侧是工具箱窗口，如图 1.4 所示，“工具箱”通常与“服务器资源管理器”共享一个屏幕区域，可以通过窗口下方(或侧边)的选项卡切换。工具箱是控件的容器，里面分类放置了很多用于设计程序界面的常用控件，可用于向 Windows 窗体应用程序或 Web 应用程序添加控件。工具箱中显示的控件会根据程序员所使用的不同设计器或编辑器而发生变化。整个工具箱由多个选项卡组成，每个选项卡中包含一组控件。可以通过单击选项卡前面的“+”或“－”来展开或者收缩选项卡。

“服务器资源管理器”是 VS.NET 的服务器开发管理控制台，帮助程序员访问和处理计算机上所有具有权限的资源。

3. 【解决方案资源管理器】窗口

用户编辑区右侧是【解决方案资源管理器】窗口，“解决方案资源管理器”通常与“类视图”“动态帮助”共享一个屏幕区域，可以通过窗口边缘的选项卡进行切换，如图 1.6 所示。

VS.NET 提供了两类容器，帮助用户有效地管理开发工作所需的项(如文件夹、文件、引用和数据连接)，这两类容器分别叫做“解决方案”和“项目”。使用.NET 开发的应用程序叫做解决方案，一个解决方案可以包括一个或多个项目，一个项目是一个完整的程序模块，用于解决一个独立的问题，一个项目通常包含多个子项。解决方案资源管理器以树状目录的形式列出了当前解决方案中的项目和文件，如图 1.6 所示，开发应用程序时，该树状目录可帮助用户管理解决方案中的项目和文件。解决方案资源管理器类似于一个文件夹，它的操作也类似于

Windows 文件夹操作，双击解决方案资源管理器中的某个文件将打开这个文件，通过拖放操作可以实现文件的复制和移动，还可以删除或者重命名文件。

解决方案包含多个项目时，其中有且仅有一个项目作为默认的启动项目，启动项目是程序执行的入口，启动项目在解决方案资源管理器中用粗体显示。

4. 【属性】窗口

用户编辑区的右侧下方是【属性】窗口，如图 1.7 所示，专门用于设置当前选定的窗体或控件的属性。属性是窗体和控件对象的静态特征描述，如某控件的颜色、名称、位置等。属性窗口中显示的内容会随着选择对象的不同而变化。

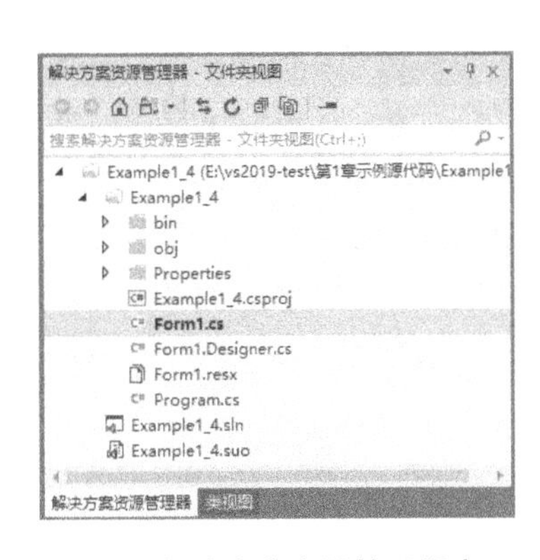

图 1.6　解决方案资源管理器窗口

属性
控件名 btnShow System.Windows.Forms.Button 控件类型
RightToLeft No
Size 75, 23
TabIndex 1
TabStop True
Tag
属性名 Text 显示 属性值
TextAlign MiddleCenter
TextImageRelation Overlay
UseCompatibleTextR False
UseMnemonic True
Text
与控件关联的文本。 属性注释

图 1.7　属性窗口

5. 其他窗口

有很多其他窗口默认显示在用户编辑区下方，图 1.8 仅列出了“输出窗口”“错误列表”“代码定义窗口”等比较常用的窗口。输出窗口供系统向用户输出一些用户需要的信息，如程序在组建过程中所产生的输出信息。在“错误列表”窗口中，可以显示在编辑和编译代码时产生的“错误”“警告”“消息”，可以查找 IntelliSense 所标出的语法错误等。双击任意错误信息项将会打开出现问题的文件，然后移到相应的问题行。可以单击【错误】、【警告】和【消息】按钮选择要显示哪些项目。

上述子窗口大部分可以通过【视图】菜单打开，一些与调试相关的窗口可以通过选择【调试】|【窗口】命令打开。

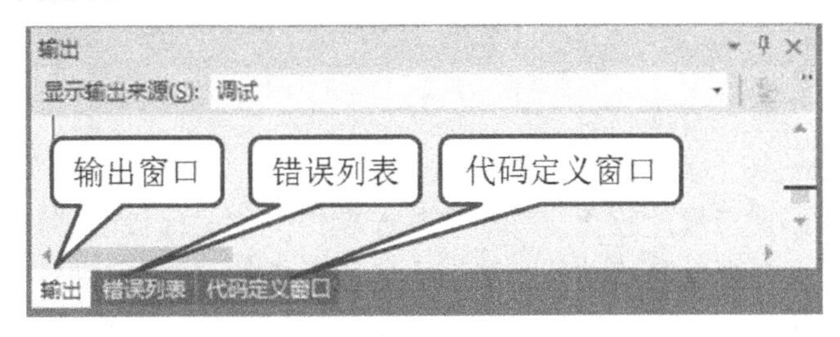

图 1.8　其他窗口

1.2.3　窗口布局调整

VS.NET IDE 中的子窗口可以根据需要进行调整、合并，从而定制出符合自己使用习惯的

IDE 窗口布局。VS .NET IDE 中有两类窗口：一类是主区域显示的窗口，一类是在主区域周围显示的子窗口。不管哪类窗口，当若干个窗口共享同一屏幕区域时，该屏幕区域内的窗口以选项卡的形式叠放在一起，在最前端显示的窗口为当前活动窗口，可以通过选择该屏幕区域边框上的选项卡来切换各个窗口。

1. 窗口位置移动

主区域周围显示的子窗口标题栏的右侧有一个【关闭】按钮和一个图钉形状按钮(或)。单击【关闭】按钮，窗口将关闭；单击图钉形状按钮，窗口将在自动隐藏状态和显示状态之间切换。

当“图钉”为纵向()时，窗口为显示状态。显示状态有停靠显示和浮动显示两种方式，默认为停靠方式。这时子窗口可以移动，用鼠标指向一个窗口的标题栏，拖动该窗口，在该窗口可以停靠的位置将会显示出导航按钮，用鼠标拖动窗口至导航按钮，该窗口将要停靠的位置会以半透明蓝色背景显示。例如，拖动“工具箱”窗口到主区域左边，如图 1.9 所示。

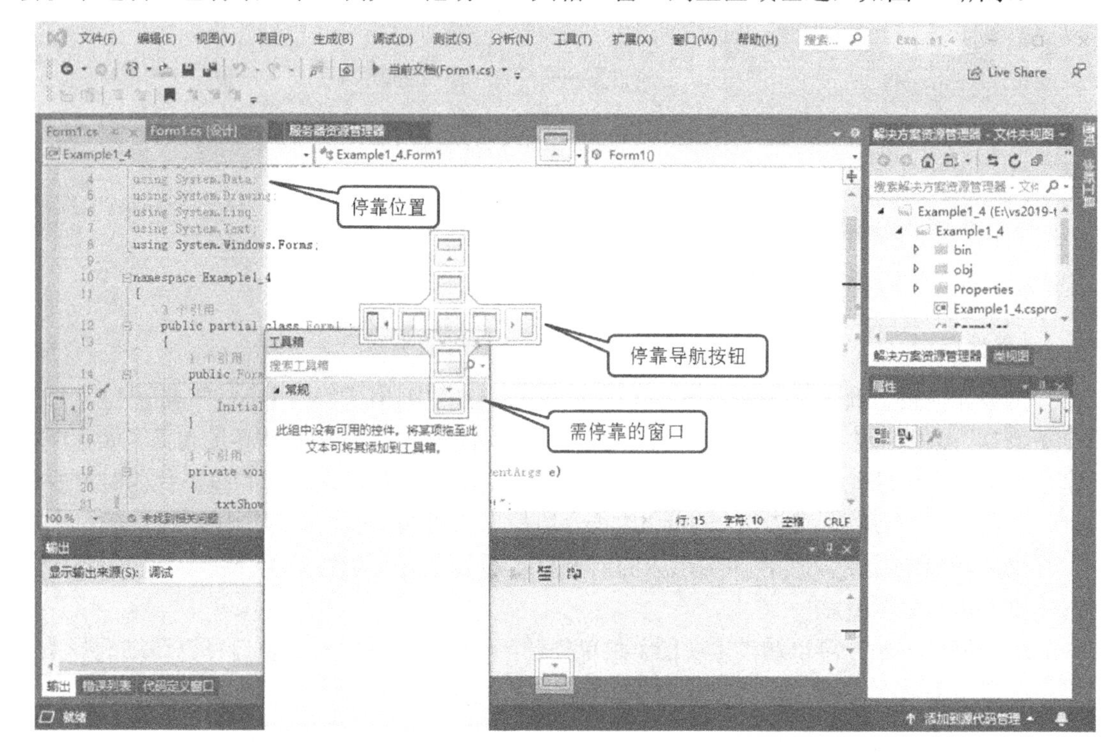

图 1.9　子窗口移动示例

2. 窗口自动隐藏

程序员在编写代码或者设计较大窗体时往往希望用户编辑区域能够尽量最大化，这时可以利用 VS.NET 提供的窗口自动隐藏功能，隐藏主区域周围的子窗口，如工具箱、属性窗口等，以此来扩大用户编辑区域。具体做法如下：单击窗口标题栏上的图钉形状按钮，当“图钉”变为横向时，窗口为自动隐藏状态。窗口自动隐藏后，仅在界面边框上显示一个图标，把鼠标移到这个图标上面，被隐藏的窗口将自动弹出来。

读者可自行定制符合自己使用习惯的 IDE 窗口布局。

1.3　第一个控制台应用程序

1.3.1　案例说明

【案例简介】

创建一个控制台应用程序，输出“Hello .NET!”和“Hello C#!”两行文字，显示效果如图 1.10 所示。

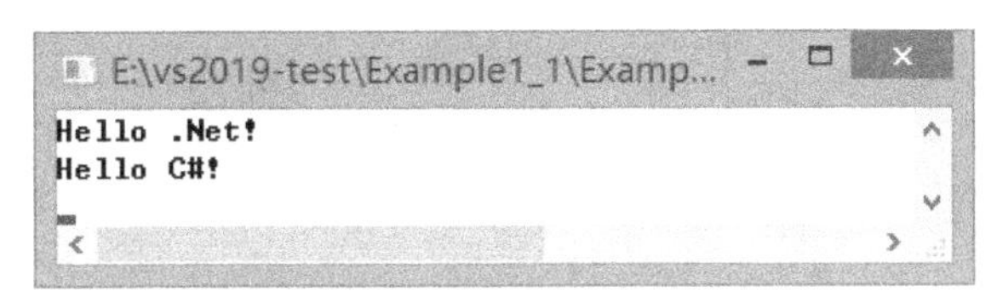

图 1.10　案例显示效果

【案例目的】

(1) 学会创建、编译和执行简单的控制台应用程序。

(2) 掌握 C#程序结构与书写格式。

(3) 掌握控制台输入和输出方法。

【技术要点】

(1) 控制台应用程序开发步骤：

① 新建项目。

② 编写代码。

③ 保存程序。

④ 调试运行程序。

(2) 使用 Console 类的行输出方法输出字符串。

1.3.2　案例实现步骤

1. 新建项目

(1) 选择【文件】|【新建】|【项目】命令，打开【创建新项目】对话框，如图 1.11 所示。注意，事先对三个下拉框做好选择设置，可以为创建者提前筛选符合条件的模板，图中通过“C#”“Windows”“控制台”三个选项对列出的模板进行了筛选。

(2) 在该对话框中选择“C#”“Windows”“控制台”选项，然后，在下方列表框中选择“控制台应用(.NET Framework)”，单击【下一步】，将弹出如图 1.12 所示的【配置新项目】对话框。如果启动窗口左侧“最近使用的项目模板”列表中有需要创建的项目模板，直接双击该模板即可进入下一步。

(3) 在【配置新项目】对话框中，【项目名称(N)】文本框中输入“Example1_1”作为该项目的名称。这里解决方案名称默认为第一个项目名称。

在【位置(L)】文本框中输入项目的保存目录(如 E:\vs2019-test\)，或者单击“...”按钮选择项目的保存目录。

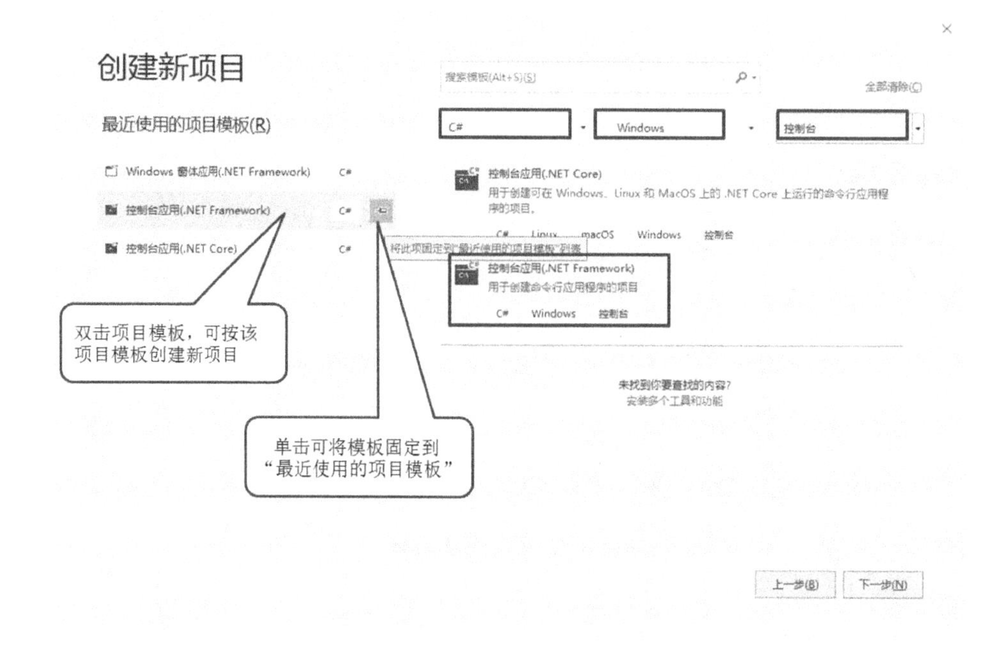

图 1.11 【创建新项目】对话框

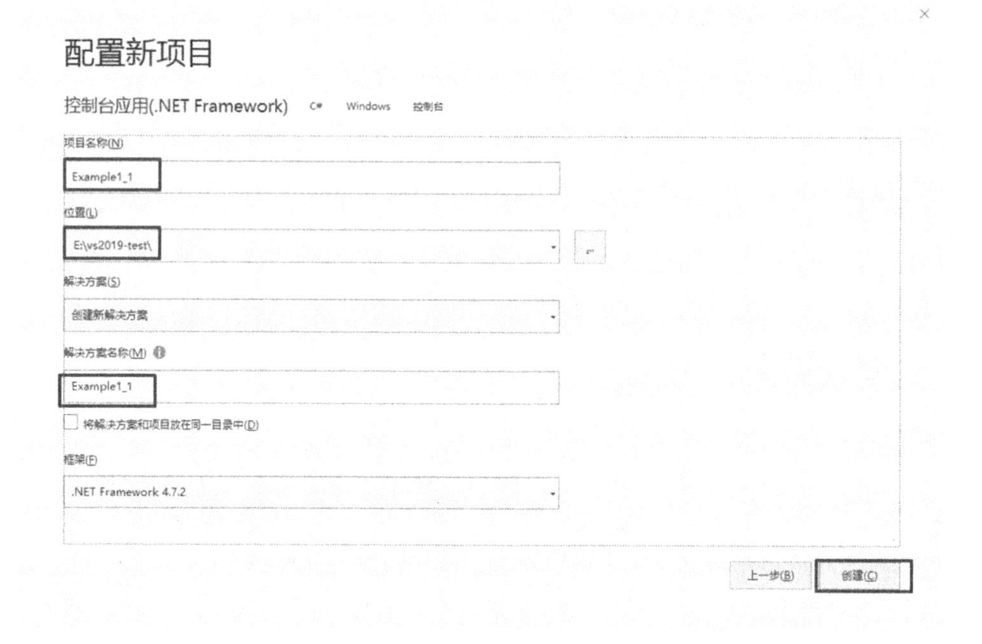

图 1.12 【配置新项目】对话框

(4) 单击【创建】按钮创建项目。

说明：VS.NET 2019 的可选项目模板较多，建议初学者选择创建.NET Framework 下的项目。

2．编写代码

在 Main()方法中添加如下代码：

```
Console.WriteLine("Hello .NET!");
Console.WriteLine("Hello C#!");
Console.ReadLine();
```

3．保存程序

保存 C#程序可采用下面 3 种方法之一：①单击工具栏上的【保存】按钮；②选择【文件】|【保存】命令；③按组合键 Ctrl＋S。

注意： 在 VS.NET IDE 中，运行一个程序后该程序就会被自动保存，如果之后未做任何修改，不需再做保存；如果做过修改而未运行过，则需要保存。

4．调试运行程序

选择【调试】|【启动调试】命令或者单击工具栏上的【启动调试】按钮，或者按快捷键 F5，将会调试并运行程序。如果程序能成功运行，将会看到如图 1.10 所示的运行结果。

1.3.3　代码及分析

在解决方案资源管理器中双击 Program.cs，可以在用户编辑区打开文件，文件内容如下：

```
namespace Example1_1
{
    class Program
    {
        static void Main(string[] args)
        {
            Console.WriteLine("Hello .NET!");
            Console.WriteLine("Hello C#!");
            Console.ReadLine();
        }
    }
}
```

1．namespace 关键字

namespace 即命名空间，是定义命名空间的关键字。命名空间包含类，是类的组织方式，可看作是对类进行分类的一种分层组织系统。按照一定的分类方法对类进行组织，把相关的类放在同一个命名空间中，可以提高管理和使用的效率。

命名空间有两种：一种是系统命名空间，另一种是用户自定义命名空间。系统命名空间是 VS.NET 提供的系统预定义的命名空间。用户自定义命名空间由用户定义，定义格式如下：

```
namespace 命名空间名
{
    …//类的定义
}
```

例如，在上述代码中 VS.NET 自动以项目名称“Example1_1”作为命名空间名称，当然用户也可以自己对命名空间命名。使用命名空间是一种良好的编程习惯，本书还会在后续章节中对命名空间加以介绍。

2. using 关键字

using 关键字用于导入命名空间，导入格式如下：

```
using 命名空间名;
```

例如，System 命名空间是 VS.NET 中最基本的命名空间，该命名空间提供了构建应用程序时所需的所有系统功能(该命名空间包括表示由所有应用程序使用的基础数据类型的类)。因此，在创建项目时，系统都会使用“using System;”自动导入该命名空间，并且放在程序代码的起始处。

3. class 关键字

class 即类，是定义类的关键字。C#是完全面向对象的语言，C#中必须用类来组织程序的变量和方法；换言之，用户编写的所有代码(除了定义和导入命名空间的代码外)都应该包含在类里面，C#程序至少包括一个自定义类。在上述代码中 VS.NET 自动以 Program 作为类名定义了一个类，用户也可以修改这个类名。

4. Main()方法

C#程序必须且只能包含一个 Main()方法，它是程序的入口点。这里 Main()是 Program 类的成员，是一个方法(函数)。根据返回类型和入口参数的不同，C#中的Main()方法有以下4种形式：

```
static void Main(string[] args){}
static void Main(){}
static int Main(string[] args){}
static int  Main(){}
```

用户可以根据需要自己选择使用哪种形式，控制台应用程序模板自动生成的是第一种形式。

5. 行输出方法

语句“Console.WriteLine("Hello .NET!");”的功能是向显示屏输出双引号之间的字符串。语句“Console.ReadLine();”的功能是输入一个字符串，在这里起到使输出显示暂停的效果，等待用户输入直到按 Enter 键结束。

1.3.4 相关知识及注意事项

1. C#应用程序文件夹结构

成功运行了第一个控制台应用程序后，需要了解 C#应用程序文件夹结构。在 VS.NET 提供的【解决方案资源管理器】窗口中，可以管理解决方案中包含的各种文件，如图 1.13 所示。

1) 解决方案文件夹

新建项目时，VS.NET 已经在指定的保存项目文件夹下创建了一个与项目名同名的文件夹 Example1_1。这是解决方案文件夹，解决方案可以包含一个或多个项目，本书的例子基本上是单项目解决方案。

2) 项目文件夹

解决方案文件夹 Example1_1 下有一个 Example1_1 文件夹，这是项目文件夹。

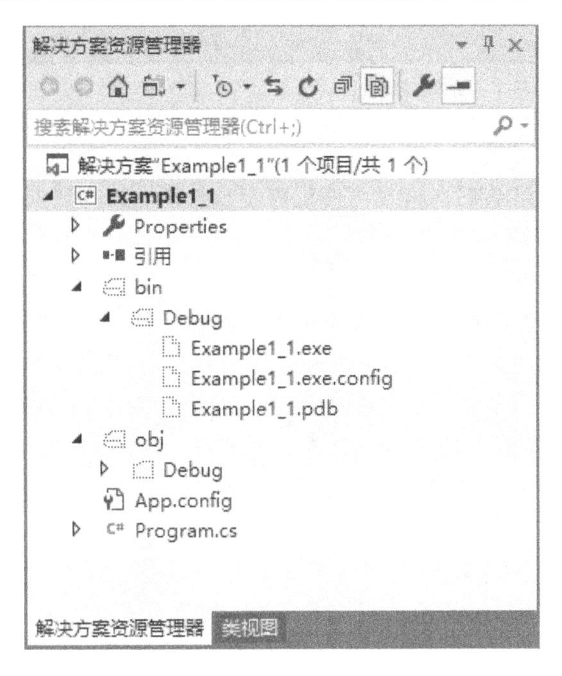

图 1.13　解决方案资源管理器

3) 解决方案文件

解决方案文件夹 Example1_1 下的 Example1_1.sln 文件是解决方案文件。建立解决方案后，会建立一个扩展名为.sln 的文件，打开这个文件可以打开整个解决方案。

4) Program.cs 文件

Program.cs 文件位于项目文件夹 Example1_1 中，是程序源文件，刚才编写的代码就在该文件中，在 C#中以.cs 作为源文件的扩展名。

5) Example1_1.exe 文件

Example1_1.exe 文件位于文件夹 bin\Debug 中，是项目编译运行成功后生成的可执行文件，可以直接执行。

2. C#程序结构

(1) 命名空间：命名空间包含一个或多个类。

(2) 类：C#中程序的变量与方法必须包含在类中(即用类来组织变量与方法)。

(3) 方法：方法必须包含在某一个类中，作为类的一个成员，每个程序有且仅有一个 Main()方法。

(4) 语句：语句是 C#应用程序中执行操作的命令。C#中的语句必须用分号“;”结束。为了语句书写方便，可以在一行中书写多条语句，也可以将一条语句书写在多行上。

(5) 关键字：关键字也叫保留字，是对 C#有特定意义的字符串。关键字在 VS.NET 环境的代码视图中默认以蓝色显示。例如，代码中的 using、namespace、class、static、void、string 等均为 C#的关键字。

(6) 大括号：在 C#中，括号“{”和“}”是一种范围标志，表示代码层次的一种方式。大括号可以嵌套，以表示应用程序中的不同层次。在上述代码中，命名空间“Example1_1”下的大括号表示该命名空间的代码范围，类“Program”下的大括号表示该类的代码范围，方法“Main”下的大括号表示该方法的代码范围。大括号必须成对出现，程序结构层次分明，方法包含于类中，类包含于命名空间中。

3. C#程序书写格式

统一的结构格式、规范的书写格式可使程序层次分明，结构清晰，有利于提高程序的可读性，是一种良好的编程习惯。

1) 缩进

除了大括号外，缩进也是用来表示代码结构层次的一种方法，缩进虽然在程序中不是必须的，但可以清晰地表示程序的结构层次，在程序设计中应该使用统一的缩进格式书写代码。在一般情况下，命名空间及其对应的大括号顶格书写，类及其对应的大括号向内缩进一个制表位，类中的变量、方法及其对应的大括号向内缩进一个制表位，方法中的语句向内缩进一个制表位。实际上，在VS.NET IDE中，系统会自动进行缩进调整。

2) 字母大小写

C#是对大小写敏感的语言，它把同一字母的大小写当作两个不同的字符对待，例如，大写“A”与小写“a”对C#来说是两个不同的字符。尤其值得注意的是，很多习惯于C++或C语言的人可能会误把Main写成main，此时C#会把main当成是不同于Main的另一个名称。

3) 程序注释

编写代码非常重要的一项工作就是为代码写注释，注释是给程序员看的，用于提高程序的可读性，它不会被编译，也不会生成可执行代码。C#中的注释有3种，如下所述。

(1) 单行注释：以双斜线“//”开始，一直到本行尾部，均为注释内容。

(2) 多行注释：以“/*”开始，以“*/”结束，可以注释多行，也可以注释一行代码中间的一部分，比较灵活。

(3) 文档注释：使用“///”，若有多行文档注释，每一行都用“///”开头。

给上述“第一个控制台应用程序”的代码添加各种注释后，代码如下：

```
namespace Example1_1 //定义命名空间
{
    /// <summary>
    /// 该程序向控制台输出两行信息
    /// 作者：wsy
    /// 日期：2014-12-1
    /// </summary>
     class Program//定义类
    {
        static void Main(string[] args)//定义方法
        {
            /*
             此处添加代码
             */
            Console.WriteLine("Hello .NET!");//输出Hello .NET!
            Console.WriteLine("Hello C#!");
            Console.ReadLine();//等待用户输入，使输出显示暂停
        }
    }
}
```

4. Console 类

Console 类是 System 命名空间中预定义的一个类，用于实现控制台的基本输入输出。控制台的默认输出是屏幕，默认输入是键盘。Console 类常用的方法主要有 Read()、ReadLine()、Write()、WriteLine()，见表 1-1。其中，Write()方法和 WriteLine()方法都用于向屏幕输出方法参数所指定的内容；不同的是，WriteLine()方法除了输出方法参数所指定的内容外，还在结尾处输出一个换行符，使后面的输出内容从下一行开始输出。Read()方法用于从键盘读取一个字符，返回这个字符的编码。ReadLine()方法用于从键盘读入一行字符串并返回这个字符串。

表 1-1　Console 类常用的方法

方法名称	接受参数	返回值类型	功能
Read()	无	int	从输入流读入下一个字符
ReadLine()	无	string	从输入流读入一行文本，直到换行符结束
Write()	string	void	输出一行文本
WriteLine()	string	void	输出一行文本，并在结尾处自动换行

1) 向控制台输出

Write()方法和 WriteLine()方法的语法格式基本一致，这里以比较常用的 WriteLine 方法为例介绍控制台输出。Console.WriteLine()方法有 3 种格式，如下所述。

格式一：

```
Console.WriteLine();
功能：仅向控制台输出一个换行符。
```

格式二：

```
Console.WriteLine("要输出的字符串");
```

功能：向控制台输出一个指定字符串并换行。例如，“Console.WriteLine("欢迎学习 C#！");”的功能是向屏幕输出“欢迎学习 C#!”并换行。

格式三：

```
Console.WriteLine("格式字符串",输出列表);
```

功能：按照“格式字符串”指定的格式向控制台输出“输出列表”指定内容。例如，

```
string course="C#";
Console.WriteLine("欢迎学习:{0}!",course);
```

这里，“欢迎学习:{0}”是格式字符串，course 是输出列表中的一个变量。格式字符串一定要有双引号，其中{0}称为占位符，它所占的位置就是 course 变量的位置。这两个语句的执行结果是向屏幕输出“欢迎学习 C#!”并换行。

示例 1：

```
namespace Example1_2
{
    class Program
    {
        static void Main(string[] args)
        {
```

```
            string course="C#";
            string platform=".NET";
            //使用格式字符串输出
            Console.WriteLine("欢迎学习{0}，欢迎来到{1}世界！",course, platform);
            Console.WriteLine("努力学习 C#！");
            Console.ReadLine();
        }
    }
}
```

格式字符串中的占位符个数必须与输出列表中的输出项个数相等，如果输出列表中有多个输出项，则在格式字符串中需要有相同数量的占位符，依次标识为{0}、{1}、{2}、…。占位符必须以{0}开始，{0}对应输出列表中的第一个输出项，{1}对应输出列表中的第二个输出项，依此类推。输出时，格式字符串中占位符被对应的输出列表项的值所代替，而格式字符串中的其他字符则原样输出，输出结果如图 1.14 所示。

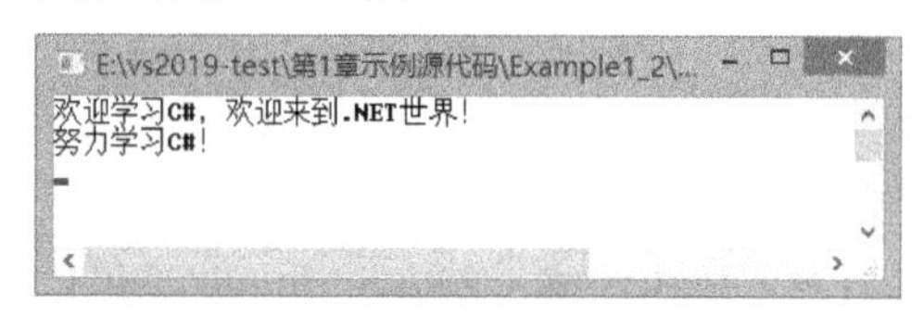

图 1.14　示例 1 的输出结果

另外，还可以使用“+”连接符输出字符串，把示例中的语句“Console.WriteLine("欢迎学习{0}，欢迎来到{1}世界！", course, platform);”修改为：

```
Console.Write("欢迎学习" + course + "，");
Console.WriteLine("欢迎来到" + platform + "世界！");
```

程序的输出结果与图 1.14 相同，注意，Console.Write()输出后不换行。

2) 从控制台输入

Console 类中的 Read()与 ReadLine()方法，功能都是接收从键盘上输入的数据，这里使用 Console.ReadLine()从控制台输入。

格式：

```
Console.ReadLine();
```

功能：从控制台输入一行字符，输入时以按下 Enter 键表示结束。

这个语句的执行结果是直接返回一个字符串，因此，可以把方法的返回值赋给一个字符串变量。例如，输入一个同学的一门课程名，代码如下：

```
string course= Console.ReadLine();//输入课程名
```

课程名是字符串类型，可以直接输入，如果要输入该同学该门课程的分数，那么就需要做一个类型的转换：

```
int score=int.Parse(Console.ReadLine());
```

方法 int.Parse()的作用是把输入的字符串转换为整型，在后续章节中会继续讨论这个问题。

示例 2：

请根据提示输入你最喜欢的歌星的 3 项信息(如姓名、喜欢的颜色、星座等)，然后按照效果图(如图 1.15 所示)输出信息，所有信息显示为一行，分别用 WriteLine 的两种方式(使用占位符，使用连接符“+”)进行输出。

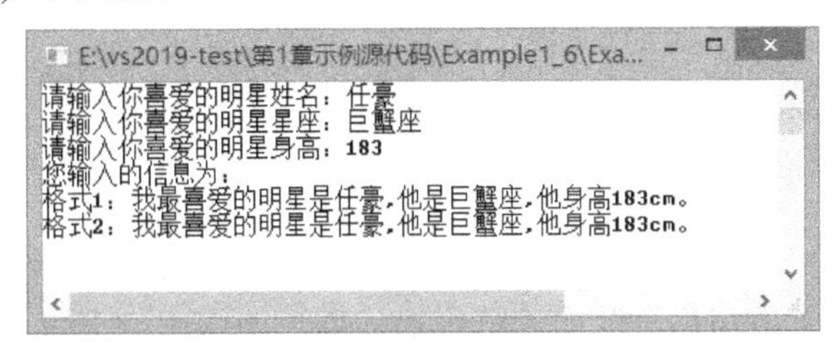

图 1.15　示例 2 的输出结果

```
namespace Example1_3
{
    class Program
    {
        static void Main(string[] args)
        {
            Console.Write("请输入你喜爱的明星姓名：");
            string name = Console.ReadLine();
            Console.Write("请输入你喜爱的明星星座：");
            string constellation = Console.ReadLine();
            Console.Write("请输入你喜爱的明星身高：");
            int height =int.Parse(Console.ReadLine());
            Console.WriteLine("您输入的信息为：");
            Console.WriteLine("我最喜爱的明星是{0},他是{1},他身高{2}cm。",
                name, constellation, height);
            Console.WriteLine("我最喜爱的明星是" + name + ",他是" + constellation
+ ",他身高" + height + "cm。");
            Console.ReadLine();
        }
    }
}
```

代码解析：

(1) 示例 2 中的 Console.Write 语句，用于提示用户进行输入。请读者思考：如果 Console.Write 如果换成 Console.WriteLine，效果会有何不同？

(2) 示例 2 中，基本上采用 Console.ReadLine()进行信息输入，Console.ReadLine()输入的是字符串信息，当需要输入非字符串信息的时候，则需要进行适当的数据类型转换处理。例如，输入身高这种类型不同于姓名的数据，在这里采用了 int.Parse()进行了转换。请读者思考：如果需要输入其他类型的信息，需要怎么操作？在刚接触时，读者只需先模仿着使用而不必深究为什么，关于数据类型转换的内容将在下一章详加解析。

(3) 这里分别采用了 Console.WriteLine 的两种方式(使用占位符，使用连接符“+”)进行了控制台信息输出。

(4) Console.ReadLine()通常用于输入信息。请读者思考：示例 2 的最后那行“Console.ReadLine();”有何作用？

1.4　我的第一个 Windows 窗体应用程序

1.4.1　案例说明

【案例简介】

在文本框中显示一行文字“Hello C#!”，单击【显示】按钮后在文本框中显示文字，如图 1.16 所示；单击【清屏】按钮后清除文本框中的内容，如图 1.17 所示。

图 1.16　单击【显示】按钮的效果

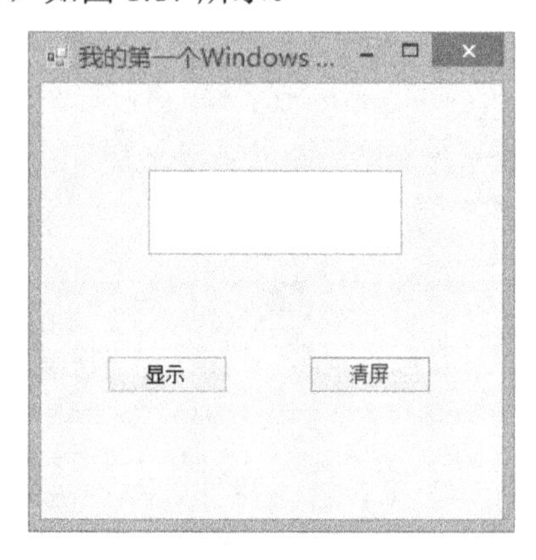

图 1.17　单击【清屏】按钮的效果

【案例目的】

(1) 学会创建并编译、运行简单的 Windows 窗体应用程序。

(2) 初步掌握对象、类、属性、方法和事件的概念。

(3) 学会使用窗体、文本框、按钮等常用控件。

【技术要点】

在 VS.NET 中开发 Windows 窗体应用程序的步骤：

(1) 新建项目。

(2) 设计程序界面，包括添加控件和设置控件属性。

(3) 编写代码。

(4) 保存程序。

(5) 运行调试程序。

1.4.2　案例实现步骤

1. 新建项目

(1) 选择【文件】|【新建】|【项目】命令，打开【创建新项目】对话框，如图 1.18 所示。

(2) 在该对话框中选择“C#”“Windows”“桌面”选项。在项目类型中选择“Windows 窗体应用(.Net FrameWork)”，单击【下一步】。如果启动窗口左侧“最近使用的项目模板”列表中已列出“Windows 窗体应用(.Net FrameWork)”项目模板，直接双击该模板即可进入下一步。

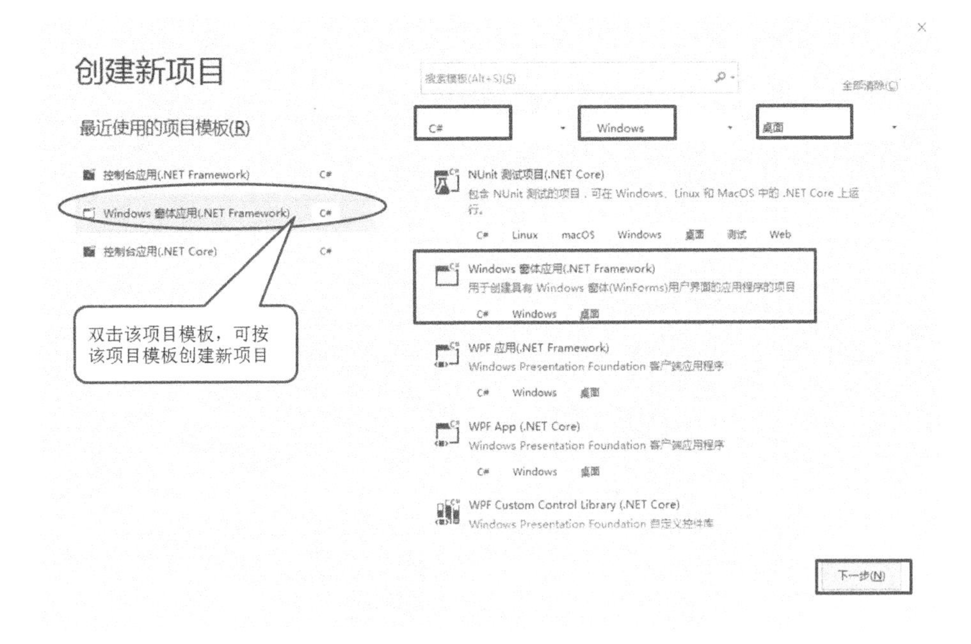

图 1.18　创建新的 Windows 窗体应用程序

(3) 在接下来显示的【项目名称】文本框中输入“Example1_4”作为该项目的名称，在【位置(L)】文本框中输入项目的保存目录，或者单击“...”按钮选择项目的保存目录。

(4) 单击【创建】按钮创建项目，VS.NET 自动打开设计视图，并自动生成一个 Windows 窗体供用户进行程序界面设计。该窗体名称默认为 Form1，保存在窗体文件中，窗体文件名称默认为窗体名称.cs，这里为 Form1.cs。设计视图可以通过双击解决方案资源管理器的窗体文件来打开，或者通过选择【视图】|【视图设计器】命令来打开。

2. 设计程序界面

设计程序界面包括添加控件和设置控件属性。

1) 添加控件

要实现图 1.17 所示的程序界面，需要添加一个文本框控件和两个按钮控件。往窗体添加控件的方法很多，可以单击工具箱中的相应控件，按住不放拖放到窗体上，或者直接双击工具箱里面需要添加的控件，重复以上操作，直到添加完所需控件，并适当调整控件的位置。添加控件后的效果如图 1.19 所示。

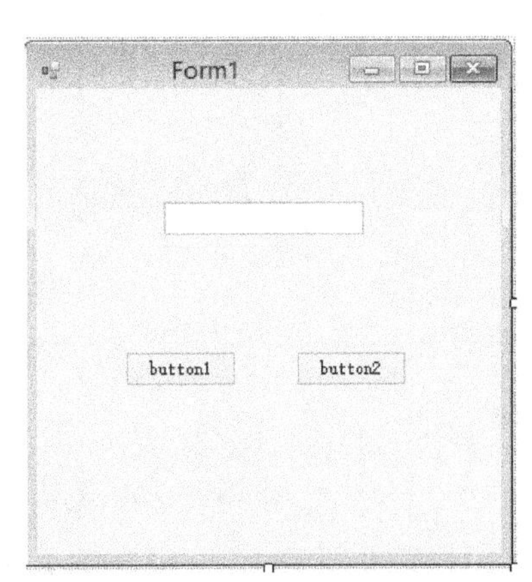

图 1.19　添加控件后的效果

2) 设置控件属性

图 1.19 与图 1.17 相对比还存在一些差异，可以通过设置控件属性来调整控件状态。按表 1-2 所列属性设置各个对象的属性。

在属性窗口中按照这个表格进行设置以后，图 1.19 与图 1.17 就一样了，界面设计到此已经完成。这时如果按 F5 键，程序已经可以运行，因为 VS.NET 已经自动生成了运行程序所必需的代码。但是，当单击【显示】或【清屏】按钮时程序却没有任何反应，这是因为还没有为【显示】

按钮和【清屏】按钮编写任何代码。下一步工作就是根据需要为各个控件编写代码。

表 1-2　属性设置表

控件对象名	属　性　名	属　性　值
Form1	Name	Form1
	Text	我的第一个 Windows 应用程序
textBox1	Name	txtShow
	Text	空白
	ForeColor	黑色(Black)
	MultiLine	True
	TextAlign	Center
	Font	宋体，四号，加粗
button1	Name	btnShow
	Text	显示
	ForeColor	黑色(Black)
	Font	宋体，五号
button2	Name	btnClear
	Text	清屏
	ForeColor	红色(Red)
	Font	宋体，五号

3. 编写代码

在设计视图中双击【显示】按钮，将打开如图 1.20 所示的代码视图，VS.NET 已经自动添加了【显示】按钮的 Click(单击)事件处理方法 btnShow_Click()，光标定位在 btnShow_Click()方法的一对大括号之间，在光标定位处输入代码“txtShow.Text = "Hello C#!";”，输入代码后界面如图 1.21 所示。

图 1.20　代码视图

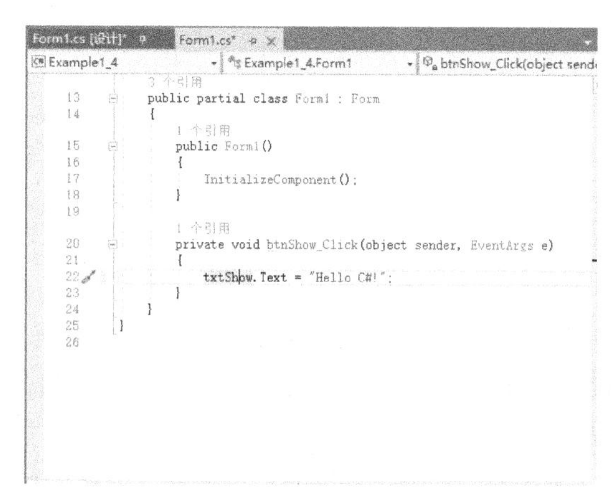

图 1.21　输入代码

在设计视图中双击【清屏】按钮，同样，在打开的代码视图中，VS.NET 已经自动添加了【清屏】按钮的 Click(单击)事件处理方法 btnClear_Click()。输入代码后，【清屏】按钮的 Click

事件处理方法如下：

```
private void btnClear_Click(object sender, EventArgs e)
{
      txtShow.Text = "";
}
```

4. 保存程序

选择【文件】|【保存】命令或单击工具栏上的【保存】按钮保存程序。

5. 运行调试程序

按 F5 键运行该程序，单击【显示】按钮验证是否显示“Hello C#!”；单击【清屏】按钮验证是否能清除文本框内容，关闭窗体。

1.4.3　代码及分析

(1) 双击【显示】按钮后，进行【显示】按钮事件处理代码的编写：

```
private void btnShow_Click(object sender, EventArgs e)
{
      txtShow.Text = "Hello C#!";
}
```

语句“txtShow.Text = "Hello C#!";”的功能是将文本框对象 txtShow 的 Text 属性值设置为字符串“Hello C#!”。

注意：赋予 Text 属性的值必须是字符串。

(2) 双击【清屏】按钮后，进行【清屏】按钮事件处理代码的编写：

```
private void btnClear_Click(object sender, EventArgs e)
{
      txtShow.Text = "";
}
```

语句“txtShow.Text = "";”的功能是将文本框对象 txtShow 的 Text 属性值设置为空字符串，即清空文本框。

(3) Main()方法。Main() 方法包含在 Program.cs 文件中，Main()方法中的代码都是自动生成的，其他语句可以不去细究，其中语句“Application.Run(new Form1());”的功能是运行窗体，Run 就是运行的意思。

(4) 应用扩展。

① Windows 应用程序文件夹结构。学会创建运行 Windows 应用程序以后，需要了解 Windows 应用程序文件夹结构。可以看到在解决方案资源管理器中，与控制台应用程序类似，Windows 应用程序也包含了解决方案名称、项目名称。读者主要了解以下 3 个文件。

Form1.cs 文件：窗体文件，程序员对窗体编写的代码都保存在这个文件中。

Form1.Designer.cs 文件：窗体设计文件，负责定义窗体的位置、大小等，该文件中的代码是程序员在拖放控件、设置控件属性时由 VS.NET 自动生成的，一般不需要程序员去直接操作这个文件。

Program.cs 文件：主程序文件，该文件中包含作为程序入口的 Main ()方法。

② Windows 应用程序编程模型。Windows 窗体应用程序的编程模型主要由窗体、控件及其事件组成，创建一个 Windows 窗体应用程序时，系统自动创建一个从 Form 类(窗体类)派生的窗体对象，然后再添加控件、设置属性、创建事件处理程序。

1.4.4 相关知识及注意事项

1. 对象、类、属性和方法

1) 对象和类

C#是完全面向对象的程序设计语言，在 C#编程中接触到的每一个事物都可以称为对象，例如，开发 Windows 窗体应用程序时，见到的每个窗体和拖放到窗体上的每个文本框、按钮都是对象。同种类型的对象构成一个类，类是对事物的定义，对象是事物本身。打个比方，类就相当于一个模具，而对象则是由这个模具产生出来的具体产品，一个类可以产生很多对象。例如，VS.NET 工具箱中存放了很多控件类，包括文本框类、按钮类等。以常用的按钮控件类为例，当在窗体上添加一个按钮时，就是由按钮控件类创建了一个按钮对象，可以往窗体添加多个按钮，即由按钮控件类创建多个按钮对象。

2) 属性

每个对象都有自己的特征和行为，对象的静态特征称为对象的属性，如按钮的颜色、大小、位置等。同类对象具有相同的属性，但是可以有不同的属性值。例如，两个按钮都有颜色属性，一个是红色，一个是蓝色。可以通过修改属性值来改变控件的状态，也可以读取这些属性值来完成某个特定操作。

3) 方法

方法是对象的行为特征，是一段可以完成特定功能的代码，如窗体显示、隐藏、关闭的方法等。

2. 事件和事件驱动

当按一下键盘或鼠标时，Windows 操作系统就会有相应的反应。这种键盘键的按下、释放和鼠标键的按下、释放都可称为事件，事件就是预先定义好的、能被对象识别的动作。

当用户或系统触发事件时，对象就会响应事件，实现特定的功能，这种通过随时响应用户或系统触发的、并做出相应响应的机制就叫做事件驱动机制。响应事件时执行的代码称为事件处理程序。开发应用程序时，编程人员的主要工作之一就是针对控件可能被触发的事件设计适当的事件处理程序。

3. 窗体对象

窗体(Form)就是应用程序设计中的窗口界面，是 C#编程中最常见的控件，各种控件对象都必须放置在窗体上。在创建 C#的 Windows 应用程序和 Web 应用程序时，VS.NET IDE 会自动添加一个窗体。

1) 窗体的常用属性

窗体常用的属性见表 1-3，如果希望学习更多的窗体属性，可以查看 MSDN 帮助。可以通过设置或修改这些属性来改变窗体的状态。属性的设置或修改有两种途径：一种是在设计窗体时，通过属性窗口进行设置；另一种是在程序运行时，通过代码实现。通过代码设置属性的一般格式是：

```
对象名.属性名=属性值;
```

例如，要把名为 Form1 的窗体标题改为“我的窗体”，代码如下：

```
Form1.Text="我的窗体";
```

表 1-3　窗体常用属性

属　　性	说　　明
Name(名称)	窗体的名称，可以在代码中标识窗体
BackColor(背景颜色)	窗体的背景色
BackgroundImage(背景图像)	窗体的背景图案
Font(字体)	窗体中控件默认的字体、字号、字形
ForeColor(前景色)	窗体中控件文本的默认颜色
MaximizeBox(最大化按钮)	窗体是否具有最大化、还原按钮，默认为 true
MinimizeBox(最小化按钮)	窗体是否具有最小化按钮，默认为 true
ShowInTaskbar(在任务栏显示)	确定窗体是否出现在任务栏，默认为 true
Text(文本)	窗体标题栏中显示的标题内容

2) 窗体的常用方法

窗体常用的方法见表 1-4，通过调用这些方法可以实现一些特定的操作。

表 1-4　窗体常用方法

方　　法	说　　明
Close()方法	关闭窗体
Hide()方法	隐藏窗体
Show()方法	显示窗体

Hide()方法和 Show()方法是窗体和绝大多数控件共有的方法，调用方法的一般格式为：

```
对象名.方法名(参数列表);
```

需要指出的是，有种特殊的方法叫做静态方法，这种方法可以由类名直接调用(后续章节会详细介绍)，格式如下：

```
类名.方法名(参数列表);
```

3) 窗体的常用事件

窗体的常用事件见表 1-5。

表 1-5　窗体常用事件

事　　件	说　　明
Activated 事件	窗体激活事件，窗体被代码(或用户)激活时发生
Closed 事件	窗体关闭事件，窗体被用户关闭时发生
GotFocus 事件	窗体获得焦点事件，窗体获得焦点时发生
Load 事件	窗体加载事件，窗体加载时发生
MouseClick 事件或 Click 事件	鼠标单击事件，用户单击窗体时发生
MouseDoubleClick 事件	鼠标双击事件，用户双击窗体时发生

4．控件对象

控件有很多，较好的学习方法是边学边用，在使用中学习，这里仅介绍案例中用到的按钮控件和文本框控件。

1) 按钮控件

按钮(Button)控件用于接收用户的操作信息，激发相应的事件，按钮是用户与程序交互的主要方法之一。按钮的主要属性和事件见表 1-6。

表 1-6　按钮的主要属性和事件

属　　性	说　　明
Name	按钮名称，在代码中作为按钮标识
Text	按钮显示的文本内容
TextAlign	按钮上文本的对齐方式
Click	单击按钮事件，单击按钮时发生

2) 文本框控件

文本框(TextBox)控件用于获取用户输入的信息或向用户显示文本信息，图 1.19 用于显示信息的白色框就是文本框。文本框的主要属性见表 1-7。

表 1-7　文本框主要属性

属　　性	说　　明
MaxLength(最大长度)	文本框可以输入或粘贴的最大字符数
MultiLine(多行)	是否可以在文本框中输入多行文本，默认为 false
Name	文本框名称，在代码中作为文本框标识
PasswordChar(密码字符)	指定当文本框作为密码框时，框中显示的字符(框中不显示实际输入文本)
ReadOnly(只读)	指定文本框中的文本是否只读，默认为 false
Text	文本框内容
TextAlign	文本框内文本的对齐方式

5．控件的基本操作

为了方便后续学习，学习控件的基本操作是有必要的，这里简单介绍控件的主要操作：控件的添加、控件的选择和控件的布局。

1) 控件的添加

从工具箱添加控件的方法主要有 3 种：一是单击工具箱中欲添加的控件，然后在窗体中相应位置单击实现添加；二是直接从工具箱中拖动欲添加的控件到窗体中的相应位置；三是双击工具箱中欲添加的控件，窗体中就添加了一个控件，双击多次可添加多个。

2) 控件的选择

在窗体中，控件的选择操作与 Windows 文件选择操作方法类似，有两种方法：一是按住 Shift 键或 Ctrl 键不放，然后单击每个要选择的控件；二是把光标移到窗体中的适当位置，然后拖动鼠标画出一个矩形，选中矩形内的控件(包括边线所经过的控件)。控件被选中后，其周围会出现 8 个方块状控制点，当鼠标指向控制点时会变成双向箭头，这时拖动鼠标即可调整控件大小。

3) 控件的布局

如图 1.22 所示，当往窗体上添加了多个控件时，它们的大小、位置是杂乱无章的。要快速进行布局需要两步：

第一步，选中需布局的控件，多个控件被选中后，每个控件周围会出现 8 个方块状控制点，其中有一个控件周围的控制点为空心小方块，该控件称为基准控件。当对被选中的控件进行对齐、大小、间距调整时，系统都会自动以基准控件为准进行调整。

第二步，通过【格式】菜单或工具栏实现控件布局，通过【格式】菜单中的【对齐】子菜单把所选控件调整为与基准控件对齐(多种方式对齐)，通过【格式】菜单中的【使大小相同】子菜单把控件大小调整为与基准控件相同，通过【水平间距】【垂直间距】子菜单调整各个控件的间距。另外，还可以通过【顺序】子菜单调整控件层叠关系。

例如，要把图 1.22 的控件调整为图 1.23 所示的状态，操作如下：选中 4 个按钮并以 button2 为基准控件，选择【格式】|【使大小相同】|【两者】命令，然后选择【格式】|【对齐】|【左对齐】命令，最后选择【格式】|【垂直间距】|【相同间隔】命令，即可得到如图 1.23 所示的界面。

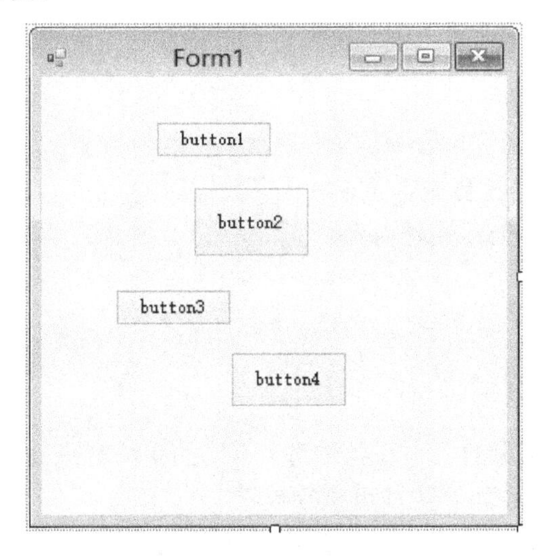

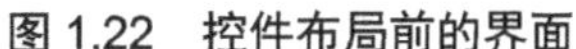
图 1.22　控件布局前的界面

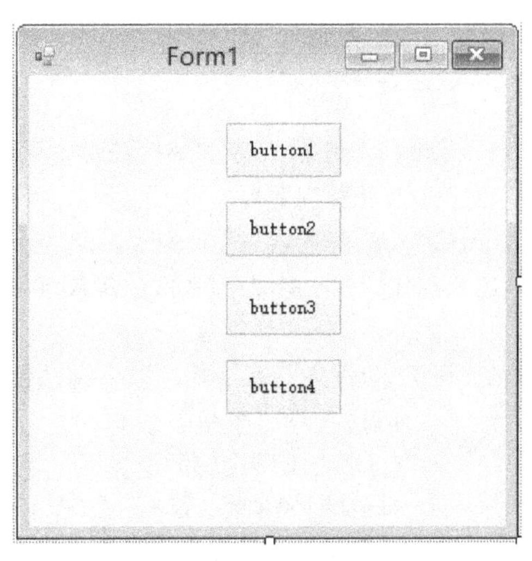

图 1.23　控件布局后的界面

1.5 本 章 小 结

本章简单介绍了.NET 框架与 C#语言的特点，说明了 Visual Studio 2010 集成开发环境的使用方法，并讲述了控制台应用程序和 Windows 窗体应用程序的开发方法，以及 C#程序基本结构和书写格式。另外，还介绍了控制台输入、输出方法，并初步介绍了类、对象、属性、方法和事件等概念。

本章通过两个案例介绍了两个实训点：①如何创建、编译和执行简单控制台应用程序；②如何开发 Windows 窗体应用程序(包括如何添加控件、如何设置控件属性、如何编写事件处理方法)。

1.6 习 题

1. 填空题

(1) .NET 框架具有两个主要组件：__________和__________。

(2) 使用 VS.NET 开发的每一个应用程序称为__________，它可以包括一个或多个__________。

(3) 命名空间是类的组织方式，C#提供了关键字__________来声明命名空间，提供了关键字__________来导入命名空间；如果要使用某个命名空间中的类，还需要添加对该命名空间所在__________的引用。

(4) C#语言程序必须包含并且只能包含一个的方法(函数)是__________，它是程序的入口点。

(5) C#程序中的语句必须以__________作为语句结束符。

(6) Console 类是 System 命名空间中的一个类，用于实现控制台的基本输入输出，该类中有两个常用的方法，一个是功能为“输出一行文本”的方法__________，另一个是功能为“输入一行文本”的方法__________。

2. 选择题

(1) 下面(　　)是 C#中的单行注释。

A. /*注释内容*/　　B. //注释内容

C. ///注释内容　　D. Note 注释内容

(2) C#中以(　　)作为源文件的扩展名。

A. .c　　B. .cpp　　C. .cs　　D. .exe

(3) 关于 C#程序书写格式，以下说法错误的是(　　)。

A. 缩进在程序中是必须的

B. C#是大小写敏感的语言，它把同一字母的大小写当作两个不同的字符对待

C. 注释是给程序员看的，不会被编译，也不会生成可执行代码

D. 在 C#中，大括号“{”和“}”是一种范围标志，大括号可以嵌套

3. 简答题

(1) 简述 C#程序的组成要素。

(2) 简述 Windows 应用程序编程步骤。

(3) 简述对事件驱动机制的理解。

4. 操作题

(1) 编写一个控制台应用程序，输入字符串“I love this game!”，在显示屏上输出这个字符串。

(2) 编写一个简单的控制台应用程序，输入一串字符，然后将它输出，输入一个数字字符串再把它转换成整数，求出这个整数的平方并输出。输出结果参考如图 1.24 所示界面。

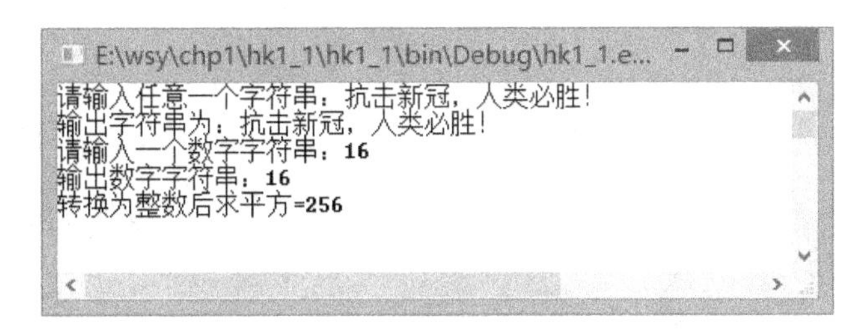

图 1.24　控制台应用程序输出参考图

(3) 编写一个 Windows 窗体应用程序，窗体上有一个文本框和两个按钮(【显示】和【清除】按钮)。单击【显示】按钮时，文本框的背景变为蓝色并且居中显示“努力学习 C#!”；单击【清除】按钮时，文本框的背景变回白色并清除文本框内容。效果如图 1.25 和图 1.26 所示。

图 1.25　单击【显示】按钮后的界面

图 1.26　单击【清除】按钮后的界面

(4) (附加题)BMI 是一个被称为“身体质量指数”的量，用来计算与身高、体重有关的健康指标。BMI 按下面的公式计算：

$$\text{BMI}=w/h^2$$

式中，w 表示体重(以 kg 为单位，如 50kg)；h 表示身高(以 m 为单位，如 1.6m)。BMI 值在 20~25 被认为是“正常的”，否则是不健康的。编写一个程序，输入体重和身高，输出 BMI，并根据 BMI 值判断健康状况是 “正常”还是“不健康”，如图 1.27 所示。下面的要求部分可以在学完后续知识后再完成。

要求：

① 窗体没有最大、最小化按钮，且用户不能调整窗体大小。

② 用户在两个文本框输入体重和身高后，单击【计算】按钮，可以在 BMI 值文本框中输出 BMI 值。

③ 文本框 BMI 的内容不能被编辑修改(只读或不能获得焦点)。

④ 要求【计算】按钮能响应 Enter 键，【清除】按钮能响应 Esc 键。

⑤ 程序启动时和单击【清除】按钮后，身高文本框能获得焦点(自动出现插入点光标)。

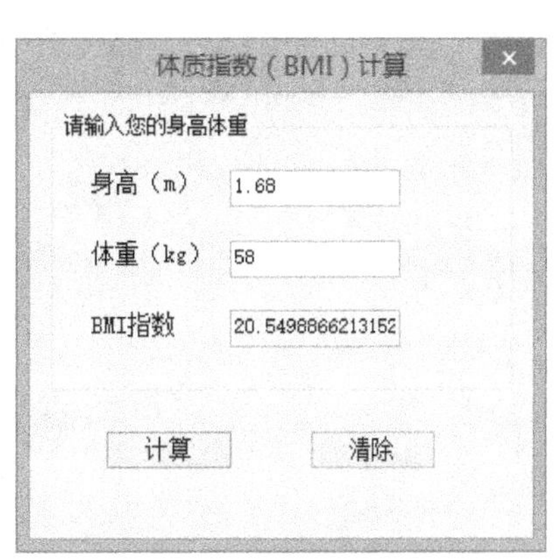

图 1.27　BMI 指数计算界面

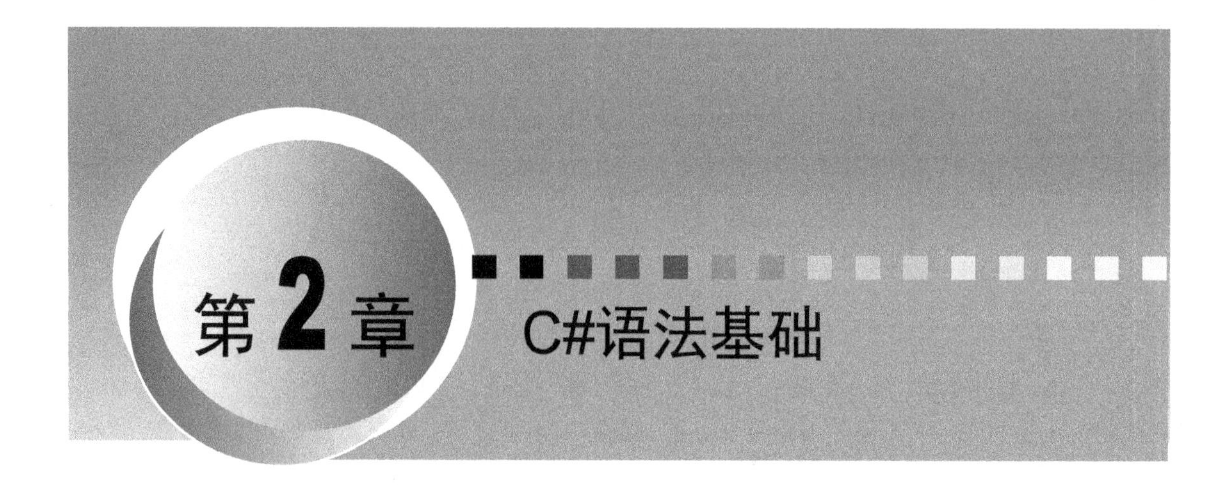

第2章 C#语法基础

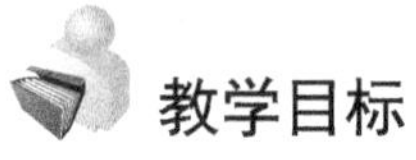

教学目标

(1) 掌握常量和变量的定义和使用。
(2) 掌握数据类型的使用和转换。
(3) 掌握运算符的优先级及其使用。
(4) 掌握表达式的使用。

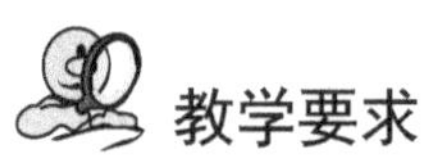

教学要求

知 识 要 点	能 力 要 求	相关知识
常量和变量	掌握	常量和变量的定义和使用
数据类型	掌握	数据类型的分类和转换方式
运算符	掌握	运算符的优先级及运算符的使用方法
表达式	掌握	表达式的使用

2.1　C#语言的数据类型

2.1.1　案例说明

【案例简介】

本案例实现 3 位评委给一位选手评分，通过键盘输入各位评委的打分，通过屏幕输出该选手的平均分。

【案例目的】

(1) 掌握变量的定义方式。

(2) 掌握常用的数据类型。

(3) 掌握数据类型之间的转换方法。

【技术要点】

(1) 创建一个空项目 p2_1，向该项目添加程序 Example2_1.cs。

(2) 按 Ctrl+F5 组合键编译并运行应用程序，输出结果如图 2.1 所示。

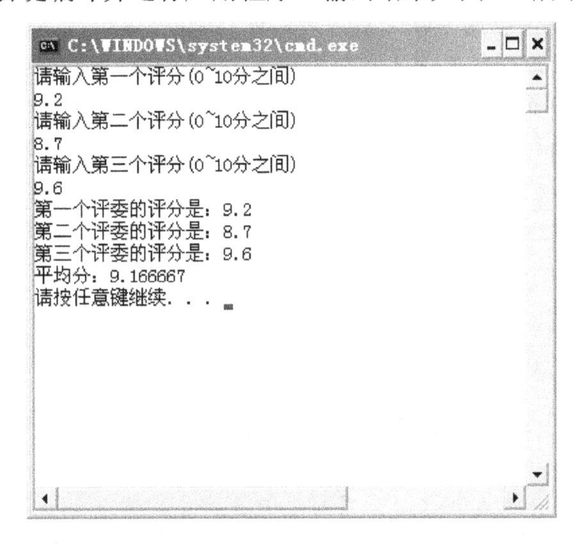

图 2.1　程序 Example2_1 运行结果

2.1.2　代码及分析

```
amespace Example2_1
{
   class Program
   {
      static void Main(string[] args)
      {   float score1,score2,score3; //定义三个浮点型变量，表示三个评委评分
          Console.WriteLine("请输入第一个评分(0～10 分之间)");
          score1= (float)Convert.ToDouble(Console.ReadLine());
          Console.WriteLine("请输入第二个评分(0～10 分之间)");
          score2=float.Parse(Console.ReadLine());
          Console.WriteLine("请输入第三个评分(0～10 分之间)");
          score3= float.Parse(Console.ReadLine());
```

```
            float averageScore = (score1+ score2+ score3) / 3; //求平均分
            Console.WriteLine("第一个评委的评分是: {0}", score1);
            Console.WriteLine("第二个评委的评分是: {0}", score2);
            Console.WriteLine("第三个评委的评分是: {0}", score3);
            Console.WriteLine("平均分: "+averageScore);
        }
    }
}
```

程序分析：

通过Console.ReadLine()语句输入评分，因为Console.ReadLine()语句所输入的数据类型为字符串类型，所以需要进行类型转换。在本例中通过两种方法把string类型转换成float类型，即 float.parse()和(float)Convert.ToDouble()方法，其中(float)Convert.ToDouble()方法通过两步完成转换——先转换成 double 类型，再通过强制类型转换(即显式类型转换)成 float 类型。

2.1.3 相关知识及注意事项

1. 常量与变量

程序设计的主要目的就是解决现实世界的问题，需要计算机处理现实世界中提供的各种数据，因此，对于数据如何在程序里表达和运用就显得格外重要了。现实世界中，常常会遇到各种不同的量，其中有的量在运算过程中保持固定的值不变，就把其称为常量；有的量在运算过程中是变化的，也就是可以取不同的数值，就把其称为变量。计算机是通过内存来处理程序中这些常量和变量的。

在 C#中，程序设计人员可以根据程序设计的需要，给常量和变量取一个有意义的名字，分别叫做常量名和变量名。

可以通过 const 关键字来定义常量，语法如下：

```
const    数据类型标识符  常量名=数值或表达式;
```

说明：(1) 一旦定义一个常量，就要赋予其初始值，而且这个常量的值在程序的运行过程中是不允许被改变的。

(2) 在定义常量时，表达式中的运算符对象只允许出现常量和常数，不允许出现变量。

(3) 在 C#中，不管是常量还是变量，都必须是先定义，后使用。

示例：

```
const  float PI=3.14; //定义常量 PI
float  a=9.4;  //定义变量 a
const  float b=PI+2;      //定义常量 b, 正确, 其中 PI 是常量
const  float c=a+2;      //定义常量 c, 错误, a 是变量, 定义常量表达式中不允许有变量
PI=5;                   //错误, 因为 PI 是常量, 不能修改常量的值
```

变量的定义和赋值语法如下：

```
数据类型标识符  变量名[=数值或表达式];
```

说明：(1) 语法中的[ ]表示可选，也就是说[ ]中的内容写或不写都不会导致语法错误。

(2) 在对变量进行赋值时，数值或表达式的值类型必须同变量的类型相同。如果不相同，但数值或表达式的值类型所表示的数值范围比被赋值变量的类型所表示的范围要小，是允许赋值的。事实上，这时 C#在内部进行了一次数值类型的转换，这种转换叫隐式转换。关于数据

类型和隐式类型转换将在后面讲述。

2. C#变量命名规则

为变量起名时要遵守 C#语言的规定，如下所述。

(1) 变量名必须以字母开头。

(2) 变量名只能由字母、数字和下划线组成，而不能包含空格、标点符号、运算符等其他符号。

(3) 变量名不能与 C#中的关键字名称相同。

(4) 变量名不能与 C#中的库函数名称相同。

但在 C#中有一点是例外，那就是允许在变量名前加前缀“@”。在这种情况下，就可以使用前缀“@”加上关键字作为变量的名称。这主要是为了与其他语言进行交互时避免冲突。因为前缀“@”实际上并不是名称的一部分，其他的编程语言就会把它作为一个普通的变量名。在其他情况下，不推荐使用前缀“@”作为变量名的一部分。

变量命名示例：

```
int a;                  //合法
int No.2;               //不合法,含有非法字符
string name;            //合法
char struct;            //不合法，与关键字名称相同
char @use;              //合法
float Main;             //不合法，与函数名称相同
```

尽管符合了上述要求的变量名就可以使用，但还是希望在给变量取名的时候遵循“见名知意”的原则，即使用描述性文字的名称，这样写出来的程序便于理解。例如，一个消息字符串的名字就可以叫 s_message，而 e90Pw 就不是一个好的变量名。

可以在一条语句中命名多个类型相同的变量，例如：

```
int a,b,c=50d,;
```

3. 数据类型

计算机把数据放在内存里，但各种数据的大小并不相同，因此要放进内存时，所需的内存空间也并不完全相同。计算机在处理数据时，不仅要给数据取个名字，而且要区分数据的种类，也就是所谓的数据类型。

在 C#中数据类型可分为数值类型和引用类型。数值类型的变量存储在内存的“堆栈”区域，在运行程序的开始，计算机就已经在“堆栈”中分配好此变量的内存块了。当程序运行结束，为此变量分配的内存将都被释放。引用类型的变量存储在内存的“堆”区域，在程序运行时，计算机随时在“堆”中分配和释放任意长度的内存块。数值类型变量之间的赋值是赋予变量的值，而引用类型变量之间的赋值只是赋予变量的引用(相当于地址)。

数值类型包括：整数类型、字符类型、浮点数类型、布尔类型、结构类型、枚举类型。

引用类型包括：类类型(如 string 类)、数组类型、接口类型、代理类型。

C#的数据类型体系如图 2.2 所示。

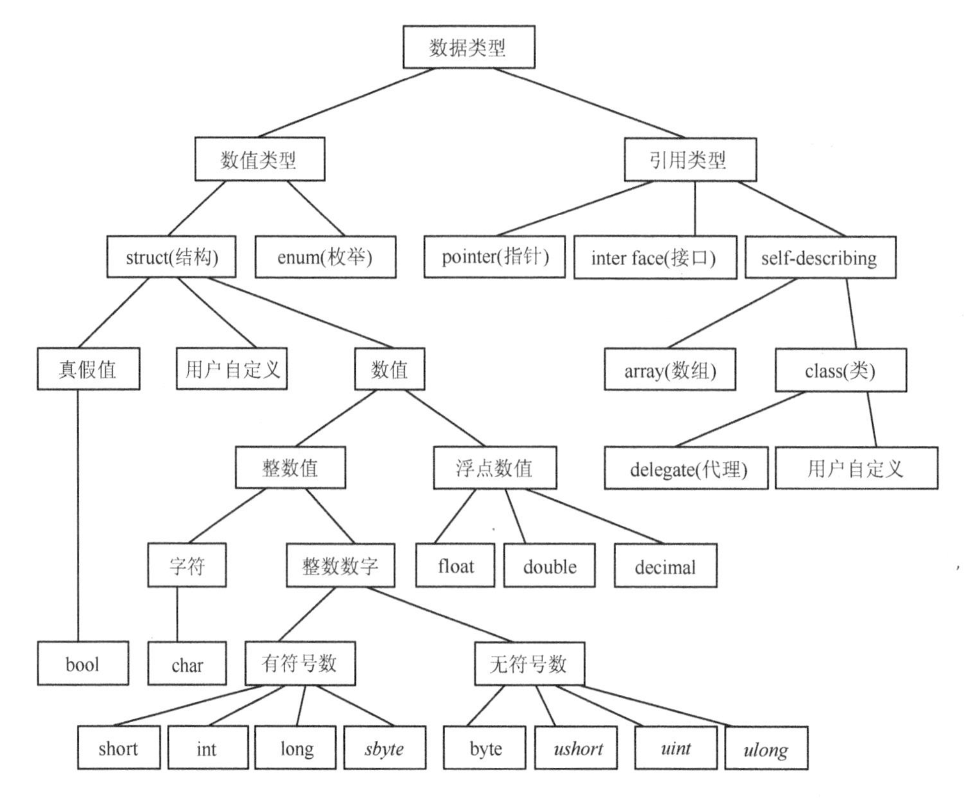

图 2.2　C#数据类型体系

说明：斜体字的 *sbyte*、*ushort*、*uint*、*ulong* 与公共语言规范(Common Language Specification，CLS)不兼容，所以在需要跨语言的场合不应该被使用。CLS 和通用类型系统(Common Type System，CTS)一起确保语言的互操作性。CLS 是一个最低标准集，所有面向.NET 的编译器都必须支持它。

4．整数类型

整数类型的数据值只能为整数。数学上的整数可以从负无穷大到正无穷大，但是由于计算机的存储单元是有限的，所以计算机语言提供的整数类型的值总是在一定范围之内。C#有 8 种整数类型：短字节型(sbyte)、字节型(byte)、短整型(short)、无符号短整型(ushort)、整型(int)、无符号整型(uint)、长整型(long)、无符号长整型(ulong)。划分的依据是根据该类型的变量在内存中所占的位数。位数的概念是按照 2 的指数幂来定义的，比如说 8 位整数，则它可以表示 2 的 8 次方个数值，即 256。C#整数类型的取值范围见表 2-1。

表 2-1　整数类型列表

类型标识符	CTS 类型名	描　　述	可表示的数值范围
sbyte	System.Sbyte	有符号 8 位整数	-128～127
byte	System.Byte	无符号 8 位整数	0～255
short	System.Int16	有符号 16 位整数	-32 768～32 767
ushort	System.Uint16	无符号 16 位整数	0～65 535
int	System.Int32	有符号 32 位整数	-2 147 483 648～2 147 483 647

续表

类型标识符	CTS 类型名	描　　述	可表示的数值范围
uint	System.Uint32	无符号 32 位整数	0～4 294 967 295
long	System.Int64	有符号 64 位整数	−9 223 372 036 854 775 808～9 223 372 036 854 775 807
ulong	System.Uint64	无符号 64 位整数	0～18 446 744 073 709 551 615

说明：.NET 定义了一个称为通用类型系统的类型标准。这个类型系统不但实现了 COM 的变量兼容类型，而且还定义了通过用户自定义类型的方式来进行类型扩展。任何以.NET 平台作为目标的语言必须建立它的数据类型与 CTS 的类型间的映射。所有.NET 语言共享这一类型系统，实现它们之间无缝的互操作。该方案还提供了语言之间的继承性。C#中的 int 数据类型其实是 CTS 类型中 Int32 的一个别名。另外，7 个整数数据类型也分别是其他几种结构的别名。在声明一个 C#变量时既可以使用 C#中的数据类型名，如“int a;”，也可以用 CTS 类型名，如“System.Int32 a;”。

5. 浮点数类型

C#支持 3 种基本浮点数：表示单精度的 float、表示双精度的 double 和表示财务计算用途的 decimal。这 3 种不同的浮点数所占用的空间并不相同，因此，它们可用来设定的数据范围也不相同，具体见表 2-2。

表 2-2　浮点数类型列表

类型标识符	CTS 类型名	描　　述	可表示的数值范围
float	System.Single	32 位单精度浮点型，精度 7 位	−3.402 823e38～3.402 823e38
double	System.Double	64 位双精度浮点型，精度 15～16 位	−1.79 769 313 486 232e308～ 1.79 769 313 486 232e308
decimal	System.Decimal	128 位精确小数类型或整型，精度 29 位	±1.0 e−28～±7.9e28

说明：表中−3.402 823e38 表示−3.402 823 × 10^{38}；1.0 e^{-28} 表示 1.0 × 10^{-28}(E、e 均可)，这是“科学记数”法。

(1) 在程序中书写一个十进制的数值常数时，C#默认按照如下方法判断一个数值常数属于哪种 C#数值类型。

① 如果一个数值常数不带小数点，如 3 456，则这个常数的类型是个整数。

② 对于一个属于整型的数值常数，C#按如下顺序判断该数的类型：int、uint、long、ulong。

③ 如果一个数值常数带小数点，如 1.2，则该常数的类型是浮点型中的 double 类型。

(2) 如果不希望 C#使用上述默认的方式来判读一个十进制数值常数的类型，可以通过在数值常数后加后缀的方法来指定数值常数的类型。可以使用的数值常数后缀有以下几种。

① u(或 U)后缀：加在整型常数后面，代表该常数是 uint 类型或 ulong 类型，具体哪种，由常数的实际值决定。C#优先匹配 uint 类型。

② l(或 L)后缀：加在整型常数后面，代表该常数是 long 类型或 ulong 类型，具体哪种，由常数的实际值决定。C#优先匹配 long 类型。

③ ul(或 uL、Ul、UL、lu、lU、LU)后缀：加在整型常数后面，代表该常数是 ulong 类型。

④ f(或 F)后缀：加在任何一个数值常数后面，代表该常数是 float 类型。

⑤ d(或 D)后缀：加在任何一个数值常数后面，代表该常数是 double 类型。

⑥ m(或 M)后缀：加在任何一个数值常数后面，代表该常数是 decimal 类型。

如果所指定的数据符号不能用指定类型表示，在编译时会产生错误。

当用两种浮点型执行运算时，可以产生以下值：正零和负零、+Infinity 和−Infinity(正无穷大或负无穷大)、NaN(非数字值 Not-a-Number)。

6. 字符类型

除了数字以外，计算机处理的信息主要就是字符了。字符包括数字字符、英文字母、表达符号等。C#提供的字符类型按照国际上公认的标准，采用 Unicode 字符集。一个 Unicode 的标准字符长度为 16 位，用它可以来表示世界上大多数语言。

用来表示字符数据常量时，共有以下几种不同的表示方式。

(1) 用单引号将单一个字符包括起来，如'A'、'n'、'u'。

(2) 用原来的数值编码来表示字符数据常量，如'a'是 97，'v'是 118。

(3) 还可以直接通过十进制转义符(前缀\x)或 Unicode 表示法(前缀\u)表示字符数据常量，如'\x0032'、'\u5495'。

(4) C#提供了转义符，用来在程序中指代特殊的控制字符，见表 2-3。

表 2-3 C#常用转义符

转义序列	产生的字符	字符的 Unicode 值
\'	单引号	0x0027
\"	双引号	0x0022
\\	反斜杠	0x005c
\0	空	0x0000
\a	响铃	0x0007
\b	退格	0x0008
\f	换页	0x000c
\n	换行	0x000a
\r	回车	0x000d
\t	水平制表符	0x0009
\v	垂直制表符	0x000b

7. 字符串类型

字符串类型是一个 char 类型的序列。

定义一个字符串的语法如下：

```
string 变量名[="字符串值"];
```

8. 布尔类型

布尔类型数据用于表示逻辑真和逻辑假，布尔类型的类型标识符是 bool。

布尔类型只有两个值：true 和 false。通常占用 1 个字节的存储空间，不过作为数组的基本单位元素时，却会占用 2 个字节的内存空间。布尔类型还有一个特点：不能进行数据类型转换。

9. 枚举类型

枚举类型是一种用户自定义的数值类型，它提供了一种简便可以创建一组有结构的符号来表示常量值。例如，一个星期有 7 天，分别用符号 Monday、Tuesday、Wednesday、Thursday、Friday、Saturday、Sunday 来表示，有助于程序设计人员更好地调试和维护程序。

1) 枚举类型的定义

枚举定义用于定义新的枚举类型。枚举声明以关键字 enum 开始，然后定义枚举的名称、可访问性、基类型和成员。

语法如下：

```
[访问修饰符] enum 枚举标识名[:枚举基类型]
{枚举成员[=整型常数], [枚举成员[=整型常数],…]}[;]
```

说明：(1) 访问修饰符将在后面章节中介绍，枚举声明的修饰符与类声明的修饰符具有同样的意义。然而要注意的是，枚举声明中不允许使用 abstract 修饰符和 sealed 修饰符，枚举不能是抽象的，也不允许派生。

(2) 枚举类型定义的主体用于定义零个或多个枚举成员，这些成员是该枚举类型的命名常量。任意两个枚举成员都不能具有相同的名称。

(3) 每个枚举类型都有一个相应的整型，称为该枚举类型的基类型(underlying type)。该基类型必须能够表示在枚举中定义的所有枚举数值。枚举声明可以显式地声明 byte、sbyte、short、ushort、int、uint、long 或 ulong 类型作为基类型。注意，char 不能用作基类型。没有显式地声明基类型的枚举声明，其默认的基类型为 int。

示例：

```
enum Color: ulong
{
  Blue,
  Red,
  Green,
  Blue
}
```

声明了一个基类型为 ulong 的枚举。开发人员可以像本例一样选择使用 ulong 作为基类型，以便能够使用在 ulong 的范围内但不在 int 的范围内的值，也可以保留这种选择在将来进行。

2) 枚举成员的赋值

在定义的枚举类型中，每一个枚举成员都有一个常量值与其对应，默认情况下枚举的基类型为 int，而且规定第一个枚举成员的取值为 0，它后面的每一个枚举成员的值加 1 递增，这样增加后的值必须在基类型可表示的值的范围内；否则，将发生编译时错误。

在编程时，也可以根据实际需要为枚举成员赋值。

(1) 如果某一枚举成员赋值了，那么枚举成员的值就以赋的值为准。在它后面的每一个枚举成员的值加 1 递增，直到下一个赋值枚举成员出现为止。例如：

```
enum Color
{
  Red,
  Green=3,
```

```
    Blue,
    White,
    yellow=-1,
    Purple
}
```

所以 Red=0，Green=3，Blue=4，White=5，Yellow=-1，Purple=0。

(2) 每个枚举成员都有一个关联的常量值。该值的类型是包含该值的枚举的基类型。每个枚举成员的常量值必须在该枚举的基类型的范围内。例如：

```
enum Color: uint
{
    yellow= -1,
    black = -2,
    Blue = -3
}
```

将导致编译时错误，因为常量值-1、-2 和-3 不在基类型 uint 的范围内。

(3) 多个枚举成员可以共享相同的常量值。例如：

```
enum Color
{
    Red=3,
    Green,
    Blue,
    Min = Blue
}
```

上面显示了一个枚举，其中的两个枚举成员(Blue 和 Min)具有相同的常数值。

3) 枚举成员的访问

在 C#中可以通过枚举名和枚举变量这两种方式来访问枚举成员。

(1) 通过枚举名访问枚举成员的形式如下：

```
枚举名. 枚举成员;
```

(2) 在通过枚举变量访问枚举成员之前，首先要定义一个枚举类型变量，语法如下：

```
枚举类型名    变量名;
```

然后再通过枚举变量访问枚举成员，语法如下：

```
枚举变量名.枚举成员
```

例如，定义一个 WeekDay 枚举类型，代码如下：

```
enum WeekDay
{Monday, Tuesday, Wednesday, Thursday, Friday, Saturday, Sunday}
WeekDay wd;
wd= WeekDay. Tuesday;
```

上面通过枚举名 WeekDay 访问枚举成员 Tuesday，并把它赋值给枚举变量 wd。

10. 结构类型

在进行一些常用的数据运算、文字处理时，简单类型似乎已经足够了，但是在日常生活中经常会碰到一些更为复杂的数据类型。例如，一个班的学生成绩记录中可以包含学生的学号、姓名和各科成绩。如果按照简单类型来管理，每一条记录都要存放到多个不同的变量当中，这样工作量很大，也不够直观。有没有更好的办法呢？在 C#中可以用结构类型解决。

结构类型也是一种用户自定义的数值类型，它是指一组由各种不同数据类型的相关数据信息组合在一起而形成的组合类型。把一系列相关的变量组织成为一个单一实体的过程，称为生成结构的过程。这个单一实体的类型就叫做结构类型。

1) 结构的定义

结构的定义语法如下：

```
[访问修饰符]  struct  结构标识名 [: 基接口名列表]
{
//结构成员定义
}
```

说明：(1) 结构成员包括各种数据类型的变量、构造函数、方法、属性、索引器。
(2) 结构可以实现接口。

2) 结构类型成员的访问

用结构变量访问结构成员。在通过结构变量访问结构成员之前首先要定义一个结构类型变量，语法如下：

```
结构类型名    变量名;
```

然后再通过结构变量访问结构成员，语法如下：

```
结构变量名.结构成员
```

例如本案例，可以把评委姓名(变量名：name)与其打出的评分(变量名：score)组合成一个新的结构类型：judge，这样就可以按如下代码扩展：

```
class Program
{
    struct judge
    {
      public string name;   //评委的姓名
      public  float score;  //评委的评分
    }
    static void Main(string[] args)
    {
       Console.WriteLine("请输入第一个裁判的姓名和评分(0～10 分之间)");
       judge judge1;
       judge1.name=Console.ReadLine();
       judge1.score= (float)Convert.ToDouble(Console.ReadLine());

       Console.WriteLine("请输入第二个裁判的姓名和评分(0～10 分之间)");
       judge judge2;
       judge2.name= Console.ReadLine();
       judge2.score=float.Parse(Console.ReadLine());

       Console.WriteLine("请输入第三个裁判的姓名和评分(0～10 分之间)");
       judge judge3;
```

```
        judge3.name= Console.ReadLine();
        judge3.score= float.Parse(Console.ReadLine());

        float averageScore = (judge1.score + judge2.score + judge3.score)/3;
        Console.WriteLine("{0}评委的评分是：{1}", judge1.name, judge1.score);
        Console.WriteLine("{0}评委的评分是：{1}", judge2.name, judge2.score);
        Console.WriteLine("{0}评委的评分是：{1}", judge3.name, judge3.score);
        Console.WriteLine("平均分："+averageScore);
    }
}
```

程序运行结果如图 2.3 所示。

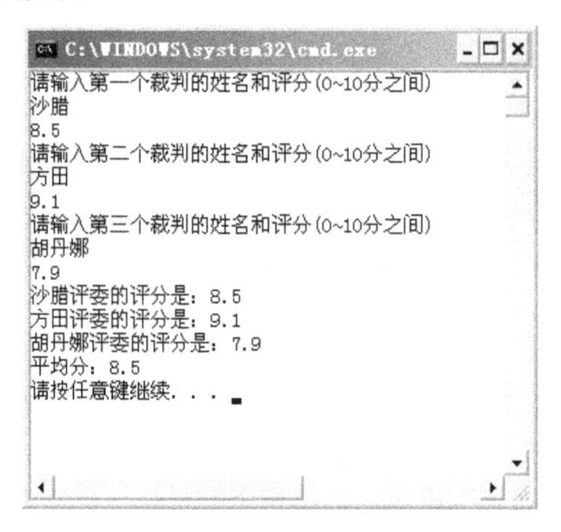

图 2.3　程序运行结果

3) 结构与类的区别

(1) 两者的类型不同，结构是数值类型，类是引用类型。

(2) 结构的静态字段可以初始化，结构实例字段声明还是不能使用初始值设定项，而类都可以。

(3) 结构不能声明默认构造函数(没有参数的构造函数)或析构函数，也就是说结构可以声明构造函数，但它们必须带参数，而类都可以。

(4) 结构的实例化可以不使用 new 运算符，而类的实例化都必须用 new 运算符。

(5) 一个结构不能从另一个结构或类继承，而且不能作为一个类的基。所有结构都直接继承自 System.ValueType，而类继承自 System.Object (ValueType 派生自 Object，最终基类都是 Object) 。

4) 如何选择使用结构还是类

(1) 当堆栈的空间有限，对于大量的逻辑的对象，创建类要比创建结构好一些。

(2) 结构适合表示如点、矩形和颜色这样的轻量对象。例如，如果声明一个含有 1 000 个点对象的数组，则将为引用每个对象分配附加的内存，在此情况下，结构的成本较低。

(3) 在表现抽象和多级别的对象层次时，类是最好的选择。

(4) 大多数情况下该类型只是一些数据时，结构是最佳的选择。

11. 类型转换

在程序设计中，有时要进行数据类型的相互转换，如被赋值的变量或方法的形式参数的类型与实际的对象类型不同，就需要进行类型转换。C#中有两种转化方式：隐式转换和显式转换。当发生类型转换时，被赋值的变量或方法的形参的类型称为目标类型，而实际对象的类型称为源类型。

1) 隐式转换

当发生类型转换时，如果在代码中没有明确指定目标类型，则称为隐式转换。也就是说，隐式转换是系统默认的、不需要加以声明就可以进行的转换。在隐式转换过程中，编译器不需要对转换进行详细的检查就能安全地执行转换。

可以进行的隐式转换有以下几种。

(1) 从 sbyte 到 short、int、long、float、double 或 decimal。

(2) 从 byte 到 short、ushort、int、uint、long、ulong、float、double 或 decimal。

(3) 从 short 到 int、long、float、double 或 decimal。

(4) 从 ushort 到 int、uint、long、ulong、float、double 或 decimal。

(5) 从 int 到 long、float、double 或 decimal。

(6) 从 uint 到 long、ulong、float、double 或 decimal。

(7) 从 long 到 float、double 或 decimal。

(8) 从 ulong 到 float、double 或 decimal。

(9) 从 char 到 ushort、int、uint、long、ulong、float、double 或 decimal。

(10) 从 float 到 double。

从 int、uint、long 到 float 以及从 long 到 double 类型的转换可能会造成精度的损失，但并不会造成数量上的损失。除此之外的其他隐式数值转换不会损失任何信息。

注意： 这里不存在转到 char 类型的隐式数值转换，也就是说其他的整型数据不会被自动地转换为字符型数据。同时，float 不能隐式地转化为 decimal 类型。

2) 显式转换

当发生类型转换时，如果在代码中明确指定目标类型，则称为显式转换。显式转换也称为强制型转换，一般在不存在该类型的隐式转换时才使用。

语法格式如下：

```
(类型标识符)表达式
```

这样就可以将表达式的值的数据类型转换为类型标识符的类型。例如：

```
(int)6.143      //把 float 类型的 6.143 转换为 int 类型
```

(1) 所有可能的显式转换如下。

① 从 sbyte 到 byte、ushort、uint、ulong 或 char。

② 从 byte 到 sbyte 或 char。

③ 从 short 到 sbyte、byte、ushort、uint、ulong 或 char。

④ 从 ushort 到 sbyte、byte、short 或 char。

⑤ 从 int 到 sbyte、byte、short、ushort、uint、ulong 或 char。

⑥ 从 uint 到 sbyte、byte、short、ushort、int 或 char。

⑦ 从 long 到 sbyte、byte、short、ushort、int、uint、ulong 或 char。

⑧ 从 ulong 到 sbyte、byte、short、ushort、int、uint、long 或 char。

⑨ 从 char 到 sbyte、byte 或 short。

⑩ 从 float 到 sbyte、byte、short、ushort、int、uint、long、ulong、char 或 decimal。

⑪从 double 到 sbyte、byte、short、ushort、int、uint、long、ulong、char、float 或 decimal。

⑫ 从 decimal 到 sbyte、byte、short、ushort、int、uint、long、ulong、char、float 或 double。

(2) 这种类型转换有可能丢失信息或导致异常抛出，转换按照下列规则进行。

① 对于从一种整型到另一种整型的转换，编译器将针对转换进行溢出检测，如果没有发生溢出，转换成功，否则抛出一个 OverflowException 异常。这种检测还与编译器中是否设定了 checked 选项有关。

② 对于从 float、double 或 decimal 到整型的转换，源类型的值通过舍入取最接近的整型值。如果这个整型值超出了目标类型的值域，则将抛出一个 OverflowException 异常。

③ 对于从 double 到 float 的转换，double 值通过舍入取最接近的 float 值。如果这个值太小，结果将变成正 0 或负 0；如果这个值太大，结果将变成正无穷或负无穷；如果原 double 值是 NaN，则转换结果也是 NaN。

④ 对于从 float 或 double 到 decimal 的转换，源类型的值将转换成小数形式并通过舍入取到小数点后 28 位(如果有必要的话)。如果源类型的值太小，则结果为 0；如果太大以致不能用小数表示，或是无穷或 NaN，则将抛出 InvalidCastException 异常。

⑤ 对于从 decimal 到 float 或 double 的转换，小数的值通过舍入取最接近的值。这种转换可能会丢失精度，但不会引起异常。

3) 负责数据类型转换的 Convert 类

Convert 类用于将一个基本数据类型转换为另一个基本数据类型，返回与指定类型的值等效的类型；受支持的源类型是 Boolean、Char、Sbyte、Byte、Int16、Int32、Int64、Uint16、Uint32、Uint64、Single、Double、Decimal、DateTime 和 String。可根据不同的需要使用 Convert 类的公共方法实现不同数据类型的转换，所执行的实际转换操作分为以下 3 类。

(1) 从某数据类型到它本身的转换只返回该数据类型，不实际执行任何转换。

(2) 无法产生有意义的结果的转换引发 InvalidCastException(指定的转换无效)的异常，不实际执行任何转换。下列转换会引发异常：从 Char 转换为 Boolean、Single、Double、Decimal 或 DateTime，以及从这些类型转换为 Char；从 DateTime 转换为除 String 之外的任何类型，以及从任何类型(String 除外)转换为 DateTime。

(3) 任何数据类型(上面描述的数据类型除外)都可以与任何其他数据类型进行相互转换。

Convert 类常用公共方法见表 2-4。

表 2-4　Convert 类常用公共方法

方　法　名	说　　明
FromBase64CharArray	将 Unicode 字符数组的子集(将二进制数据编码为 base 64 数字)转换成等效的 8 位无符号整数数组。参数指定输入数组的子集以及要转换的元素数
FromBase64String	将指定的 String(将二进制数据编码为 base 64 数字)转换成等效的 8 位无符号整数数组
GetHashCode	用作特定类型的哈希函数。GetHashCode 适合在哈希算法和数据结构(如哈希表)中使用

续表

方　法　名	说　　明
ToBase64CharArray	将 8 位无符号整数数组的子集转换为用 base 64 数字编码的 Unicode 字符数组的等价子集
ToBase64String	将 8 位无符号整数数组的值转换为它的等效 String 表示形式(使用 base 64 数字编码)
ToBoolean	将指定的值转换为等效的布尔值
ToByte	将指定的值转换为 8 位无符号整数
ToChar	将指定的值转换为 Unicode 字符
ToDateTime	将指定的值转换为 DateTime
ToDecimal	将指定的值转换为 Decimal 数字
ToDouble	将指定的值转换为双精度浮点数字
ToInt16	将指定的值转换为 16 位有符号整数
ToInt32	将指定的值转换为 32 位有符号整数
ToInt64	将指定的值转换为 64 位有符号整数
ToSByte	将指定的值转换为 8 位有符号整数
ToSingle	将指定的值转换为单精度浮点数字
ToString	将指定的值转换为其等效的 String 表示形式
ToUInt16	将指定的值转换为 16 位无符号整数
ToUInt32	将指定的值转换为 32 位无符号整数
ToUInt64	将指定的值转换为 64 位无符号整数

例如：

```
char x='1';
int i = Convert.ToInt32(x);
```

此时 i=49，Convert.ToInt32()把字符数据类型转换成了整数数据类型。

4) 数据类型转换的 Parse()方法

每个数值数据类型都包含一个 Parse()方法，它允许将字符串转换成对应的数值类型。

例如：

```
string s1=9, s2=9.423;
int m=int.Parse(s1);          //将 s1 转换成整数类型
float n=float.Parse(s2);      //将 s2 转换成浮点类型
```

2.2　C#语言的运算符和表达式

2.2.1　案例说明

【案例简介】

本案例通过随机数发生器随机产生三条边，要求输出它们(线段长度为 1～20 的整数)，并判断这三条边是否可以构成一个三角形。如果可以，则计算出三角形的面积，否则输出信息“三条随机的边不能够成三角形”。

【案例目的】

(1) 掌握运算符与表达式的使用。

(2) 掌握 Math、Random 系统类中常用方法的使用。

【技术要点】

(1) 创建一个空项目 p2_2，向该项目添加程序 Example2_2.cs。

(2) 按 Ctrl+F5 组合键编译并运行应用程序，输出结果如图 2.4 或图 2.5 所示。

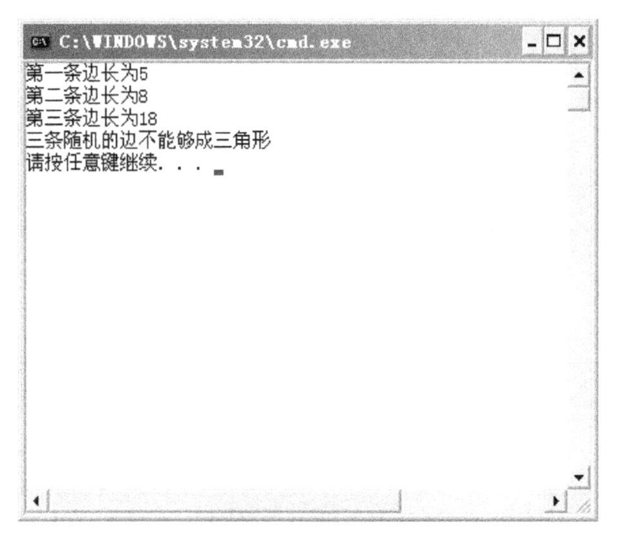

图 2.4　程序 Example2_2 运行结果一

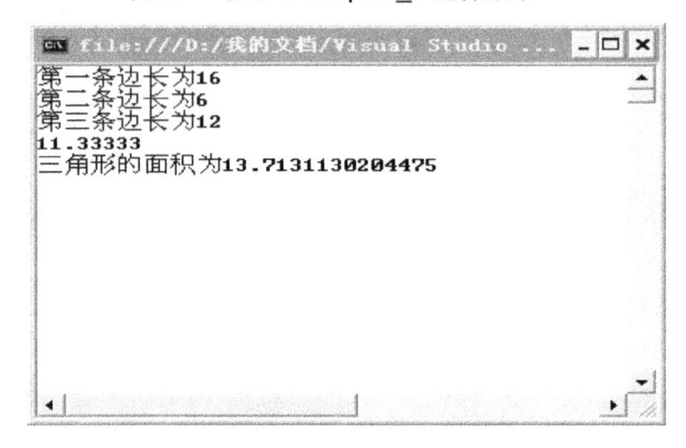

图 2.5　程序 Example2_2 运行结果二

2.2.2　代码及分析

```
namespace Example2_2
{
    class Program
    {
        static void Main(string[] args)
        {
            Random random1 = new Random();//实例一个 Random()对象
```

```
            float a = random1.Next(1, 20);
            float b = random1.Next(1, 20);
            float c = random1.Next(1, 20);
            Console.WriteLine("第一条边长为" + a);
            Console.WriteLine("第二条边长为" + b);
            Console.WriteLine("第三条边长为" + c);
            if ((a + b > c) && (a + c > b) && (b + c > a))
            {
                float s = (a + b + c) / 3;
                Console.WriteLine("三角形的面积为" + Math.Sqrt(s * (s - a) *
                                  (s - b) * (s - c)));
            }
            else
                Console.WriteLine("三条随机的边不能够成三角形");
        }
    }
}
```

程序分析：

(1) 本案例运用了关系表达式和算术表达式。

(2) 用 Random 类实例化了一个对象，并调用该类的 Next()方法随机产生了三条边。

(3) 调用了 Math.Sqrt()方法，实现开方运算。

2.2.3　相关知识及注意事项

运算符是表示各种不同运算的符号。表达式是由变量、常量、数值和运算符组成的，是用运算符将运算对象连接起来的运算式。表达式在经过一系列运算后得到的结果就是表达式的结果，结果的类型是由参加运算的操作数据的数据类型决定的。

C#语言中有丰富的运算符。在 C#中运算符的种类分为以下几类。

1. 算术运算符

(1) 算术运算符用于各类数值运算，包括加(+)、减(−)、乘(*)、除(/)、求余(或称模运算，%)、自增(++)、自减(−−)7 种。

其中，“%”是求余(模)运算，例如：“x=7%3”，则 x 的值为 1，因为 7/3 的余数为 1。

运算符“++”是操作数加 1，而“--”是操作数减 1，所以“x=x+1;”与“++x;”等同，而“x=x-1;”与“--x;”等同。自增和自减运算符可用在操作数之前，也可放在其后，例如：“x=x+1;”可写成“++x;”或“x++;”，但在表达式中这两种用法是有区别的。自增或自减运算符在操作数之前，C#语言在引用操作数之前就先执行加 1 或减 1 操作；运算符在操作数之后，C#语言就先引用操作数的值，而后再进行加 1 或减 1 操作。

例如：

```
x=5;
y=x++;
```

运行后，则 x=6，y=5。

又如：

```
x=5;
y=--x;
```

运行后，则 x=4，y=4。

由算术运算符将运算对象连接起来的式子叫做算术表达式。

(2) 有一些特殊的运算，例如开方、平方等，C#没有提供相应的算术运算符。但在 System 命名空间里的 Math 类提供了这样的运算。

常用的方法有以下几种。

① Math.Abs(数据类型 x)：返回 x 的绝对值。

② Math.pow(double x，double y)：返回 x 的 y 次方。

③ Math.sqrt(double x)：返回 x 的开根号值。

Math 中还有很多方法，在这里就不过多介绍了。

(3) 还有一种产生随机数的 Random 类，它的方法要用 Random 类的对象来调用。

常用的方法有以下几种。

① Next()：返回一个整数的随机数。

② Next(int maxvalue)：返回小于指定最大值的正随机数。

③ Next(int minvalue，int maxvalue)：返回一个大于等于 minvalue 且小于 maxvalue 的整数随机数。

④ NextDouble()：返回一个 0.0～1.0 的 double 精度的浮点随机数。

2. 关系运算符

关系运算符用于比较运算，比较两个值的大小。关系运算符包括大于(>)、小于(<)、等于(= =)、大于等于(>=)、小于等于(<=)和不等于(!=)6 种。关系运算的结果类型是布尔类型。如果关系运算两边的运算对象是布尔类型的对象，那么 true 等于 true，false 等于 false，而 true 是大于 false 的。

由关系运算符将运算对象(表达式)连接起来的式子叫做关系表达式。

3. 逻辑运算符

逻辑运算符用于逻辑运算，包括与(&&)、或(||)、非(!)3 种。逻辑运算的结果类型是布尔类型，而且逻辑运算两边的运算对象的数据类型都为布尔类型。

(1) 与运算的结果为：只有两个运算对象都为 true 时，结果才为 true；只要有一个是 false，结果就为 false。

(2) 或运算的结果为：两个运算对象中只要有一个为 true 时，结果就为 true；只有两个运算对象都是 false，结果才为 false。

(3) 非运算的结果是原运算对象的逆：如果原运算对象是 true，则运算结果为 false；如果原运算对象是 false，则运算结果为 true。

由逻辑运算符将运算对象(逻辑值或表达式)连接起来的式子叫做逻辑表达式。

4. 位操作运算符

参与位操作运算的量，按二进制位进行运算。位操作运算符包括位非(～)、位与(&)、位或(|)、位异或(^)、左移(<<)、右移(>>)6 种。

1) 位逻辑非运算

位逻辑非运算是单目的、只有一个对象的运算。位逻辑非运算按位对运算对象的值进行非运算，即如果某一位等于 0，就将其转变为 1；如果某一位等于 1，就将其转变为 0。

例如，对二进制的 10010001 进行位逻辑非运算，结果等于 01101110，用十进制表示就是～145 等于 110；对二进制的 01010101 进行位逻辑非运算，结果等于 10101010。用十进制表示就是～85 等于 176。

2) 位逻辑与运算

位逻辑与运算是将两个运算对象按位进行与运算。与运算的规则是：1 与 1 等于 1，1 与 0 等于 0。例如，10010001(二进制)&11110000 等于 10010000(二进制)。

3) 位逻辑或运算

位逻辑或运算是将两个运算对象按位进行或运算。或运算的规则是：1 或 1 等 1，1 或 0 等于 1，0 或 0 等于 0。例如，10010001(二进制)| 11110000(二进制)等于 11110001(二进制)。

4) 位逻辑异或运算

位逻辑异或运算是将两个运算对象按位进行异或运算。异或运算的规则是：1 异或 1 等于 0，1 异或 0 等于 1，0 异或 0 等于 0。即相同得 0，相异得 1。例如，10010001(二进制)^11110000(二进制)等于 01100001(二进制)。

5) 位左移运算

位左移运算是将整个数按位左移若干位，左移后空出的部分填 0。例如，8 位的 byte 型变量 byte a=0x65(即二进制的 01100101)，将其左移 3 位(a<<3)的结果是 0x27(即二进制的 00101000)。

6) 位右移运算

位右移运算将整个数按位右移若干位，右移后空出的部分填 0。例如，8 位的 byte 型变量 byte a= 0x65(即二进制的 01100101)，将其右移 3 位(a>>3)的结果是 0x0c(即二进制的 00001100)。

在进行位与、位或、位异或运算时，如果两个运算对象的类型一致，则运算结果的类型就是运算对象的类型。例如，对两个 int 变量 a 和 b 做与运算，运算结果的类型还是 int 型。如果两个运算对象的类型不一致，则 C#要对不一致的类型进行类型转换，变成一致的类型，然后进行运算。类型转换的规则同算术运算中整型量的转换规则一致。

5. 赋值运算符

赋值运算符用于赋值运算，就是将一个数据赋予一个变量，它分为简单赋值(=)、复合算术赋值(+=，-=，*=，/=，%=)和复合位运算赋值(&=，|=，^=，>>=，<<=) 3 类共 11 种。例如：

```
X=5;     //把 5 存放在变量 x 中
x+=3;    //等价于 x=x+3;
y>>=4;  //等价于 y=y>>4;
```

由赋值运算符将运算对象(变量和表达式)连接起来的式子叫做算数表达式。

6. 条件运算符

条件运算符(?:)是一个三目运算符，用于条件求值。语法如下：

```
逻辑表达式？ 语句 1：语句 2；
```

说明：上述表达式先判断逻辑表达式是 true，还是 false。如果是 true，则执行语句 1；如果是 false，则执行语句 2。

例如：

```
x=5>10? 6:9;    //x 最终值是 9
```

由条件运算符和表达式组成的式子叫做条件表达式。

7. 逗号运算符

逗号运算符(，)用于把若干表达式组合成一个表达式。

8. 特殊运算符

有括号( )、下标[ ]等几种。

9. 其他转换用运算符

1) as

as 运算符用于执行引用类型的显式类型转换。如果要转换的类型与指定类型兼容，转换就会成功；如果类型不兼容，则返回 null。语法如下：

```
表达式 as 类型
```

as 运算符类似于类型转换，所不同的是，当转换失败时，as 运算符将返回 null，而不是引发异常。

例如：

```
object o1="SomeString";
object o2=5;
string s1=o1 as string; //类型兼容 s1="SomeString"
string s2=o2 as string; //s2=null
```

2) is

is 运算符用于检查对象的类型是否与给定类型兼容(对象是该类型，或是派生于该类型)。语法如下：

```
表达式 is 类型
```

例如：

```
int i=10;
bool x=i is int;  //x=true
```

3) sizeof

sizeof 运算符用于获得值类型的大小(以字节为单位)。语法如下：

```
sizeof(类型标识符)
```

说明：sizeof 运算符仅适用于值类型，而不适用于引用类型。sizeof 运算符仅可用于 unsafe 模式。

例如：

```
unsafe
       {
        Console.WriteLine("{0}",sizeof(int));//结果是 4，每个 int 类型变量
                                             //占 4 个字节
       }
```

4) checked 和 unchecked

checked 和 unchecked 运算符用来控制整数类型算术运算和相互转换的溢出检查。语法如下：

```
checked(表达式)
unchecked(表达式)
```

说明：checked 运算符用来强制编译器检查是否溢出的问题；unchecked 运算符用来强制编译器不检查这方面的问题。

10. 运算符的优先级

一个表达式中往往包含多种运算符，那么哪个运算符先执行，哪个运算符后执行呢？在 C#中，把每个运算符设置成不同的级别来决定运算符执行的先后顺序，这个级别就叫做运算符的优先级。运算符的优先级高的就优先执行，运算符的优先级低的就后执行，具体见表 2-5。

表 2-5　C#运算符的优先级

优先级	运算符	名称或含义	使用形式	结合方向	说　明
1	[ ]	数组下标	数组名[常量表达式]	左到右	
	( )	圆括号	(表达式)/函数名(形参表)		
	.	成员选择(对象、类)	对象.成员名		
2	-	负号运算符	-表达式	右到左	单目运算符
	(类型)	强制类型转换	(数据类型)表达式		
	++	自增运算符	++变量名/变量名++		单目运算符
	--	自减运算符	--变量名/变量名--		单目运算符
	!	逻辑非运算符	!表达式		单目运算符
	～	按位取反运算符	～表达式		单目运算符
	sizeof	长度运算符	sizeof(表达式)		
3	/	除	表达式/表达式	左到右	双目运算符
	*	乘	表达式*表达式		双目运算符
	%	余数(取模)	整型表达式%整型表达式		双目运算符
4	+	加	表达式+表达式	左到右	双目运算符
	-	减	表达式-表达式		双目运算符
5	<<	左移	变量<<表达式	左到右	双目运算符
	>>	右移	变量>>表达式		双目运算符
6	>	大于	表达式>表达式	左到右	双目运算符
	>=	大于等于	表达式>=表达式		双目运算符
	<	小于	表达式<表达式		双目运算符
	<=	小于等于	表达式<=表达式		双目运算符
7	==	等于	表达式==表达式	左到右	双目运算符
	!=	不等于	表达式!= 表达式		双目运算符
8	&	按位与	表达式&表达式	左到右	双目运算符
9	^	按位异或	表达式^表达式	左到右	双目运算符

续表

<table>
<tr><th>优先级</th><th>运算符</th><th>名称或含义</th><th>使用形式</th><th>结合方向</th><th>说　明</th></tr>
<tr><td>10</td><td>|</td><td>按位或</td><td>表达式|表达式</td><td>左到右</td><td>双目运算符</td></tr>
<tr><td>11</td><td>&&</td><td>逻辑与</td><td>表达式&&表达式</td><td>左到右</td><td>双目运算符</td></tr>
<tr><td>12</td><td>||</td><td>逻辑或</td><td>表达式||表达式</td><td>左到右</td><td>双目运算符</td></tr>
<tr><td>13</td><td>?:</td><td>条件运算符</td><td>逻辑表达式？ 语句1：语句2</td><td>右到左</td><td>三目运算符</td></tr>
<tr><td rowspan="6">14</td><td>=</td><td>赋值运算符</td><td>变量=表达式</td><td>右到左</td><td></td></tr>
<tr><td>/=</td><td>除后赋值</td><td>变量/=表达式</td><td></td><td></td></tr>
<tr><td>*=</td><td>乘后赋值</td><td>变量*=表达式</td><td></td><td></td></tr>
<tr><td>%=</td><td>取模后赋值</td><td>变量%=表达式</td><td></td><td></td></tr>
<tr><td>+=</td><td>加后赋值</td><td>变量+=表达式</td><td></td><td></td></tr>
<tr><td>−=</td><td>减后赋值</td><td>变量−=表达式</td><td></td><td></td></tr>
<tr><td rowspan="5">14</td><td><<=</td><td>左移后赋值</td><td>变量<<=表达式</td><td></td><td></td></tr>
<tr><td>>>=</td><td>右移后赋值</td><td>变量>>=表达式</td><td></td><td></td></tr>
<tr><td>&=</td><td>按位与后赋值</td><td>变量&=表达式</td><td></td><td></td></tr>
<tr><td>^=</td><td>按位异或后赋值</td><td>变量^=表达式</td><td></td><td></td></tr>
<tr><td>|=</td><td>按位或后赋值</td><td>变量|=表达式</td><td></td><td></td></tr>
<tr><td>15</td><td>,</td><td>逗号运算符</td><td>表达式,表达式,…</td><td>左到右</td><td>从左向右顺序运算</td></tr>
</table>

说明：在执行表达式时，各运算符执行的先后是由其优先级和结合方向决定的。当运算符两边的运算对象的优先级一样时，由运算符的结合方向来控制运算执行的顺序。例如：

```
int x,y=7;
x=5*y--%3;
```

此例的运算步骤为：① x=5*7%3，--的优先级最高，此时*和%的优先级一样，根据结合方向，*和%都是从左到右的，所以先执行 5*7；② x=35%3；③ x=2。

2.3 本 章 小 结

本章主要介绍了 C#语言的语法基础。分别介绍了常量和变量的定义和使用、#语言数据类型的结构以及它们的作用和使用方法、各运算符的使用以及优先级、类型表达式的使用。C#语言数据类型包括数值类型和引用类型，数值类型包括整数类型、字符类型、浮点数类型、布尔类型、结构类型、枚举类型，引用类型包括类类型、数组类型、接口类型、代理类型。常用数据类型之间的转换有隐式转换、显式转换、类转换和方法转换。

2.4 习　　题

1. 填空题

(1) 阅读下面程序：

```
enum season
```

```
{
  spring=5,
  summer,
  autumn=2,
  winter
}
```

则 winter 的值为__________。

(2) 设 int x=2，执行表达式 x-=x+=x=x*x 后，x 的值为__________。

(3) C#中数据类型有：__________。

(4) 数据类型转换的方式有：__________。

(5) C#中的运算符有：__________。

2. 选择题

(1) 下列数据类型中不是数值类型的是(　　)。

　　A．整数类型　　B．字符类型

　　C．接口类型　　D．结构类型

(2) 下列运算符中优先级最高的是(　　)。

　　A．－　　B．&&　　C．?：　　D．&

(3) 设 x=9，y=6，则(x--)-y 和 x---y 这两个表达式的值分别为(　　)。

　　A．2，3　　B．3，3　　C．2，2　　D．3，4

(4) 定义变量：i=11，j=12，则 i/j 的运行结果为(　　)。

　　A．0.916666666…　　B．0.9

　　C．0.92　　D．0

(5) 阅读下面程序：

```
bool a = false;
bool b = true;
bool c = (a & b) && (!a);
int t=a= =true? 1:2;
```

运行程序后，c 和 t 的值分别为(　　)。

　　A．c=false，t=1　　B．c=true，t=2

　　C．c=true，t=1　　D．c=false，t=2

3. 操作题

(1) 从键盘输入一个小写字母，输出所输入的小写字母、其对应的大写字母及代码值。

(2) 用 C#编写一个程序，通过键盘输入圆的半径，计算出圆的面积和周长。

第3章 C#程序结构

教学目标

(1) 掌握顺序结构的用法。
(2) 掌握选择结构的用法。
(3) 掌握循环结构的用法。

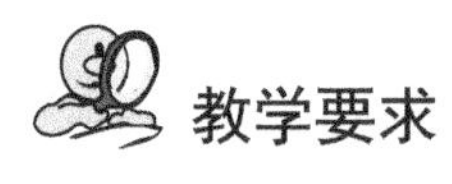

教学要求

知识要点	能力要求	相关知识
顺序结构	掌握	顺序结构的概念及执行顺序
选择结构	掌握	if、switch 语句的执行顺序及用法
循环结构	掌握	while、do-while、for 语句的执行顺序及用法，break、continue 语句的区别

3.1　顺序与选择结构

3.1.1　案例说明

【案例简介】

本案例输入某一学生的成绩，输出其对应的档次。具体规定：90 分及以上为优秀，80 分至 89 分为良好，70 分至 79 分为一般，60 分至 69 分为及格，59 分及以下为不及格。如果输入的分数小于 0 或大于 100，则输出“不合法的成绩!”。

【案例目的】

(1) 掌握顺序和选择程序结构。

(2) 掌握 if 语句的用法。

(3) 掌握 switch 语句的用法。

【技术要点】

(1) 创建一个空项目 p3_1，向该项目添加程序 Example3_1.cs。

(2) 按 Ctrl+F5 组合键编译并运行应用程序，输出结果如图 3.1 和图 3.2 所示。

图 3.1　程序 Example3_1 运行结果一

图 3.2　程序 Example3_1 运行结果二

3.1.2　代码及分析

```
namespace Example3_1
{
    class Program
    {
        static void Main(string[] args)
        {   char c;
            Console.WriteLine("请输入成绩：1~100：");
            float score = float.Parse(Console.ReadLine());
            if (score > 100 || score < 0)
                Console.WriteLine("不合法的成绩！");
            else
            {
                if (score >= 90)
```

```
                    Console.WriteLine("优秀!");
                else if (score >= 80)
                    Console.WriteLine("良好!");
                else if (score >= 70)
                    Console.WriteLine("一般!");
                else if (score >= 60)
                    Console.WriteLine("及格!");
                else
                    Console.WriteLine("不合格!");
            }
        }
    }
}
```

程序分析：

(1) 本例使用了顺序和选择程序结构。

(2) 在选择结构中使用了 if-else 语句。

3.1.3 相关知识及注意事项

C#程序设计中有三大程序结构，分别为顺序结构、选择结构和循环结构。当然在具体的程序设计中，这 3 种程序结构都是可以嵌套、组合使用的。

顺序结构是由一系列的语句所构成的，其中任何一条语句都会被执行一次，而且执行的顺序是由程序的第一行一直执行到结束为止。

选择结构可以让程序在执行时能够选择不同的操作，选择的标准是根据指定的条件是否成立而确定的。

C#中有以下几种语句来实现选择结构。

1. if 语句

if 语句根据条件判断该执行哪个选择，可提供一种、两种或多种选择，但每次只会执行一个选择。

(1) 简单的 if 语句提供一种选择，语法如下：

```
if (条件)
{语句序列}   //当满足条件，就执行{语句序列}，否则跳过 if 语句，执行 if 语句后面的程序
```

说明： if 后面()中的条件是一个表达式，此表达式的运算结果如果是 true，则满足条件；如果是 false 则不满足条件。此表达式可以包括数据类型是布尔型的变量、逻辑表达式、关系表达式以及前面几种表达式的组合。另外，如果{语句序列}中的代码包含一条以上的语句，则必须用{ }括起来，组成复合语句。

(2) if-else 语句提供两种选择，语法如下：

```
if (条件)
  {语句序列 1}            //当满足条件时执行
else
  {语句序列 2}            //当不满足条件时执行
```

(3) if-else if 语句提供多种选择，语法如下：

```
if(条件1)
  {语句序列1}              //当满足条件1时执行，然后执行else if语句块后面的程序
else if(条件2)
    {语句序列2}            //当满足条件2时执行，然后执行else if语句块后面的程序
else if(条件3)
    {语句序列3}            //当满足条件3时执行，然后执行else if语句块后面的程序
    …                      //还可以加任意个“else if(条件){语句序列}”
else
    {语句序列n+1}          //当所有条件都不满足时执行
```

2. switch 语句

switch 语句也是提供多种选择的语句，语法如下：

```
switch(表达式)
{
  case 可能性的值1:
       语句序列1
        [break;]
  case 可能性的值2:
       语句序列2
        [break;]
       ...                 //还可以加任意一个：case 可能性的值：语句序列   break;
  [default:
       语句序列n+1
       break;]
}
```

执行 switch 语句的步骤为：当代码执行到此语句时，先执行 switch 后面( )中的表达式，然后将表达式的运算结果与{ }中 case 后面“可能性的值”逐个匹配。如果与某个“可能性的值”匹配成功，则进入相对应的 case 代码段；如果匹配都不成功，则进入 default 语句，执行默认代码段；如果没有 default 语句，则跳出 switch 语句。其中，每个 case 代码段内都应该带有一个 break 语句，用来从当前选择中跳出，如果没有 break 语句，则不跳出当前选择，继续执行 case 后面的语句。

说明：

(1) switch 后面( )中表达式的类型只能是整型、字符型或字符串型。

(2) 跟随在 case 后的“可能性的值”必须是整数常数、字符常数、字符串数据常数，而不能是变量。

(3) 跟随在 case 后的“可能性的值”在整个 switch 语句中必须是独一无二的。

(4) 在本案例也可以用 switch 语句来实现，代码如下:

```
if (score > 100 || score < 0)
     Console.WriteLine("不合法的成绩！");
     else
     {
         if (score >= 90)
             c = 'a';
         else if (score >= 80)
             c = 'b';
```

```
        else if (score >= 70)
            c = 'c';
        else if (score >= 60)
            c = 'd';
        else
            c = 'e';
        switch (c)
        {
            case 'a': Console.WriteLine("优秀!"); break;
            case 'b': Console.WriteLine("良好!"); break;
            case 'c': Console.WriteLine("一般!"); break;
            case 'd': Console.WriteLine("及格!"); break;
            case 'e': Console.WriteLine("不合格!"); break;
        }
    }
```

3.2 选择结构的应用

3.2.1 案例说明

【案例简介】

本案例设计一个顾客选购商品的系统。其中，顾客身份有两类，一类是 VIP，另一类是普通会员；商品种类有 3 种，分别是上衣、裤子和鞋子。其中，VIP 享受 8 折优惠和商店赠送的礼品，而普通会员都不享受。单击【确定】按钮后，系统根据顾客不同的选择，在文本框显示顾客最终的选购结果。顾客默认身份为普通会员。

【案例目的】

(1) 学会使用单选按钮。

(2) 学会使用复选框。

(3) 掌握选择结构与单选按钮、复选框的配合使用。

【技术要点】

(1) 使用单选按钮、复选框、按钮、标签、文本框等控件及设置其属性。

(2) 根据单选按钮和复选框不同的选择在文本框中显示不同的文本。

(3) 使用 Click 和 CheckedChanged 事件。

3.2.2 案例实现步骤

1. 新建项目

新建项目：欢迎购物。

2. 设计程序界面

设计程序界面包括添加单选按钮、复选框、按钮、标签、文本框等控件及设置其属性。

1) 添加控件

本案例需要添加 2 个单选按钮、4 个复选框、1 个按钮、1 个标签、1 个文本框。添加控件后的效果如图 3.3 所示。

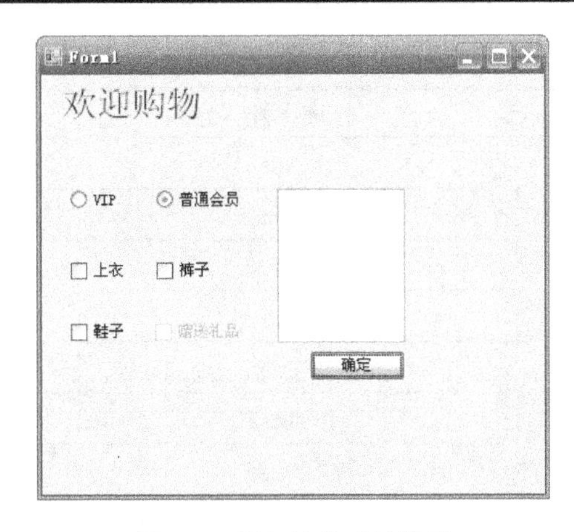

图 3.3　添加控件后的效果

2) 设置控件属性(表 3-1)

表 3-1　顾客选购商品系统中各控件的属性设置

控件对象名	属　性　名	属　性　值
Form1	Name	Form1
textBox1	Name	textBox1
	Text	空白
	ForeColor	黑色(Black)
	MultiLine	True
	Font	宋体，9pt
button1	Name	button1
	Text	确定
radioButton1	Name	radioButton1
	Checked	False
	Text	VIP
radioButton2	Name	radioButton2
	Checked	True
	Text	普通会员
checkBox1	Name	checkBox1
	Enabled	True
	Checked	False
	Text	上衣
checkBox2	Name	checkBox2
	Enabled	True
	Checked	False
	Text	裤子

续表

控件对象名	属 性 名	属 性 值
checkBox3	Name	checkBox3
	Enabled	True
	Checked	False
	Text	鞋子
checkBox4	Name	checkBox4
	Enabled	False
	Checked	False
	Text	赠送礼品
label1	Name	label1
	Font	宋体，20.25pt
	Text	欢迎购物

3．编写代码

在设计器视图双击【确定】按钮，VS.NET 自动添加了【确定】按钮的 Click(单击)事件处理方法 button1_Click()，光标定位在该方法的一对大括号之间。在光标定位处输入如下代码：

```
string rb1 = "", rb2 = "", cb1 = "", cb2 = "", cb3 = "", cb4 = "";
if (radioButton1.Checked == true)
    rb1 = radioButton1.Text + "，享受 8 折优惠";
else
{
    rb2 = radioButton2.Text;
    checkBox4.Checked=false;
}
if (checkBox1.Checked == true)
    cb1 = checkBox1.Text + " ";//加一个空格
if (checkBox2.Checked == true)
    cb2 = checkBox2.Text + " ";
if (checkBox3.Checked == true)
    cb3 = checkBox3.Text + " ";
if (checkBox4.Checked == true)
    cb4 = "并享有" + checkBox4.Text;
textBox1.Text = "您是" + rb1 + rb2 + "，您选购是：" + cb1 + cb2 + cb3 + cb4;
```

在设计器视图双击【VIP】单选按钮，VS.NET 自动添加了【VIP】单选按钮的 CheckedChanged 事件处理方法 radioButton1_CheckedChanged_1()，光标定位在该方法的一对大括号之间。在光标定位处输入如下代码：

```
checkBox4.Enabled = true;
```

在设计器视图双击【普通会员】单选按钮，VS.NET 自动添加了【普通会员】单选按钮的 CheckedChanged 事件处理方法 radioButton2_CheckedChanged_2()，光标定位在该方法的一对大括号之间。在光标定位处输入如下代码：

```
checkBox4.Enabled = false;
```

4. 保存程序

选择【文件】|【保存】命令或单击工具栏上的【保存】按钮保存程序。

5. 运行调试程序

程序运行结果如图 3.4 和图 3.5 所示。

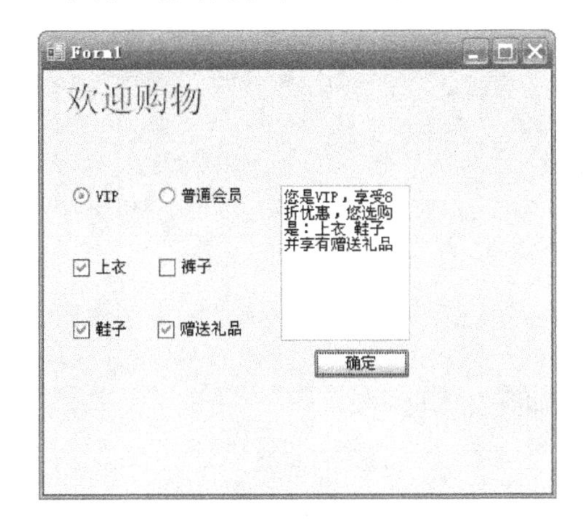

图 3.4　顾客选购商品系统运行结果一

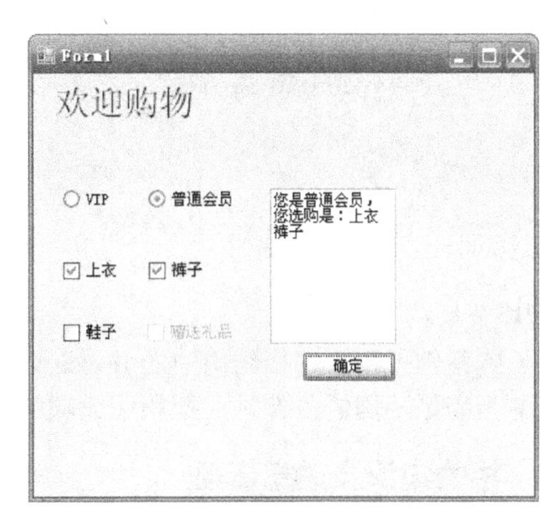

图 3.5　顾客选购商品系统运行结果二

3.2.3　代码及分析

```
namespace Example3_4.cs
{
    public partial class Form1 : Form
    {
        public Form1()
        {
            InitializeComponent();
        }
        private void button1_Click(object sender, EventArgs e)
        {
            string rb1 = "", rb2 = "", cb1 = "", cb2 = "", cb3 = "", cb4 = "";
            if (radioButton1.Checked == true)
                rb1 = radioButton1.Text + ", 享受 8 折优惠";
            else
            {
                rb2 = radioButton2.Text;
                checkBox4.Checked=false;

            }
            if (checkBox1.Checked == true)
                cb1 = checkBox1.Text + " ";
            if (checkBox2.Checked == true)
                cb2 = checkBox2.Text + " ";
            if (checkBox3.Checked == true)
                cb3 = checkBox3.Text + " ";
```

```
            if (checkBox4.Checked == true)
                cb4 = "并享有" + checkBox4.Text;
            textBox1.Text = "您是" + rb1 + rb2 + ", 您选购是: " + cb1 + cb2
                          + cb3 + cb4;
        }

        private void radioButton1_CheckedChanged_1(object sender, EventArgs e)
        {
           checkBox4.Enabled = true;
        }
        private void radioButton2_CheckedChanged_2(object sender, EventArgs e)
        {
          checkBox4.Enabled = false;
        }
    }
}
```

程序分析：

(1) 本案例使用了选择结构中的 if-else 语句。

(2) 当满足不同的条件时，把相应选项的文本添加到文本框中。

3.2.4　相关知识及注意事项

1．Checked 属性

Checked 属性是单选按钮、复选框的一个属性，它表示单选按钮、复选框是否被选中。true 表示单选按钮、复选框被选中，false 表示未被选中。所以程序中可以通过 Checked 属性来判断单选按钮、复选框是否被选中，从而执行相应的代码。

2．Enabled 属性

Enabled 属性用来设置窗体或控件在运行时有效或无效，其值为 true 表示有效，false 表示无效。在本案例中普通会员是不享受赠送礼品的，所以普通会员是不可选择“赠送礼品”的，从而在顾客是普通会员时，Enabled 属性为 false。

3．CheckedChanged 事件

当 Checked 属性值改变时，触发 CheckedChanged 事件。当选中【普通会员】单选按钮时，就触发了它的 CheckedChanged 事件，普通会员是不可选择“赠送礼品”的，所以设置“赠送礼品”复选框的 Enabled 属性为 false。同理，当选中【VIP】单选按钮时，就触发了它的 CheckedChanged 事件，VIP 是可以选择“赠送礼品”的，所以设置“赠送礼品”复选框的 Enabled 属性为 true。

3.3　while 循环

3.3.1　案例说明

【案例简介】

输入一字符串，以按 Enter 键结束，统计该字符串中英文字符、数字字符及其他字符的个数。

【案例目的】

掌握 while 语句的用法。

【技术要点】

(1) 创建一个空项目 p3_2，向该项目添加程序 Example3_2.cs。

(2) 按 Ctrl+F5 组合键编译并运行应用程序，输出结果如图 3.6 所示。

```
file:///C:/Documents and Settings/Administrator/...
YH76;'iu9ufs0KL23..[
一共输入20个字符，其中英文字母9个，数字字符6个，其他字符5个
```

图 3.6　程序运行结果

3.3.2　代码及分析

```
    namespace Example3_2
    {
        class Program
        {
            static void Main(string[] args)
            {
                char c = Convert.ToChar(Console.Read());
                int n=0;//n 为统计一共输入了多少个字符
                int nz=0,ns=0,nq=0;
                while (c != '\n')
                {
                    if ((c>='a' && c<='z' )||( c>='A' && c<='Z'))//表示不管输入的英文
字母是大小写都一并统计
                        nz++;//nz 为统计大小英文字母的变量
                    else if (c>='0' && c<='9')//表示输入的数字字符统计
                        ns++;//ns 为统计数字符的变量
                    else
                        nq++;//nq 为其他字符统计的变量
                    c = Convert.ToChar(Console.Read());
                    n++;
                }
               Console.WriteLine("一共输入{0}个字符，其中英文字母{1}个，数字字符{2}个，其
他字符{3}个",n-1,nz,ns,nq-1);//字符串输入完毕后以回车符结束，
    n 中包含了回车符的个数，故减 1
            }
        }
    }
```

程序分析：

(1) 本案例使用了循环程序结构，当满足循环条件时可以重复执行某一语句块。本案例循环进行的条件是输入的字符不是 Enter 键(c != '\n')。

(2) 在循环结构中嵌套使用了选择结构。

3.3.3 相关知识及注意事项

循环结构是在给定条件成立时，反复执行某程序段，直到条件不成立为止。给定的条件称为循环条件，反复执行的程序段称为循环体。

while 语句先计算表达式的值，值为 true 则执行循环体；反复执行上述操作，直到表达式的值为 false 时，跳出循环体，继续执行后面的语句。

语法如下：

```
while (表达式)
{
  循环体
}
```

执行 while 语句的步骤：

(1) 执行 while 后面()中的表达式。

(2) 如果表达式的运算结果为 true，则执行循环体，否则跳过步骤(3)，直接执行步骤(4)。

(3) 反复执行(1)(2)步骤，直到表达式的运算结果为 false 时止。

(4) 执行 while 语句块后面的代码。

说明：

(1) while 语句中的表达式一般是关系表达式或逻辑表达式，只要表达式的值为 true 即可继续循环。

(2) 应注意循环条件的选择以避免死循环。

(3) 若循环体中又含有“循环语句”，则称为嵌套的循环语句，也称多重循环。

3.4 do-while 循环

3.4.1 案例说明

【案例简介】

本案例输入一个自然数，要求将自然数的每一位数字按反序输出，例如：输入 69718，输出 81796。

【案例目的】

(1) 掌握循环结构。

(2) 掌握 do-while 循环语句及与 while 语句的区别。

【技术要点】

(1) 创建一个空项目 p3_3，向该项目添加程序 Example3_3.cs。

(2) 按 Ctrl+F5 组合键编译并运行应用程序，输出结果如图 3.7 所示。

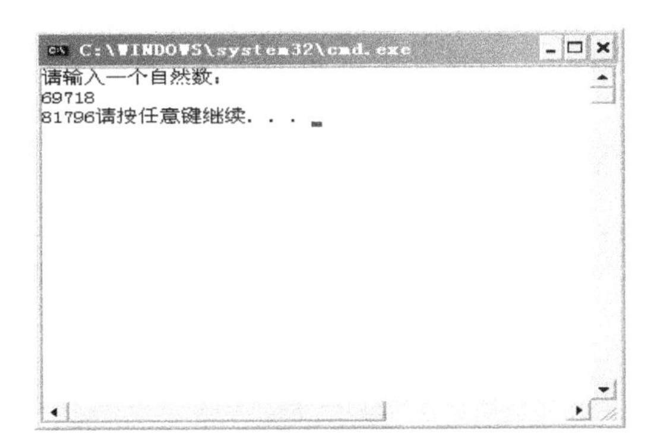

图 3.7　程序运行结果

3.4.2　代码及分析

```
namespace Example3_3
{
    class Program
    {
        static void Main(string[] args)
        {
            int num, digital;
            Console.WriteLine("请输入一个自然数：");
            num =int.Parse(Console.ReadLine());
            do
            {
                digital = num % 10;
                num /= 10;
                Console.Write(digital);
            } while (num > 0);
        }
    }
}
```

程序分析：

(1) 本案例使用了循环程序结构，当满足循环条件时可以重复执行某一语句块。

(2) 在循环结构中使用了 do-while 语句。

3.4.3　相关知识及注意事项

do-while 语句先执行循环体语句一次，再判别表达式的值。若为 true 则继续循环，否则终止循环。

语法如下：

```
do{
    循环体
    }while(表达式);
```

说明：(1) do-while 语句和 while 语句的区别在于 do-while 是先执行循环体后判断循环条件，因此，do-while 至少要执行一次循环体，而 while 是先判断循环条件后执行循环体，如果条件不满足，则循环体语句一次也不执行。

(2) 在 if 语句、while 语句中，表达式后面都不能加分号，而在 do-while 语句的表达式后面必须加分号。

(3) do-while 语句也可以组成多重循环，而且也可以和 while 语句相互嵌套。

3.5 for 循环

3.5.1 案例说明

【案例简介】

将 20 元钱兑换成 1 元、2 元、5 元的纸币，规定每一种纸币最少要有一张。求有几种兑换的方法，每种方式具体是怎么兑换的。

【案例目的】

(1) 掌握 for 语句的用法。

(2) 掌握穷举算法。

【技术要点】

(1) 创建一个空项目 p3_4，向该项目添加程序 Example3_4.cs。

(2) 按 Ctrl+F5 组合键编译并运行应用程序，输出结果如图 3.8 所示。

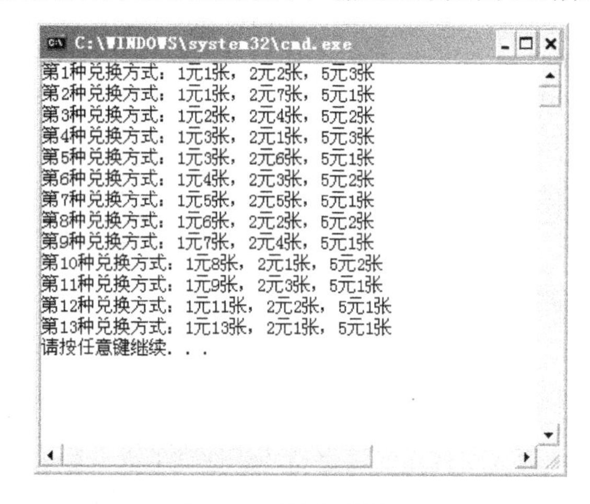

图 3.8 程序运行结果

3.5.2 代码及分析

```
namespace Example3_4
{
    class Program
    {
        static void Main(string[] args)
        {
            int m, n,t=0; //m、n 为当前兑换方式下 1 元、2 元分别是多少张
                          //t 为统计一共有多少种兑换方式
            for(m=1;m<=13;m++)
                for(n=1;n<=14/2;n++)
                    if (((20 - m - 2 * n) % 5 == 0) && (20 - m - 2 * n > 0))
```

```
                {
                    t++;
                    Console.WriteLine("第{0}种兑换方式: 1元{1}张,2元{2}张,
                        5元{3}张", t, m, n, (20 - m - 2 * n) / 5);
                }
            }
        }
    }
```

程序分析：

(1) 本案例使用了循环程序结构，当满足指定条件时程序可以重复执行指定语句。

(2) 在循环结构中使用了 for 语句的嵌套循环。

(3) 运用了穷举算法。穷举算法是程序设计中使用最普遍的一种算法，必须熟练掌握和正确运用。该算法利用计算机运算速度快、精确度高的特点，对要解决问题的所有可能情况逐一进行检查，从中找出符合要求的答案。

用穷举算法解决问题，通常可以从以下两个方面进行分析。

(1) 问题所涉及的情况：问题所涉及的情况有哪些，情况的种数可不可以确定，把它描述出来。

(2) 答案需要满足的条件：分析出来的这些情况需要满足什么条件才成为问题的答案，将这些条件描述出来。

本案例中，每一种纸币最少要有一张，所以 1 元最少有一张，最多有 13 张，第一层 for(m=1;m<= 13;m++)循环把兑换结果中含有 1 元所有的情况列举了一遍。而 2 元最少有一张，最多有 7 张，第二层 for(n=1;n<= 14/2;n++)循环就把兑换结果中含有 2 元所有的情况列举了一遍。这样把每张纸币可能的组合都列举一遍。按要求筛选下来的结果就是所要的答案了。

如果从效率角度考虑，应该依次循环 5 元的取法、2 元的取法，会大幅减少循环的次数。代码如下：

```
int m, n,t=0; //m、n为当前兑换方式下5元、2元分别是多少张
                 //t为统计一共有多少种兑换方式
     for(m=1;m<=3;m++)
          for(n=1;n<=14/2;n++)
              if (20 - 5*m - 2 * n > 0)
                  {
                   t++;
                    Console.WriteLine("第{0}种兑换方式:1元{1}张,2元{2}张,5元{3}
张", t, (20 - 5*m - 2 * n),n,m);
                  } Console.Read();
```

3.5.3　相关知识及注意事项

1. for 语句

for 语句和 while 语句一样，也是一种循环语句，用来重复执行一段代码。两个循环语句的区别在于使用方法不同。

for 语句的使用语法如下：

```
for (表达式1; 表达式2; 表达式3)
{
```

```
    循环体
}
```

执行 for 语句的步骤：

(1) 计算表达式 1 的值。

(2) 计算表达式 2 的值，若值为 true，则执行循环体一次，否则跳出循环。

(3) 计算表达式 3 的值，转回第(2)步重复执行。

说明：

(1) 表达式 1 通常用来给循环变量赋初值，一般是赋值表达式。也允许在 for 语句外给循环变量赋初值，此时可以省略该表达式。

(2) 表达式 2 通常是循环条件，一般为关系表达式或逻辑表达式。

(3) 表达式 3 通常可用来修改循环变量的值，一般是赋值语句。

(4) 这 3 个表达式都可以是逗号表达式，即每个表达式都可由多个表达式组成。3 个表达式都是任选项，都可以省略但分号间隔符不能少，如 for(; 表达式; 表达式)省去了表达式 1，for(表达式;; 表达式)省去了表达式 2，for(表达式; 表达式;)省去了表达式 3，for(;;)省去了全部表达式。

(5) 在整个 for 循环过程中，表达式 1 只计算一次，表达式 2 和表达式 3 则可能计算多次。循环体可能执行多次，也可能一次都不执行。

2. 使用 break/continue 控制循环

在 while 和 for 循环语句中，如果满足条件，则循环会一直继续下去。那么该如何控制循环的中断和继续呢？

C#提供了 break/continue 语句，用来控制循环的执行。break 可以中断当前正在执行的循环，并跳出整个循环。continue 表示中断当前本次的循环，而后面的代码无须执行，并进行下一次表达式的计算与判断，以决定是否重新开始下一次循环。break 语句还可以和 switch 语句配合使用，以当达到某种条件时从 switch 语句跳出。

break 语句语法如下：

```
break;
```

continue 语句语法如下：

```
continue;
```

例如：

```
int n=0,m=0;
for(i=1;i<=10;i++)
{
  if(i%2==0)
     continue;
     n++;
}
for(i=1; i<=10; i++)
{
  if(i%2==0)
     break;
     m++;
}
```

程序运行后 n=5，m=1。

3.6 本 章 小 结

C#程序设计中有三大结构，分别为顺序结构、选择结构和循环结构。顺序结构是由一系列的语句所构成的，其中任何一条语句都会被执行一次，而且执行的顺序是由程序的第一行一直执行到结束为止。选择结构可以让程序在执行时能够根据不同的条件选择不同的操作，选择的标准是根据指定的条件是否成立。循环结构是在给定条件成立时，反复执行某循环体，直到条件不成立时为止。

本章通过几个案例介绍了选择结构中的 if 语句、switch 语句，循环结构中的 while 语句、do-while 语句、for 语句，以及 break 与 continue 语句的使用和区别。

3.7 习　　题

1. 填空题

(1) 阅读下面程序：

```
int y=0;
int x=6;
for(int j=1;j<7;j++)
{
   if(x%j= =0)
     y+=j;
}
Console.WriteLine(y);
```

执行程序后的结果为__________。

(2) 阅读下面程序：

```
int n=2, a=1;
switch(n)
{
case 1: a++;
case 2: a++;
case 3: a++;
}
```

执行程序后，a 的值为__________。

(3) 阅读下面程序：

```
int s=0;
for(i=1; i<=5;s++, i++)
   s=s+i;
Console.WriteLine(s);
```

执行程序后的结果为__________。

(4) 阅读下面程序：

```
int i;
for(i=9;i>2;i--)
{
    if(i%2==0)
    i--;
    i-=2;
}
```

执行程序后，i 的值为__________。

(5) 阅读下面程序：

```
int i,j;
for(i=0,j=5;i<=j+1;i+=2,j--);
Console.WriteLine("{0},{1}",i,j);
```

执行程序后的结果为__________。

(6) 阅读下面程序，写出运行结果：__________。

```
int n=0;
for(int j=3;j>0;j--)
   {
     n+= j;
     int y=2;
     while(y<n)
     {
       y+=1;
       Console.WriteLine(y);
     }
   }
```

(7) 常用 C#程序结构有：__________。

2. 选择题

(1) 阅读下面程序：

```
int i = 3;
int j = 2;
if (i = j)
  Console.WriteLine("相等！");
else
  Console.WriteLine("不相等！");
```

执行程序后，结果为(　　)。

A. 相等！　　B. 不相等！

C. 编译错误　　D. 程序可以执行但没有结果

(2) 阅读下面程序：

```
int x = 1;
int y = 10;
do{
  if(x>y)
```

```
        continue;
    y--;
    }while(++x<6);
```

执行程序后，x 和 y 的值分别为(　　)。

　　A. 6，5　　　　B. 5，6　　　　C. 6，4　　　　D. 5，5

(3) 阅读下面程序：

```
int m=0,t=0;
for(int n=0;n<9;n++)
  {
   t++;
   if(n= =6)
      break;
   continue;
   m++;
}
```

执行程序后，t 和 m 的值分别为(　　)。

　　A. 9，9　　　　B. 7，0　　　　C. 6，0　　　　D. 6，6

3. 操作题

(1) 用 C#编写一个程序，计算 $s=1+(1+2)+(1+2+3)+\cdots+(1+2+3+4+5+\cdots+n)$。

(2) 有 36 个人在一家饭店用餐，男人每人花了 50 元，女人每人花了 40 元，小孩每人花了 20 元，一共花了 1 600 元。用 C#编写一个程序，求出男人、女人、小孩各多少人。

(3) 4 位“水仙花数”是一个四位数，其各位数字的 4 次方等于该数本身，如 1 634=1*1*1*1+6*6*6*6+3*3*3*3+4*4*4*4。求所有 4 位“水仙花数”。

(4) 球从 1 000 m 的高度自由下落，每次落地后反跳回原高度的一半，再下落再反弹。求它在第 9 次落地时，共经过多少米，第 9 次反弹多高。

(5) 输出以下图案：

```
   *
  ***
 *****
*******
 *****
  ***
   *
```

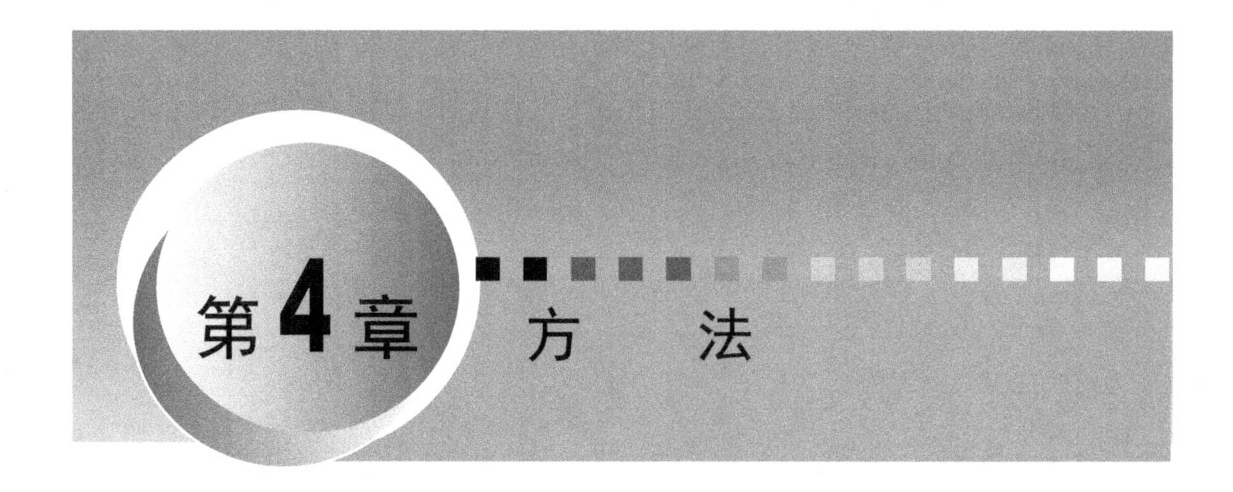

第4章 方法

教学目标

(1) 理解使用方法的优点。
(2) 掌握方法的定义。
(3) 掌握方法的调用，了解方法的调用过程。
(4) 掌握方法嵌套调用和递归调用。
(5) 理解并掌握方法间的两种参数传递方式(值传递、引用传递)。
(6) 掌握方法的重载。
(7) 学会分析局部变量的作用域。

教学要求

知识要点	能力要求	相关知识
方法的声明	掌握	方法声明格式
方法的调用	理解并掌握	方法的各种调用形式、方法的调用过程
方法的嵌套调用和递归调用	掌握	方法的嵌套调用和递归调用
方法间参数的传递	理解并掌握	值传递方式、引用传递方式(ref 参数和 out 参数)
方法重载	理解并掌握	方法重载的实现与应用

4.1　方法的定义与调用

4.1.1　案例说明

【案例简介】

编写一个控制台应用程序，输出一棵圣诞树，如图 4.1 所示。

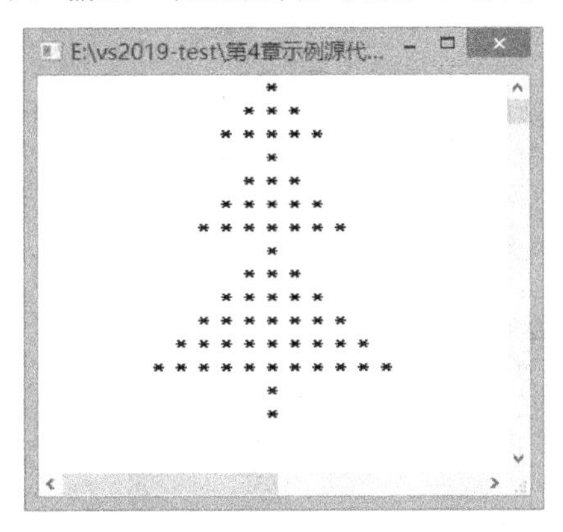

图 4.1　输出一棵圣诞树

【案例目的】

(1) 了解使用方法的优点。

(2) 掌握方法的定义与调用。

(3) 理解方法间参数的传递。

【技术要点】

(1) 设计方法前要明确方法的功能以及方法的输入、输出数据。

(2) 设计方法头部，包括方法的方法名、返回值类型、参数列表等。

4.1.2　代码及分析

采用两种方法可解决本案例提出的问题。

(1) 从现有知识出发解决输出圣诞树问题，不使用方法，把所有的代码都编写在 Main()中。

```
namespace Example4_1_1
{
    class Program
    {
        static void Main(string[] args)
        {
            int n;
            int i, j;
            n = 3;
            for (i = 1; i <= n; i++)        //输出一个由 3 行*号组成的等腰三角形
            {
                for (j = 10; j >= n; j--) //输出空格调整三角形左边距，为三角
                                             //形确定位置
```

```
                    Console.Write("  ");
                for (j = n - i; j >= 1; j--)  //输出每行*号前的空格
                    Console.Write("  ");
                for (j = 1; j <= 2 * i - 1; j++) //输出 1 行*号
                    Console.Write("* ");
                Console.WriteLine();
            }
            n = 4;
            for (i = 1; i <= n; i++) //输出一个由 4 行*号组成的等腰三角形
            {
                for (j = 10; j >= n; j--)
                    Console.Write("  ");
                for (j = n - i; j >= 1; j--)
                    Console.Write("  ");
                for (j = 1; j <= 2 * i - 1; j++)
                    Console.Write("* ");
                Console.WriteLine();
            }
            n = 6;
            for (i = 1; i <= n; i++)//输出一个由 6 行*号组成的等腰三角形
            {
                for (j = 10; j >= n; j--)
                    Console.Write("  ");
                for (j = n - i; j >= 1; j--)
                    Console.Write("  ");
                for (j = 1; j <= 2 * i - 1; j++)
                    Console.Write("* ");
                Console.WriteLine();
            }
            n = 1;
            for (j = 10; j >= n; j--) //输出 1 行*号
                Console.Write("  ");
            Console.WriteLine("* ");
            n = 1;
            for (j = 10; j >= n; j--)
                Console.Write("  ");
            Console.WriteLine("* ");
            Console.ReadLine();
        }
    }
}
```

(2) 使用方法来解决输出圣诞树问题。

```
namespace Example4_1_2
{
    class Program
    {
        static void PrintTriangle(int n) //输出一个由 n 行*号组成的等腰三角形
        {
            int i, j;
            for (i = 1; i <= n; i++)
```

```
        {
            for (j = 10; j >= n; j--) //输出空格调整三角形左边距，为三角
                                      //形确定位置
                Console.Write("  ");
            for (j = n - i; j >= 1; j--)//输出每行*号前的空格
                Console.Write("  ");
            for (j = 1; j <= 2 * i - 1; j++)//输出 1 行*号
                Console.Write("* ");
            Console.WriteLine();
        }
    }
    static void Main(string[] args)
    {
        PrintTriangle(3);
        PrintTriangle(4);
        PrintTriangle(6);
        PrintTriangle(1);
        PrintTriangle(1);
        Console.ReadLine();
    }
  }
}
```

4.1.3　相关知识及注意事项

1. 使用方法的意义

在前面几章中，所有的代码都写在 Main()方法中了，但是当编写的程序变大、变复杂时，这种做法会使程序显得庞杂混乱、结构不清晰。

在一个较大、较复杂的程序中，常常需要完成许多功能(称为基本操作)，这些基本操作由若干条语句有机组合而成，相互之间彼此独立。程序的设计就如同搭积木一般，是由各个基本操作按照一定的方式有机组合而成的，这就是结构化程序设计的方法。这其中的每一个基本操作都称为一个方法，每个方法既可以调用其他方法，也可以被其他方法所调用。

从第(1)种解决方法 Example4_1_1 的实现代码中可以发现，它只是机械地实现圣诞树的每一个部分的输出而忽略各部分之间的内在联系，导致代码冗长、结构不清晰。其中输出三角形的代码段多次出现，这段代码如下：

```
for (i = 1; i <= n; i++)
{
    for (j = 10; j >= n; j--)//输出整个三角形左边空格，为三角形确定位置
        Console.Write("  ");
    for (j = n - i; j >= 1; j--)//输出每行*号前的空格
        Console.Write("  ");
    for (j = 1; j <= 2 * i - 1; j++) //输出一行*号
        Console.Write("* ");
    Console.WriteLine();
}
```

仔细观察图 4.1 中的圣诞树，它由几个形状类似、大小不同的三角形组成，因此可以确定输出三角形的操作是一个“基本操作”，完成这个基本操作的代码就是上述这段代码，这个“基

本操作”被多次重复执行。实际上可以把这个“基本操作”编写成一段独立的代码，一次编写多次执行，那就是使用方法。

观察本案例的第(2)种解决方法，它把输出三角形的代码段单独编写成一个独立的方法 PrintTriangle，在 Main()方法中只要根据需要多次调用这个方法，便可以实现整棵圣诞树的输出。代码如下：

```
static void PrintTriangle(int n)//输出一个由*号组成的高度为n的等腰三角形
{
    int i, j;
    for (i = 1; i <= n; i++)
    {
        for (j = 10; j >= n; j--) //为三角形确定位置
          Console.Write("  ");
        for (j = n - i; j >= 1; j--)//每行*号前的空格
          Console.Write("  ");
        for (j = 1; j <= 2 * i - 1; j++)//输出*号
          Console.Write("* ");
        Console.WriteLine();
    }
}
```

对比两种解决方法不难看出，将一个复杂的程序分解成若干个相对独立的方法，使得程序变得简练并且结构清晰。方法可以被多次调用，反复执行，这样大大地提高了代码的复用率。另外，程序的分块设计便于开发人员的分工合作，也便于调试和维护，从而大大提高了编程效率。

2. 方法的定义

方法也称为函数，是一组程序代码的有机集合，可以实现一个独立的功能。可以把程序中多次用到的某个任务定义为方法。

C#应用程序的每行代码都必须写在某个方法的内部，而每个方法都必须写在类的内部，称为类的方法成员。例如，Main()方法和 PrintTriangle()方法都是 Program 类的成员，完成该类的某个计算或操作。关于类的知识将在第 5 章介绍。

1) 方法的定义

方法的定义格式为：

```
[修饰符]  返回值类型  方法名([参数列表])
{
    方法体;
    [return(z)];  //返回结果 z
}
```

第一行称为方法头，用“{ }”括起的是方法体。

以 Example4_1_2 中的 PrintTriangle()方法为例，static 是修饰符，表示该方法是静态方法，void 是返回值类型，表示该方法没有返回值，PrintTriangle 是方法名，int n 是该方法的参数声明。

例如，一个求两个数中最大值的方法定义如下：

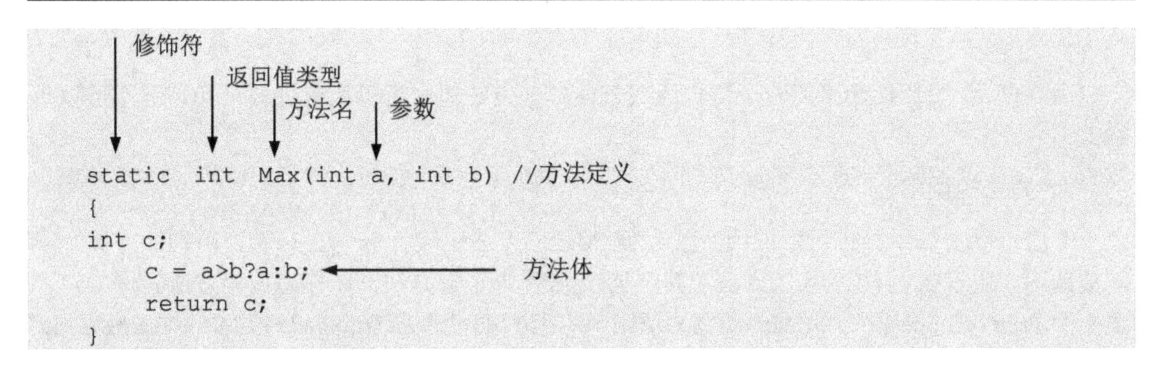

2) 方法名

方法名是用户给方法取的名字，可以是任何一个有效的 C#标识符。作为编程的良好习惯，方法的命名应尽量符合以下规则。

(1) 方法名最好具有与本身功能相对应的实际含义，建议采用动词短语，如 PrintTriangle。

(2) 方法名一般使用 Pascal 命名法，就是组成方法名的单词直接相连，每个单词的首字母大写，如 ReadLine、WriteLine。

3) 方法的参数列表

方法可以接收参数，这实际上是方法与外界“通信”的方式。方法定义时参数列表中的参数称为形式参数，简称形参，由 0 个、1 个或多个参数组成。当方法没有参数时，圆括号不可省略。

参数列表的一般形式为：

```
<类型 1> 形参 1,<类型 2> 形参 2,…,<类型 n> 形参 n
```

每个参数必须一一指定类型，彼此之间用逗号分隔。例如，Max 方法中的参数为“int a,int b”，如果写成“int a, b”，则编译器会报告错误。

4) 方法的返回值类型

如果说方法的参数是方法的输入，那么方法的返回值就是方法的输出，是一个方法执行完毕后返回给调用者的数据，它可以是各种数据类型。如果方法没有返回值，应定义为 void 类型。本案例中的 PrintTriangle 方法的返回值为 void 类型，说明它仅仅执行向屏幕输出三角形的操作，没有带回数据。Max 方法的返回值为 int 类型，说明它将返回一个整数。

5) return 语句

方法的返回值由 return 语句带回，return 语句在赋予方法的调用者返回值的同时退出方法。

当方法的返回类型是 void 时，方法体中可以有 return 语句，也可以没有 return 语句。如果有 return 语句，则必须是空的 return 语句，如“return;”。

当方法的返回类型不是 void 时，方法体中必须有 return 语句，并且每个 return 语句都必须指定一个与返回值类型匹配或可隐式转换为返回值类型的表达式。例如，Max 方法的返回值类型为 int，方法体中的语句为“return c;”，其返回的变量 c 也是 int 类型的，两者是匹配的。

6) 方法的修饰符

修饰符用于指定方法的访问权限，有 public、private、static 等，默认为 private。用 static 修饰的方法是静态方法。因为 Main()方法是静态方法，为了方便举例，本章中举例的方法都采用静态方法。关于访问修饰符的具体含义与用法将在第 5 章学习，目前只需会用而无须深究。

7) 方法体

用“{”和“}”括起来的若干语句组成方法体。方法体中可以没有任何语句，但不可以省略大括号。

3. 方法的调用

方法可以被调用，也可以调用方法，但 Main()方法比较特殊，它只能调用别的方法，不能被调用。假设 A 方法调用 B 方法，其中 A 方法称为主调方法，B 称为被调方法。例如，本案例的 PrintTriangle()方法被 Main()方法调用，调用语句为“PrintTriangle(3);”“PrintTriangle(4);”等。

1) 方法调用时参数的传递

方法并不是封闭的，方法的参数是方法的输入数据。主调方法的参数称为实际参数(简称实参)，被调方法的参数称为形式参数(简称形参)，方法调用时实参被传递给对应位置的形参，完成方法的输入。相应地，方法执行结束时，通过 return 语句把“产品”返回给主调方法，完成方法的产出。

方法调用时参数的传递必须注意以下两点。

(1) 进行参数传递时实参与形参必须个数相等，类型一致，并按位置顺序一一对应。

(2) 在一般情况下，实参可以是常量、变量或表达式，形参必须是变量，如果实参是表达式，调用前会先计算表达式，然后把表达式的值传递给形参。

例如，本案例 Main()方法中的调用语句“PrintTriangle(3);”，表示把实参 3 传递给形参 n，PrintTriangle()完成输出一个 3 行的三角形。

Max()方法调用如下：

```
static void Main()
{
    int x,y,z;
    Console.WriteLine("请输入两个整数：");
    x = int.Parse(Console.ReadLine());
    y = int.Parse(Console.ReadLine());
    z = Max(x, y); //方法调用
    Console.WriteLine("max={0}", z);
}
```

Main()方法调用 Max()方法时，按照参数列表的位置顺序把实参 x 的值传递给形参 a，把实参 y 的值传递给形参 b。

2) 方法的调用方式

(1) 方法语句。这种方式把方法调用作为一个语句来使用。例如，在本案例中对 PrintTriangle()方法的调用语句：

```
PrintTriangle(3);
```

这种方式适用于对没有返回值的方法的调用。

(2) 方法表达式。方法的调用出现在一个表达式中。例如，Max()方法的调用语句：

```
z = Max(x, y);
z =2*Max(x, y);
```

(3) 方法参数。这种方式把方法的调用结果作为另一个方法的参数。例如，Max(9,Max

(5,11))是把 Max(5,11)的调用结果 11 作为外层 Max()方法的一个实参。

后面两种方式适用于对有返回值的方法的调用。

3) 方法的调用过程

方法的调用过程如图 4.2 所示。

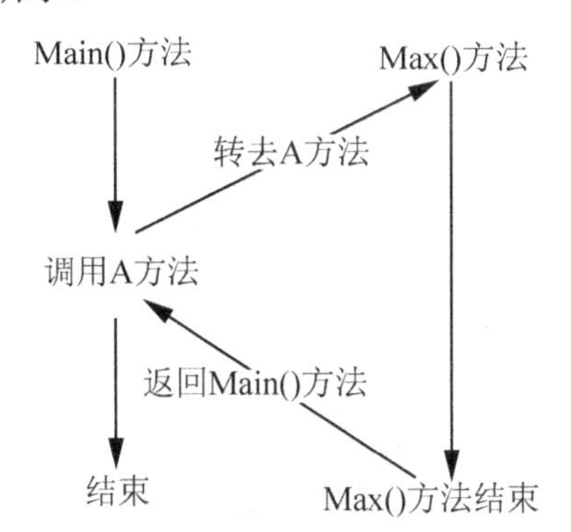

图 4.2　方法的调用过程

Main()方法通过语句“z = Max(x, y);”调用 Max()方法，把程序控制权转移给 Max()方法，执行 Max()方法中的语句，Max()方法执行结束时返回到 Main()方法并把求出的最大值赋值给变量 z，程序控制权重新转移到 Main()方法中调用 Max()方法处，继续执行“z = Max(x, y);”后面的语句。

注意：(1) 每个方法的定义是独立的，不能在一个方法的“肚子里”(方法体内)再定义另一个方法。

(2) 学习了自定义方法以后，编写代码时可以遵循以下步骤。

① 设计方法头部，包括方法的返回值类型、方法名、参数列表等。

② 编写方法体。

③ 调用该方法(目前一般是在主函数中调用)。

说明：方法调用时，可以不了解一个方法的方法体，但必须了解一个方法的方法头(即方法原型)。因此，方法调用时必须要做的一件事情是充分了解所调用方法的原型，根据原型的参数个数、参数类型、返回值类型设计合适的调用方式。为了拓展知识面和锻炼自己调用方法的能力，读者可以通过 MSDN 查询一些系统类所含方法的原型，设计调用方式。

以下是 Math 类中的一些常用方法原型：

```
public static double Abs(double d)//求绝对值方法
public static double Log(double d, double base)//求对数方法，base 为底
public static double Pow(double x, double y);//求幂方法，x 为底，y 为指数
public static double Sqrt(double d);//求平方根方法
```

4. IDE 使用进阶

利用 VS.NET 的重构功能可以很方便地把一段代码变成方法。具体做法：选中要变成方法的那段代码并右击，在弹出的快捷菜单中选择【重构】|【提取方法】命令，在弹出的方法命名对话框中输入方法名，可以马上在该对话框中浏览到该方法的签名；单击【确定】按钮后，就能生成提取后的方法，放在当前类的最后，并在原来那段代码位置出现一个对该方法的调用语句，适当做些修改便可以将重构方法“收为己用”。读者可以针对 Example4_1_1 源代码尝

试一下这种做法。

5．进阶示例

题目描述：新时代电影院的电影票价基本定价为 70 元，每个星期的星期二全天半价，其他 6 天的票价在 18:00 之前为半价，18:00 之后全价。请一个方法根据输入的星期几和放映时间来计算票价，并调用这个方法。

代码及分析：

```
namespace Example4_1Extra
{
    class Program
    {
        static void Main(string[] args)
        {
            int price = 70;
            Console.WriteLine("**********************");
            Console.WriteLine("*新时代电影院售票系统*");
            Console.WriteLine("**********************");
            Console.WriteLine("\n1-星期一\n2-星期二\n3-星期三\n4-星期四
\n5-星期五\n6-星期六\n7-星期日");
            Console.Write("\n 请输入买票日期(星期几)：");
            int weekday = int.Parse(Console.ReadLine());
            Console.Write("请输入电影放映时间是否在 18 点前(1-是，2-不是)：");
            int type = int.Parse(Console.ReadLine());
            int movieFare = CalcMovieFare(price, weekday, type);
            Console.WriteLine("您的票价为{0}元！", movieFare);
            Console.Read();
        }
        static int CalcMovieFare(int price,int weekday,int type)
        {
            int movieFare=price;
             if (weekday == 1 || (weekday >= 3 && weekday <= 7))
            {
                 if (type == 1)
                   movieFare= Convert.ToInt32(price * 0.5);
                else if (type == 2)
                   movieFare=price;
                else
                   Console.WriteLine("放映时间输入错误");
            }
            else if (weekday == 2)
                movieFare= Convert.ToInt32(price * 0.5);
            else
                Console.WriteLine("星期输入错误");
            return movieFare;
        }
    }
}
```

(1) 示例用了一个方法 CalcMovieFare 完成“根据输入的星期几和放映时间来计算票价”的功能，方法的 3 个参数分别为：电影原票价 price、购票日期(星期几)weekday 和放映时间类型 type，通过这 3 个已知条件经过一系列的逻辑判断，求得应付票价，返回值为应付票价。

(2) 由示例可以看出，人们往往把已知条件作为方法的参数，而把所求值作为方法的返回值。读者在初学“方法”时，通常对方法的参数设置与返回值设置感到困难，可以借鉴这种思路。

(3) Main 方法中的方法调用语句为：

```
int movieFare = CalcMovieFare(price, weekday, type);
```

在这里可以看到方法调用的几个要点都具备了：实参与形参在个数及类型上都一一对应，接收返回值的变量 movieFare 与 CalcMovieFare 方法中“return movieFare;”的变量 movieFare 也是类型与意义均相符合。

(4) 示例中的“新时代影院售票系统”是一个简化版影院售票系统，作为锻炼和提高，建议读者根据当地自己熟悉的某个影院的售票规则，在该示例的基础上编写一个更贴近实际应用的影院售票小系统。

4.2 方法的嵌套调用

4.2.1 案例说明

【案例简介】

编写程序求两个数的最大公约数和最小公倍数，实现要求：把“求两数最大公约数”和“求两数最小公倍数”两个功能独立编写成方法，以便根据需要随时调用。例如，输入第一个整数为 30，输入第二个整数为 45，则案例运行结果如图 4.3 所示。

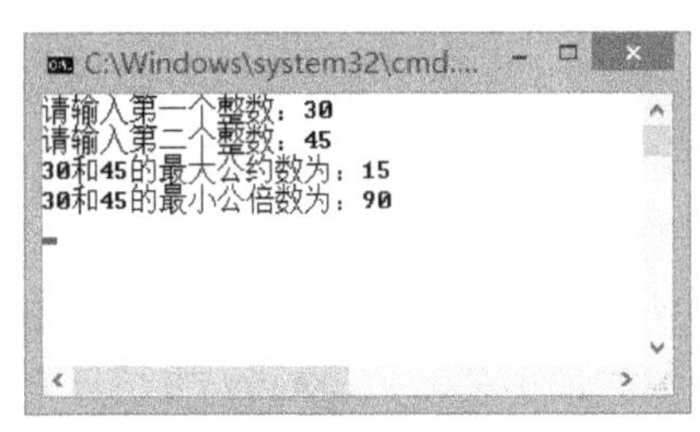

图 4.3 求两个数的最大公约数和最小公倍数

【案例目的】

(1) 巩固方法的定义。

(2) 掌握方法的嵌套调用。

【技术要点】

(1) 根据问题描述正确分析确定方法的参数列表组成以及方法的返回值。

(2) 方法的嵌套调用。

4.2.2 代码及分析

```
namespace Example4_2
{
    class Program
    {
```

```
        static void Main(string[] args)
        {
            Console.Write("请输入第一个整数：");
            int num1 = int.Parse(Console.ReadLine());
            Console.Write("请输入第二个整数：");
            int num2 = int.Parse(Console.ReadLine());
            int result1 = GreatestCommonDivisor(num1, num2);
            int result2 = LeastCommonMultiple(num1, num2);
            Console.WriteLine("{0}和{1}的最大公约数为：{2}", num1, num2,
                result1);
            Console.WriteLine("{0}和{1}的最小公倍数为：{2}", num1, num2,
                result2);
            Console.ReadLine();
        }
        static int GreatestCommonDivisor(int a, int b)//求最大公约数
        {
            int r;
            while (b != 0)
            {
                r = a % b;
                a = b;
                b = r;
            }
            return a;
        }
        static int LeastCommonMultiple(int a, int b)//求最小公倍数
        {
            int gcd = GreatestCommonDivisor(a, b);//调用求最大公约数方法
            return (a * b / gcd);
        }
    }
}
```

代码分析：

代码中 GreatestCommonDivisor()方法的功能是求两个数的最大公约数，LeastCommon Multiple()方法的功能是求两个数的最小公倍数。Main()方法分别调用这两个方法求出两个数的最大公约数和最小公倍数。

4.2.3 相关知识及注意事项

1. 方法的嵌套调用

C#的方法不能嵌套定义，但可以嵌套调用。所谓的嵌套调用，是指在调用一个方法的过程中又调用另一个方法。例如，Main()方法调用 A 方法，A 方法又调用 B 方法，这就是方法的嵌套调用。方法的嵌套调用从理论上讲可以无限层嵌套，但实际上要受到系统的限制。方法的嵌套调用如图 4.4 所示。

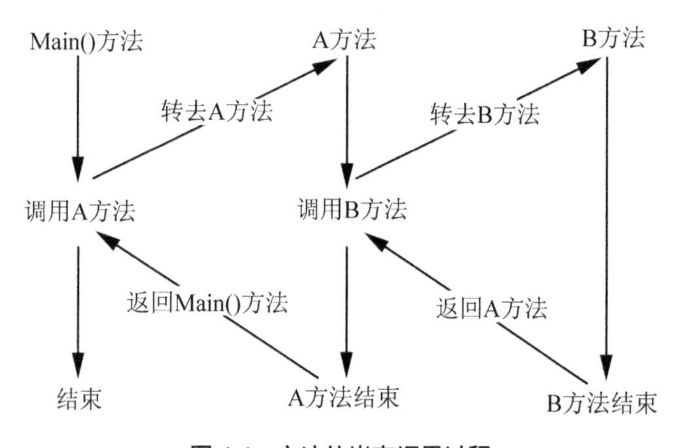

图 4.4　方法的嵌套调用过程

2. 求最大公约数的数学方法

采用相除取余法并结合迭代法求最大公约数。已知两个整数 a 和 b，变量 r 等于 a 除以 b 的余数，首先把 a 除以 b 得到的余数赋值给 r，然后把 b 赋值给 a，把 r 赋值给 b；第二次继续求出 a 除以 b 的余数并赋值给 r，再把 b 赋值给 a，把 r 赋值给 b……以此类推，直到 $r=0$ 为止。设 $a=30$，$b=45$，求两者最大公约数的过程描述如下：

a	b	r
30	45	30
45	30	15
30	15	0

当余数 r 为 0 时，已经求出了最大公约数 15。实现这个算法的代码如下：

```
static int GreatestCommonDivisor(int a, int b)//求最大公约数
{
    int r;
    while (b != 0)
    {
        r = a % b;
        a = b;
        b = r;
    }
    return a;
}
```

3. 求最小公倍数的数学方法

求 a 和 b 两个数的最小公倍数，最简单的求法就是公式法：ab 除以 a 和 b 的最大公约数。因此，要求两个数的最小公倍数必须先求出两个数的最大公约数。在本案例中，Main()方法调用 LeastCommonMultiple()方法求最小公倍数，在 LeastCommonMultiple()方法中又需要先调用 GreatestCommonDivisor()方法求出最大公约数，用于最后求出最小公倍数。

上述 3 个方法形成了嵌套调用关系。

4.3 方法的递归调用

4.3.1 案例说明

【案例简介】

已知有 5 个人坐在一起，问第 5 个人多少岁，他说比第 4 个人大 2 岁；问第 4 个人，他说比第 3 个人大 2 岁；问第 3 个人，他说比第 2 个人大 2 岁；问第 2 个人，他说比第 1 个人大 2 岁；最后问第 1 个人，他说是 10 岁。试问第 5 个人多大年龄？

该问题的解决有多种办法，因为这是一个明显的递归问题，这里要求采用方法的递归调用来完成。要求第5个人的年龄就必须先求出第4个人的年龄，要求第4个人的年龄就必须先求出第3个人的年龄，依此类推，而第一个人的年龄是10岁。

该问题用式子表达如下：

$$\text{Age}(n)=\begin{cases}10 & n=1\\ \text{Age}(n-1)+2 & n>1\end{cases}$$

案例运行结果如图4.5所示。

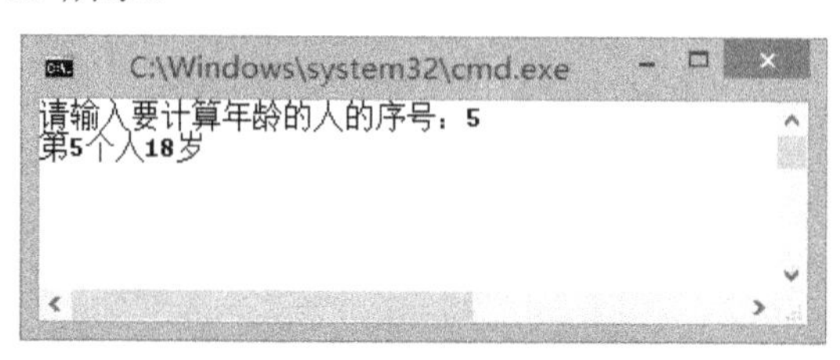

图4.5 递归求年龄问题

【案例目的】

掌握方法的递归调用。

【技术要点】

使用方法的递归调用解决问题时，首先根据问题的描述，分析一般规律，然后求出表达问题的式子，同时要考虑递归结束的条件。

4.3.2 代码及分析

```
namespace Example4_3
{
    class Program
    {
        static int Age(int n)//求第n个人年龄的递归方法
        {
            int c;
            if (n == 1) //终止递归的条件
                c = 10;
            else c = Age(n - 1) + 2;
            return c;
        }
        static void Main()
        {
            Console.Write("请输入要计算年龄的人的序号：");
            int n=int.Parse(Console.ReadLine());
            Console.WriteLine("第{0}个人{1}岁",n,Age(5));
            Console.ReadLine();
        }
    }
}
```

4.3.3 相关知识及注意事项

1. 方法的递归调用

一个方法直接或者间接调用自己称为递归，同时将该方法称为递归方法。

2. 使用递归的条件

在解决实际问题时，能否用递归的方法来解决，取决于问题自身的特点。一个问题要用递归的方法来解决，需满足以下条件。

(1) 原问题可转化为一个新问题，而这个新问题与原问题有相同的解决方法。

(2) 新问题可继续这种转化，在转化过程中问题有规律地递增或递减。

(3) 在有限次转化后，问题得到解决，即具备递归结束的条件。

经过分析发现本案例具备下面的特点。

(1) 求 Age(n)需要回推到求 Age (n−1)，求 Age (n−1)要回推到求 Age(n−2)。

(2) 求 Age(n−1)的方法与求 Age(n)的方法相同，只是参数不同。

(3) 经过若干次转化后，最终能回推到 Age(1)=10，而 Age(1)=10 就是递归的结束条件。

因此，本案例适合采用递归方法解决。

3. 递归调用的过程

递归调用的过程可分为如下两个阶段。

(1) 第一个阶段称为“回推”。回推就是将原问题不断地分解为新问题，逐渐地从未知的方向向已知的方向推测，最终达到递归结束条件，回推阶段结束。

(2) 第二个阶段称为“递推”。从递归结束条件出发，按照回推的逆过程逐一求值递推，最后到达回推的开始处，结束递推阶段，完成递归调用。

在本案例中求第 5 个人年龄的递归过程如图 4.6 所示。

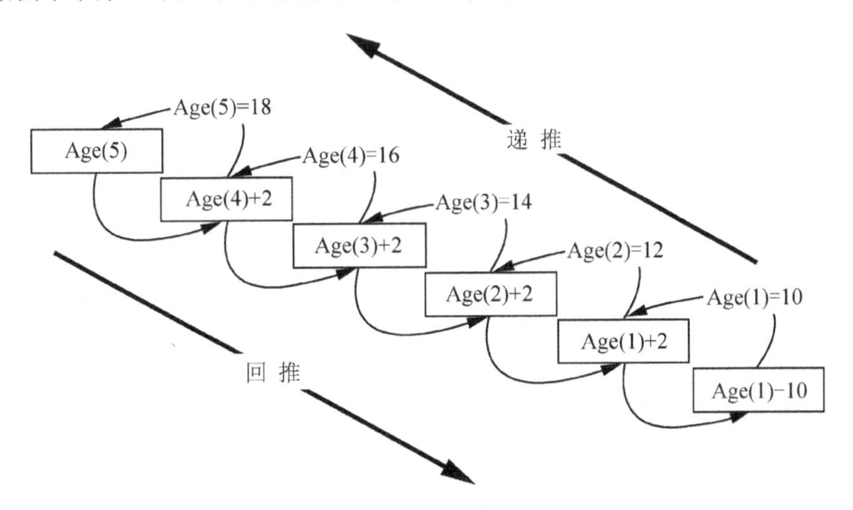

图 4.6 求第 5 个人年龄的递归过程

有些问题的定义就是用递归的形式给出的，如求 n!、汉诺塔问题、八皇后问题等。解决这类问题时，用递归方法简单直观，代码编写量小而且结构清晰、易于阅读，比非递归方法有效得多。但是，递归过程占用较多的运行时间和存储空间，执行效率相对较低。

4.4　方法的参数

4.4.1　案例说明

【案例简介】

定义一个方法用于交换两个数的值。例如，输入两个数字 123 和 456，则案例运行结果如图 4.7 所示。

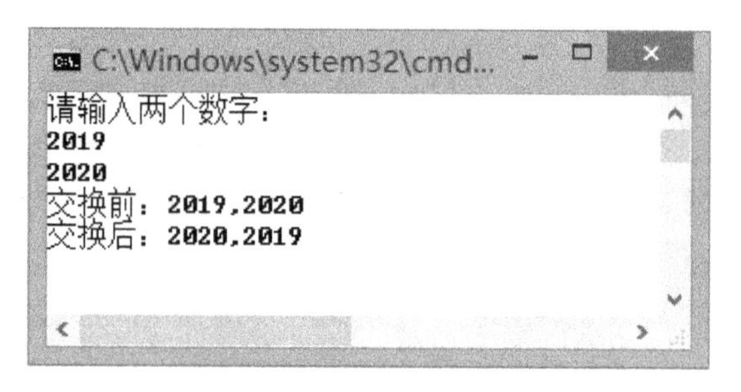

图 4.7　交换两个数

【案例目的】

(1) 理解参数的值传递方式和引用传递方式。

(2) 掌握值参数、ref 参数和 out 参数的运用。

【技术要点】

(1) 使用 ref 关键字修饰需要“保留”改变的参数。

(2) 使用 ref 修饰的形参，其对应的实参也要使用 ref 关键字修饰。

4.4.2　代码及分析

```
namespace Example4_4
{
    class Program
    {
        static void Swap(int a, int b)//完成交换两个数的方法
        {
            int t;
            t = a;
            a = b;
            b = t;
        }
        static void Main()
        {
            int x, y;
            Console.WriteLine("请输入两个数字：");
            x = int.Parse(Console.ReadLine());
            y = int.Parse(Console.ReadLine());
            Console.WriteLine("交换前：{0},{1}", x, y);
            Swap(x, y);
            Console.WriteLine("交换后：{0},{1}", x, y);
```

```
            Console.ReadLine();
        }

    }
}
```

程序运行结果如图 4.8 所示。

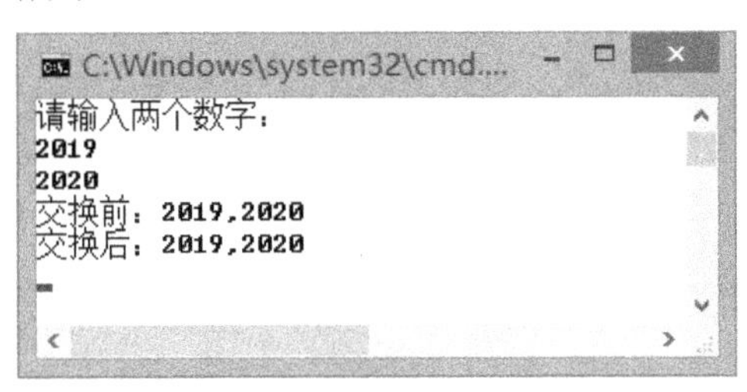

图 4.8　两数交换不成功

从运行结果看，很显然没有实现两数的交换。这是为什么呢？经过调试发现，实际上在 Swap 方法内部确实完成了数据的交换，这样，问题的关键在于进行方法调用后没能把修改后的形参传回给实参。有没有什么办法能够在进行方法调用后把修改后的形参传回给实参呢？

能成功实现两数交换的办法的代码如下：

```
namespace Example4_4
{
    class Program
    {
        static void Swap(ref int a, ref int b) //完成交换两个数的方法
        {
            int t;
            t = a;
            a = b;
            b = t;
        }
        static void Main()
        {
            int x, y;
            Console.WriteLine("请输入两个数字：");
            x = int.Parse(Console.ReadLine());
            y = int.Parse(Console.ReadLine());
            Console.WriteLine("交换前：{0},{1}", x, y);
            Swap(ref  x, ref  y);
            Console.WriteLine("交换后：{0},{1}", x, y);
            Console.ReadLine();
        }
    }
}
```

比较前后两段代码可以看出，区别主要有如下两点。

(1) 定义 Swap()方法时，方法头的设计有区别，修改后的代码使用了 ref 关键字，而修改前的代码没有使用。

修改前的代码：

```
static void Swap(int a, int b)
```

修改后的代码：

```
static void Swap(ref int a, ref int b)
```

(2) 调用 Swap()方法时，调用语句有区别，修改后的代码使用了 ref 关键字，而修改前的代码没有使用。

修改前的代码：

```
Swap( x, y);
```

修改后的代码：

```
Swap(ref  x, ref  y);
```

4.4.3 相关知识及注意事项

为什么使用 ref 前后运行结果有如此大的区别呢？原来方法间传递参数有两种方式：一种是传值方式，另一种是传引用方式。

1. 参数的传值方式

方法未被调用时，形参并不占用实际的内存空间，一旦方法被调用，系统就为形参分配存储单元，并将实参的值放到所分配的空间中。

参数以传值方式传递，被调用的方法将接受实参的一个副本，参数传递后，如果对被调用方法中的实参副本进行修改，不会影响原始实参的值。打个比方，传引用方式相当于把自己的资料复印给别人。张三有一份很好的复习资料，李四也想要一份，于是张三复印了一份资料给李四，这里张三扮演实参的角色，李四扮演形参的角色，李四拿到的是一个副本，因此，即使李四再怎么涂改这份资料，也不会影响张三的资料。也就是说，传值时，允许方法通过实参将值赋给形参，但这样的赋值只影响一次，传递完毕之后实参与形参便脱离关系——形参的改变不会影响实参，因此，参数以传值方式传递可以保证调用者的原始数据的安全。

传值方式的实质就是调用者把实参的值复制给形参，实参和形参使用两个不同的内存单元。

这样就很容易解释案例的第一种解决办法为什么不能实现两数的交换了。

案例的第一种解决办法，其代码执行过程如下。

(1) 在 Swap()方法被调用前，x、y 的值存放在某两个内存单元中。

(2) 调用函数 Swap()时，系统为形参 a、b 分配内存空间，并将 x、y 的值分别复制给 a、b。

(3) 在 Swap()方法内，a、b 的值进行交换，但 x、y 不变。

(4) Swap()方法调用结束，a、b 所占内存单元被释放，x、y 的值没受影响。

Swap()方法调用过程中参数的值传递如图 4.9 所示。

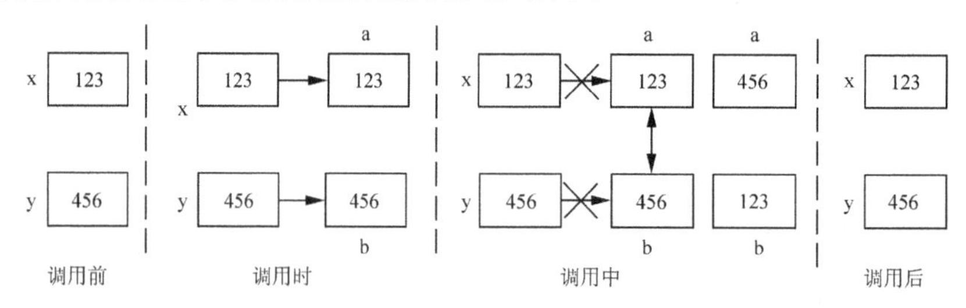

图 4.9　Swap()方法调用过程中参数的值传递

2. 参数的传引用方式

1) ref 引用参数

参数以传引用方式传递时，形参将不创建新的存储位置，形参和实参共用存储单元，这时形参相当于它所对应的实参的一个别名，如果在被调用的方法中对形参进行修改，实际上就是对实参进行了修改，因此当方法调用完毕时，方法中对形参的修改直接影响了实参。打个比方，传引用方式相当于把自己的资料与别人共享。张三有一份很好的复习资料，李四也想要一份，但一时来不及复印，两个人共用这份复习资料，共用资料期间李四对这份资料做修改，实际就是对张三的资料做修改。因此可以说，如果参数以传引用方式来传递，相当于允许方法直接访问和修改调用者的原始数据。

传引用方式的实质就是形参和实参共用同一存储单元。C#提供了 ref 关键字用于实现参数的按引用传递，要求对实参和形参都使用 ref 关键字修饰。

采用传引用方式以后，Swap()方法调用过程中参数的引用传递如图 4.10 所示。

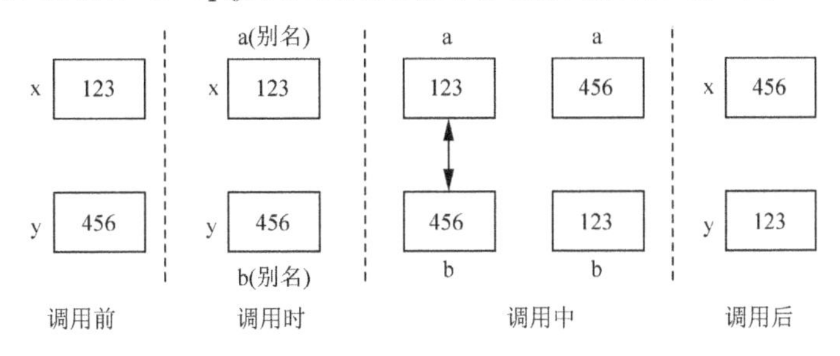

图 4.10　Swap()方法调用过程中参数的引用传递

可见，如果希望形参发生的改变能保留并影响实参，应该采用传引用方式。

注意： *在方法定义和方法调用时都要使用 ref 来修饰参数，否则编译器会报告错误，如图 4.11 所示。*

错误列表
整个解决方案　错误 2　警告 0　消息 0　生成 + IntelliSense　搜索错误列表

代码	说明	项目	文件	行	禁止显示状态
CS1620	参数 1 必须与关键字"ref"一起传递	Example4_4	Program.cs	45	活动
CS1620	参数 2 必须与关键字"ref"一起传递	Example4_4	Program.cs	45	活动

输出　错误列表　代码定义窗口

图 4.11　未使用 ref 修饰实参时出现的错误

错误原因：没有使用 ref 修饰实参。

进一步思考，一个方法只能返回一个值，但实际应用中常常需要方法能够返回多个值，仅靠 return 显然是不够的，这正是 ref 关键字的一个用武之地——使用 ref 参数实现方法返回多个值。案例的第二种解决办法中的 Swap()方法实际上就是返回两个变化了的值。

示例：编写程序对某班成绩进行处理，求出平均分、最高分、最低分。

实现代码如下：

```
namespace Example4_5
{
```

```
    class Program
    {
        static int MaxMin(int n, ref int max, ref int min)  //求平均分、最高
                                                            //分、最低分
        {
            int avg = 0; //初始化 avg 变量
            for (int i = 1; i <= n; i++)
            {
                Console.Write("请输入成绩：");
                int score = int.Parse(Console.ReadLine());
                avg += score;
                if (score > max)
                    max = score;
                else if (score < min)
                    min = score;
            }
            return (avg / n);
        }
        static void Main()
        {
            int n, max, min, avg;
            Console.Write("请输入成绩的个数：");
            n = int.Parse(Console.ReadLine());
            max = 0; min = 100; //初始化 max 和 min 变量
            avg = MaxMin(n, ref max, ref min);
            Console.WriteLine("平均成绩为：{0}", avg);
            Console.WriteLine("最高分为：{0}", max);
            Console.WriteLine("最低分为：{0}", min);
            Console.ReadLine();
        }
    }
}
```

程序运行结果如图 4.12 所示。

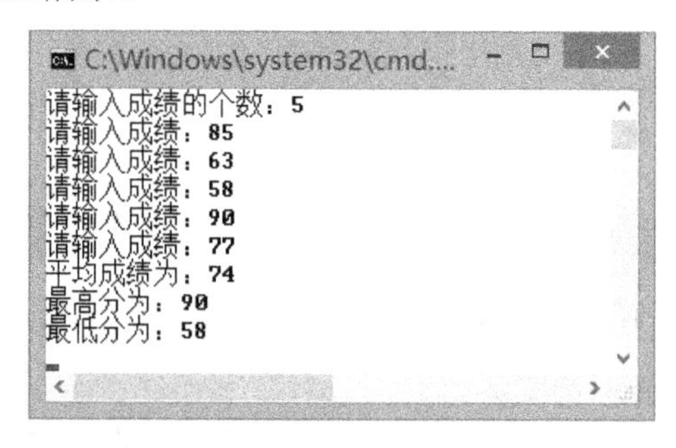

图 4.12　某班成绩处理

示例分析：因为方法 MaxMin()要求出平均分、最高分、最低分并返回，本例对最高分 max、最低分 min 使用了 ref 修饰，所以可以通过 max 和 min 参数返回求出的数据，对平均分 avg 采用传统的 return 语句返回。

错误原因：在方法被调用前，没有在 Main()中对 ref 修饰的参数赋值。

注意：ref 参数在方法调用前必须先进行赋值，否则编译器会报告错误。可以尝试注释 Main()

方法中的“max = 0; min = 100;”语句，再运行程序，将出现如图 4.13 所示的错误。

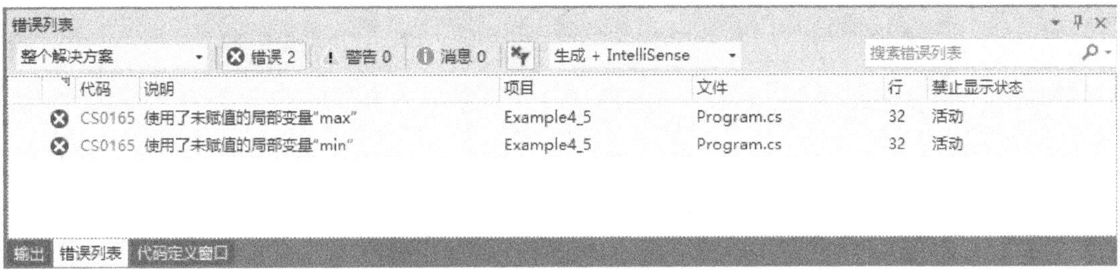

错误列表

整个解决方案　错误 2　警告 0　消息 0　生成 + IntelliSense　搜索错误列表

代码	说明	项目	文件	行	禁止显示状态
CS0165	使用了未赋值的局部变量"max"	Example4_5	Program.cs	32	活动
CS0165	使用了未赋值的局部变量"min"	Example4_5	Program.cs	32	活动

输出　错误列表　代码定义窗口

图 4.13　ref 参数未赋值产生的错误

2) out 输出参数

除了 ref 关键字外，C#还提供了 out 关键字用于参数的引用传递。ref 参数必须在方法被调用前进行赋值，但在实际的应用中，有时仅仅需要调用方法计算出某个结果返回给调用者，而不需要调用者对这个参数进行初始化。在这种情况下可以使用 out 参数，out 参数仅用于输出方法的某个结果。在“某班成绩处理”的示例中，max、min 两个参数可以不用在 Main()方法中初始化，仅用于从方法返回结果，因此，可以用 out 关键字来修饰。

对 Example4_5 做适当修改，用 out 代替 ref，去掉 Main()方法中的两个语句：“max = 0; min = 100;”，在 MaxMin()方法中添加参数赋值语句“max = 0; min = 100;”。修改后的代码如下：

```
namespace Example4_5
{
    class Program
    {
        static int MaxMin(int n, out int max, out int min)//采用 out 参数
        {
            int avg = 0; //初始化 avg 变量
            max = 0; min = 100; //初始化 max 和 min 变量
            for (int i = 1; i <= n; i++)
            {
                Console.Write("请输入成绩：");
                int score = int.Parse(Console.ReadLine());
                avg += score;
                if (score > max)
                    max = score;
                else if (score < min)
                    min = score;
            }
            return (avg / n);
        }
        static void Main()
        {
            int n, max, min, avg;
            Console.Write("请输入成绩的个数：");
            n = int.Parse(Console.ReadLine());
            avg = MaxMin(n, out max, out min);  //使用 out 修饰参数
            Console.WriteLine("平均成绩为：{0}", avg);
            Console.WriteLine("最高分为：{0}", max);
            Console.WriteLine("最低分为：{0}", min);
```

```
            Console.ReadLine();
        }
    }
}
```

这样，调用者就不需要费神为Max和Min赋初值了，即使调用者为out参数赋了初值，也不会传递到MaxMin()方法中，因为out参数是输出参数，不接受实参的值，只返回形参的值。

简而言之，ref参数和out参数都可以将参数的更改保留，但ref侧重于修改，out侧重于输出。

3) 综合示例

回顾4.1节所提到的“新时代影院售票系统”案例，如果题目要求增加了，不但要求出应付票价，而且要返回实际的折扣，则方法CalcMovieFare需要返回两个值：应付票价和实际折扣，仅用return是不够的，那么该如何修改这个方法以适应新的要求呢？相关代码如下：

```
namespace Example4_1Extra
{
    class Program
    {
        static void Main(string[] args)
        {
            int price = 70;
            int discount;
            Console.WriteLine("**********************");
            Console.WriteLine("*新时代电影院售票系统*");
            Console.WriteLine("**********************");
            Console.WriteLine("\n1-星期一\n2-星期二\n3-星期三\n4-星期四
\n5-星期五\n6-星期六\n7-星期日");
            Console.Write("\n请输入买票日期(星期几)：");
            int weekday = int.Parse(Console.ReadLine());
            Console.Write("请输入电影放映时间是否在18点前(1-是，2-不是)：");
            int type = int.Parse(Console.ReadLine());
            int movieFare = CalcMovieFare(price, weekday, type,out discount);
            Console.WriteLine("您的票价为{0}元,您享受了{1}折优惠！",
 movieFare,discount);
            Console.Read();
        }
        static int CalcMovieFare(int price, int weekday, int type,out int
discount)
        {
            int movieFare = price;
            discount = 0;
            if (weekday == 1 || (weekday >= 3 && weekday <= 7))
            {
                if (type == 1)
                { movieFare = Convert.ToInt32(price * 0.5); discount = 5; }
                else if (type == 2)
                    movieFare = price;
                else
                    Console.WriteLine("放映时间输入错误");
            }
```

```
            else if (weekday == 2)
            { movieFare = Convert.ToInt32(price * 0.5); discount = 5; }
            else
               Console.WriteLine("星期输入错误");
            return movieFare;
        }
    }
}
```

代码分析：

(1) 方法 CalcMovieFare 的原型增加了一个表示折扣的参数 discount，由于该参数值在方法中的更改需求保留，所以采用引用参数，可以采用 ref，也可以采用 out，为什么此处使用了 out 参数？相关代码如下，请读者运用前面所学知识进行思考。

```
static int CalcMovieFare(int price, int weekday, int type,out int
discount)
```

(2) Main 方法中调用 CalcMovieFare 方法的语句如下：

```
int movieFare = CalcMovieFare(price, weekday, type,out discount);
```

根据原型相应增加了一个实参“out discount”，由于是 out 型参数，所以该参数可以不赋初值。

3. 参数传递拓展：params 参数

在 4.1 节中曾提到，方法调用时，实参的个数与形参的个数必须相同，但有时候希望方法可以接受数目可变的参数，params 参数就是满足这种需求的特殊参数。

params 关键字可以指定采用数目可变的参数的方法参数。方法调用时，可以发送参数声明中所指定类型的逗号分隔的参数列表或指定类型的参数数组，还可以不发送参数。使用 params 参数的示例代码如下：

```
namespace Example4_6
{
    class Program
    {
        public static void UseParams1(params int[] list)
        {
            for (int i = 0; i < list.Length; i++)
            {
                Console.Write(list[i] + " ");
            }
            Console.WriteLine();
        }
        public static void UseParams2(int no,params object[] list)
        {
            Console.Write(no + ":");
            for (int i = 0; i < list.Length; i++)
            {
                Console.Write(list[i] + " ");
            }
            Console.WriteLine();
```

```
        }
        static void Main()
        {
            //可以把一个逗号分隔的指定类型的参数列表传递给方法
            UseParams1( 0, 3, 0, 9, 0, 5);
            UseParams2(1,"This", "is", 'a', "misunderstand", '!');
            //params 参数接受 0 到多个参数
            UseParams1();
            UseParams2(2);
            //一个数组类型的实参可以传递给 params 类型参数，传递的参数长度就是数据本身的长度
            int[] myIntArray = {7,4,1,2,1,8 };
            UseParams1(myIntArray);
            object[] myObjArray = { "I", "am", "so", "sorry", '!' };
            UseParams2(3, myObjArray);
            Console.Read();
        }
    }
}
```

代码分析：

(1) 方法 UseParams1 只声明了一个 params 参数“int[] list”，它可以接收整型数组和用逗号隔开的整数列表作为实参。

(2) params 参数接受 0 到多个参数。

(3) 方法 UseParams2 声明了一个整型参数“int no”和一个 params 参数“object[] list”，当方法有多个参数时，params 参数必须放在最后，在方法声明中的 params 关键字之后不允许任何其他参数，并且在方法声明中只允许一个 params 关键字。

示例 Example4_6 运行结果如图 4.14 所示。

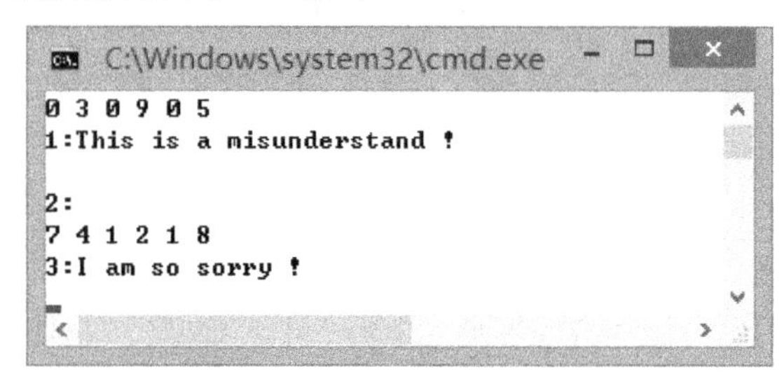

图 4.14　Exmple4_6 运行结果

4.4.4　参数传递小结

如图 4.15 和图 4.16 所示，为了方便读者理解，这里对参数的传值和传引用方式打了个比方，传值方式相当于把资料复印了借给别人，张三把自己的资料复印了一份复印件借给李四，李四无论怎么修改这份复印件都不会影响原件，换言之，在传值方式下，形参相当于实参的复印件，形参的改变不会影响实参；而传引用方式相当于把自己的资料与别人共享，张三与李四共享一份资料，如果李四修改这份资料，张三看到的资料也被修改了，换言之，在传值方式下，形参和实参其实是同一个内存单元，形参被改变自然就直接影响到实参。

传引用方式有 ref 和 out 两种参数，ref 参数和 out 参数都可以将参数的更改保留，但 ref 侧重于修改，out 侧重于输出。

图 4.15　传值方式相当于复印资料

图 4.16　传引用方式相当于共享资料

4.5　方 法 重 载

4.5.1　案例说明

【案例简介】

编写程序，分别实现求两整数的平方和、求两个实数的平方和以及求 3 个整数的平方和。例如，输入一些数字，则案例运行结果如图 4.17 所示。

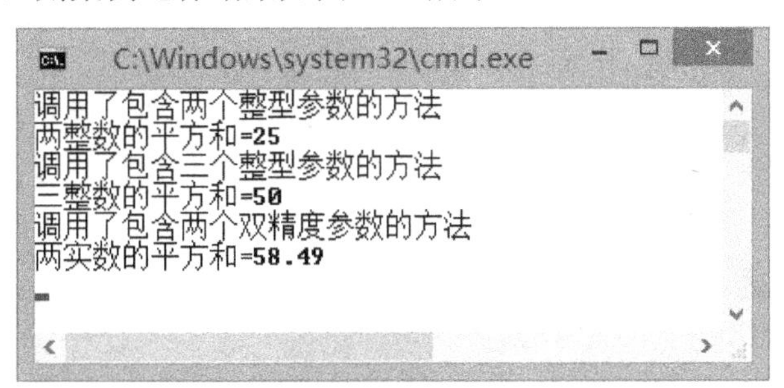

图 4.17　求平方和

【案例目的】

(1) 理解方法重载的概念和意义。

(2) 掌握方法重载的实现。

【技术要点】

定义重载方法的关键技术是方法名相同而参数类型或个数不同。

4.5.2　代码及分析

对于本案例，一般人会考虑编写 3 个不同名的方法，分别求两整数的平方和、求两个实数的平方和以及求 3 个整数的平方和，代码如下：

```
namespace Example4_7_1
{
    class Program
    {
        static int SumofSquares1(int a, int b) //求两整数的平方和
```

```
        {
            Console.WriteLine("调用了包含两个整型参数的方法");
            return (a * a + b * b);
        }
        static int SumofSquares2(int a, int b, int c) //求三整数的平方和
        {
            Console.WriteLine("调用了包含三个整型参数的方法");
            return (a * a + b * b + c * c);
        }
        static double SumofSquares3(double a, double b) //求两实数的平方和
        {
            Console.WriteLine("调用了包含两个双精度参数的方法");
            return (a * a + b * b);
        }
        static void Main(string[] args)
        {
            Console.WriteLine("两整数的平方和={0}", SumofSquares1(3, 4));
            Console.WriteLine("三整数的平方和={0}", SumofSquares2(3, 4, 5));
            Console.WriteLine("两实数的平方和={0}", SumofSquares3(3.5, 6.8));
            Console.ReadLine();
        }
    }
}
```

但这时候会出现一个问题，当调用者要调用求平方和的方法时，必须先判断求哪种类型的平方和，然后调用相应求平方和的方法。这显然不够方便，3 个方法其实属于功能相似的一组方法。它们各自命名，一方面增加了程序的标识符个数，增加记忆难度；另一方面也增加了调用者调用前的判断。可以采用下面的方法解决：

```
namespace Example4_7_2
{
    class Program
    {
        static int SumofSquares(int a, int b)//求两整数的平方和
        {
            Console.WriteLine("调用了包含两个整型参数的方法");
            return (a * a + b * b);
        }
        static int SumofSquares(int a, int b, int c)//求三整数的平方和
        {
            Console.WriteLine("调用了包含三个整型参数的方法");
            return (a * a + b * b + c * c);
        }
        static double SumofSquares(double a, double b) //求两实数的平方和
        {
            Console.WriteLine("调用了包含两个双精度参数的方法");
            return (a * a + b * b);
        }
        static void Main(string[] args)
        {
            Console.WriteLine("两整数的平方和={0}", SumofSquares(3, 4));
            Console.WriteLine("三整数的平方和={0}", SumofSquares(3, 4, 5));
```

```
            Console.WriteLine("两实数的平方和={0}", SumofSquares(3.5, 6.8));
            Console.ReadLine();
        }
    }
}
```

代码分析：

上述程序定义了3个同名方法用于求各种类型的平方和，减少程序标识符，无须判断，方便调用者调用这些方法。

4.5.3　相关知识及注意事项

1．什么是方法重载

两个或两个以上的一组方法，如果方法名相同，使用不同的参数列表来定义，称为方法重载。方法的签名由方法的名称和参数列表组成，当方法名和参数列表都相同时，方法签名才算相同；如果方法名相同而参数列表不相同，在编译器看来就是不同的方法。判断参数列表是否相同的条件为：个数是否相同；从左到右依次判别每一对形参的类型和种类是否相同。两个条件有一个不同便可以认定参数列表不相同。

通过.NET的“帮助”菜单，查看各个常用类的方法原型，可以发现很多方法都进行了重载。例如，使用最多的Console类中的WriteLine()方法，通过查看帮助可以深刻体会C#的重载机制。

2．为什么需要重载

有时候方法实现的功能需要针对多种类型的数据，或针对不同个数的数据，而C#在方法调用时要求实参与形参的个数必须相同，类型相匹配。

为了使同一个功能使用于各种类型的数据或者不同个数的数据，C#提供了重载机制，允许给多个功能相似的方法取相同的名字，在调用时由系统决定应该调用哪个方法。

3．系统如何确定该调用哪个方法

声明了重载方法以后，调用具有重载的方法时，系统会根据参数个数或者参数类型的不同来区分。具体调用时，由编译器根据实参和形参的类型及个数的最佳匹配，自动确定调用哪个方法。

重载有两种：参数类型不同的重载和参数个数不同的重载。下面两种情况不是重载。

(1) int Add(int a,int b)和int Add(int x,int y)，因为编译器不以形参名称来区分方法。

(2) int Add(int x,int y)和void Add(int x,int y)，因为编译器不以返回值类型来区分方法。

Example4_6_2定义了3个重载方法用于求不同类型的平方和，系统会自动确定该调用哪个方法，无须用户判断。例如，调用语句“Console.WriteLine("两整数的平方和={0}", SumofSquares(3, 4));”根据参数个数和类型自动选择相应的方法。

4．系统类中的方法重载

方法重载在.NET编程中使用非常广泛，.NET Framework类库中的系统类，其很多方法普遍采用了重载。例如，C#中常用的控制台输出方法Console.WriteLine之所以能够实现对字符串进行格式化的功能，是因为它定义了多个重载的成员方法WriteLine。当在Visual Studio IDE

环境的代码编辑区域中输入某个系统类的方法时，只要输入系统类的类名及该类所包含的方法名的头几个字母，然后把鼠标移至某个方法之上，IDE 会智能提示该方法的原型和方法的重载个数。如图 4.18 所示，当输入“Console.W”，把鼠标移至快捷菜单中显示的 WriteLine 方法之上，IDE 会智能提示该方法的原型以及方法的重载个数为 18 个。这说明平时所使用的 Console.WriteLine 方法看似一个方法，其实并不是一个方法，它背后有一系列同名不同参数的重载函数在支撑着，方便用户便利地使用 Console.WriteLine 方法进行各种格式的控制台输出，而这也正反映出方法重载的作用与意义。

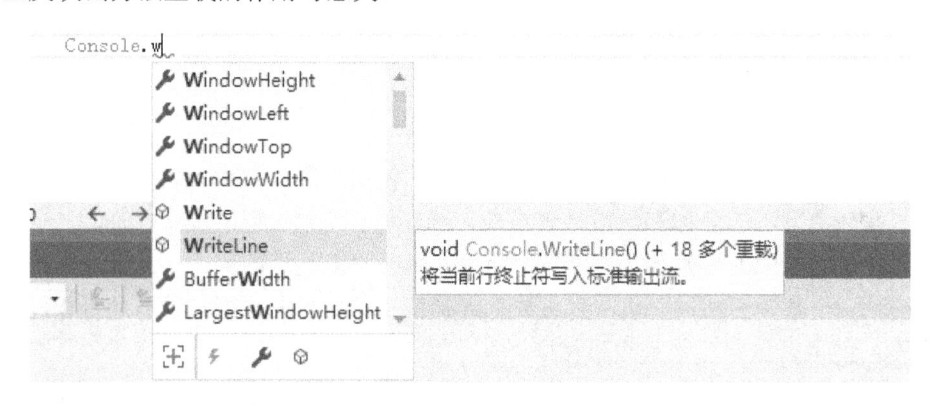

图 4.18　系统类的方法重载示例

Console.WriteLine 方法的 19 种原型见表 4-1。.NET 框架类库的系统类中有很多方法都进行了重载，了解这些系统类所含方法的重载形式将有助于读者自如地应用系统类的方法来解决问题，读者可以通过 MSDN 的帮助来根据需要查询相关系统类的方法原型及其重载形式。

表 4-1　Console.WriteLine 方法的 19 种原型

方　法	说　　明
WriteLine()	将当前行终止符写入标准输出流
WriteLine(Boolean)	将指定布尔值的文本表示形式(后跟当前行终止符)写入标准输出流
WriteLine(Char)	将指定的 Unicode 字符值(后跟当前行终止符)写入标准输出流
WriteLine(Char[])	将指定的 Unicode 字符数组(后跟当前行终止符)写入标准输出流
WriteLine(Decimal)	将指定的 Decimal 值的文本表示形式(后跟当前行终止符)写入标准输出流
WriteLine(Double)	将指定的双精度浮点值的文本表示形式(后跟当前行终止符)写入标准输出流
WriteLine(Int32)	将指定的 32 位有符号整数值文本表示(后跟当前行的结束符)写入标准输出流
WriteLine(Int64)	将指定的 64 位有符号整数值文本表示(后跟当前行的结束符)写入标准输出流
WriteLine(Object)	将指定对象的文本表示形式(后跟当前行终止符)写入标准输出流
WriteLine(Single)	将指定的单精度浮点值的文本表示形式(后跟当前行终止符)写入标准输出流
WriteLine(String)	将指定的字符串值(后跟当前行终止符)写入标准输出流
WriteLine(UInt32)	将指定的 32 位无符号整数值文本表示(后跟当前行的结束符)写入标准输出流
WriteLine(UInt64)	将指定的 64 位无符号整数值文本表示(后跟当前行的结束符)写入标准输出流
WriteLine(String, Object)	使用指定的格式信息，将指定对象(后跟当前行终止符)的文本表示形式写入标准输出流

续表

方 法	说 明
WriteLine(String, Object[])	使用指定的格式信息，将指定的对象数组(后跟当前行终止符)的文本表示形式写入标准输出流
WriteLine(Char[],Int32, Int32)	字符子数组(后跟当前行终止符)写入标准输出流
WriteLine(String, Object, Object)	使用指定的格式信息，将指定对象的文本表示形式(后跟当前行终止符)写入标准输出流
WriteLine(String, Object, Object, Object)	使用指定的格式信息，将指定对象的文本表示形式(后跟当前行终止符)写入标准输出流
WriteLine(String, Object, Object, Object, Object)	使用指定的格式信息，将指定的对象和可变长度参数列表(后跟当前行终止符)的文本表示形式写入标准输出流

4.6 本章小结

本章通过多个案例系统地介绍了使用方法的必要性、方法的定义、方法的调用(包括嵌套调用和递归调用)、方法重载以及参数的两种传递方式。本章还介绍了 4 个实训点：①如何定义方法；②如何调用方法；③如何用不同传递方式实现参数的传递；④如何进行方法重载。通过本章学习，读者能够达到学会使用方法来构建程序的目标。

4.7 习 题

1. 填空题

(1) C#应用程序中的每行代码都必须写在某个__________的内部。

(2) C#程序必须包含并且只能包含一个的方法是__________，它是程序的入口点。

(3) 在调用一个方法的过程中又调用另一个方法，称为__________，一个方法直接或间接地调用它本身，称为__________。

2. 选择题

(1) 关于方法调用，以下叙述中不正确的是(　　)。

A．在进行方法调用时，实参与形参的个数、类型必须相同

B．在方法中，通过 return 语句传回返回值

C．在进行方法调用时，即使没有参数，也必须在函数名后写上“()”

D．主调方法必须放在被调方法的后面

(2) 函数的参数传递有传值方式和传引用方式两种，如果采用传引用方式，在参数前添加的关键字是(　　)。

A．ref　　B．out　　C．ref 或 out　　D．static

(3) 系统在调用重载函数时，根据(　　)来确定哪个函数是最佳匹配。

A．参数类型或个数

B．参数类型或返回值类型

C．参数个数或返回值类型

D．参数名称与类型

(4) 下面(　　)组方法不是合法的方法重载。

A．int Max(int a,int b)
　int Max(int x,int y)

B．int Max(int a,float b)
　float Max(float a,int b)

C．int Max(int a,int b)
　int Max(int a,int b,int c)

D．int Max(int a,int b)
　float Max(float a,float b)

3．简答题

(1) 定义方法包含哪些要素？

(2) 使用方法构建程序有什么优点？

(3) 方法有哪几种调用方式？

4．操作题

(1) 编写一个方法，求2的x次方。在主方法Main()中进行数据的输入、方法调用、结果的输出。提示：为简单起见，假设x是整数(分正数、0、负数3种情况)。

(2) 写一个判断素数的方法，由主方法Main()输入一个整数，由编写的方法判断是否是素数，是素数则返回true，不是则返回false。程序运行结果如图4.19所示。

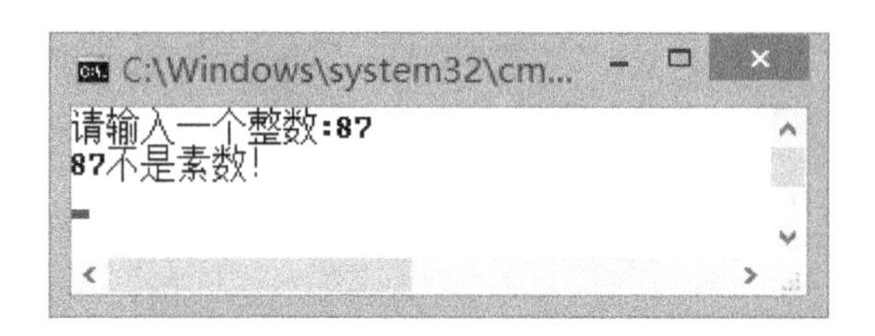

图4.19　判断素数程序的运行结果

提示：素数是只能被1和它本身整除的数，如13、17都是素数，15和24不是素数。判断一个数n是不是素数的方法：让n被2～$\sqrt{n}$的每一个数除，看是不是能被整除，如果能被其中的一个数整除则不是素数，如果都不能整除则是素数。

(3) 编写递归方法求Fibonacci级数，求Fibonacci级数的公式为：

$$\mathrm{fib}(n)=\begin{cases}1 & n=1,2\\ \mathrm{fib}(n-1)+\mathrm{fib}(n-2) & n>2\end{cases}$$

(4) 输入某班级某门课成绩，求全班平均分、高于平均分的人数和低于平均分的人数，班级人数由键盘输入。要求：

① 分析问题，每个独立的功能要求单独编写成一个方法；

② 考虑对不同含义的参数采用适当的传递方式(值传递、引用传递(ref还是out))。

(5) 重载求最大值方法Max()，使Max()方法可以求两个整数最大值、3个整数最大值、两个实数最大值、3个实数最大值。编写Main()方法(函数)调用这些Max()方法。

(6) 重载方法 Area()，使得 Area()方法具有如下功能：如果参数只有一个实数，求以该参数为半径的圆的面积；如果参数有两个，则这两个参数分别表示一个柜形的高和宽，求这个柜形的面积；如果参数有 3 个，这 3 个参数分别表示三角形的 3 条边，求这个三角形面积。编写 Main()方法(函数)调用这些 Area()方法。

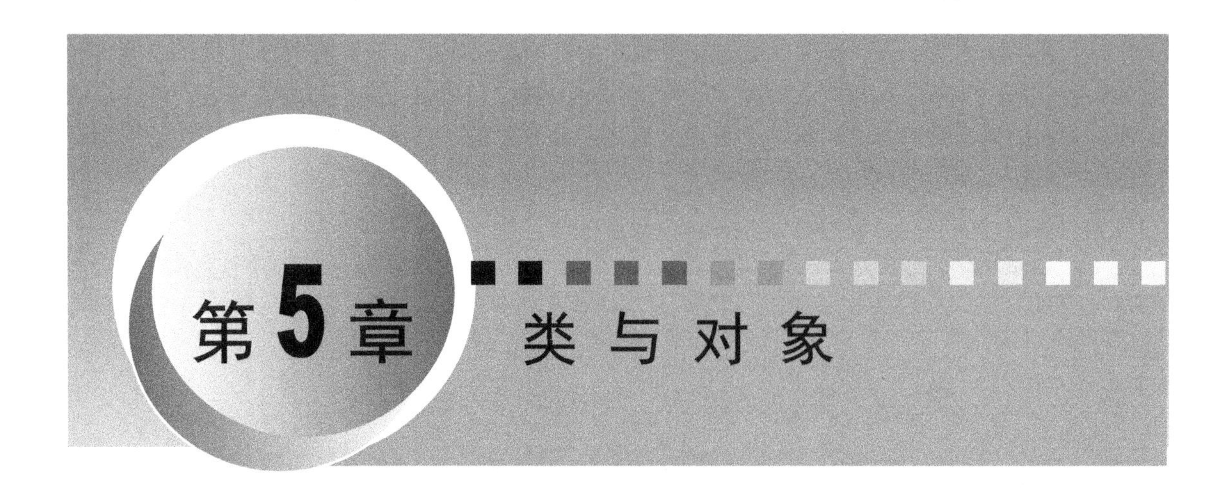

第5章 类与对象

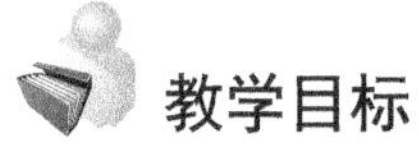

教学目标

(1) 初步理解面向对象的编程思想。
(2) 能够区分类和对象，理解类和对象之间的关系。
(3) 学会自定义类，学会创建与使用对象。
(4) 能区分字段与属性、属性与方法。
(5) 掌握实例构造函数重载及其应用，了解析构函数。
(6) 能区分实例成员与静态成员，能定义并正确调用两种成员。
(7) 掌握对象作为方法参数在值传递方式和引用传递方式下的区别。

教学要求

知识要点	能力要求	相关知识
面向对象编程的概念	理解	对象、类、抽象、封装、继承、多态
类	熟练掌握	类的字段、属性、方法
对象	熟练掌握	对象的声明、实例化、通过点操作符调用成员
类的静态成员	掌握	静态字段、静态属性、静态方法的定义与运用
构造函数与析构函数	掌握	实例构造函数及其重载、静态构造函数、析构函数的定义与运用
对象作为方法参数	掌握	对象的值传递方式和对象的引用传递方式

5.1 面向对象基本概念

C#是纯面向对象的语言，为了更好、更有效地使用C#编程技术，需要理解和掌握一些面向对象的基本概念和特点。

5.1.1 对象

在生活中，经常有“这个东西”“那个东西”的说法，话中所指的“东西”就是对象。对象是描述客观事物的一个实体，几乎任何东西都可以看成是对象。对象可以是有形的，如一辆车、一只猫、一份文件；也可以是无形的，如一个方案、一项计划等。

在面向对象的世界中，不同类型的事与物都成为对象，所谓“一切皆对象”。程序中的对象来源于生活，现实生活中的某个实体经过抽象、建模后就变成程序中的一个对象，即用特定符号描述的对象。现实生活中的某个实体往往有自己的特性和行为，例如一只猫，其特性有品种、毛的颜色、年龄、体重等，其行为有喵喵叫、抓老鼠、玩线团等。程序中的猫对象描述了这些特性和操作，如图5.1(a)和图5.1 (b)所示。程序中的对象有共同的结构模型，如图5.1(c)所示，包括对象名、一组属性、一组操作，其中属性描述了对象的静态特征，表示对象的状态，是类的数据成员；操作(或称方法)描述了对象的行为，是对象的动态特征，通常是对数据成员进行操作的方法。在面向对象编程中，一个程序可以被看作是对象之间相互作用的结果。

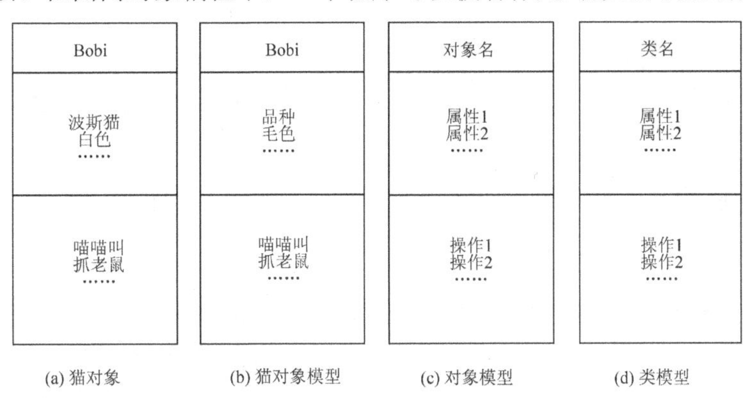

图5.1 对象模型与类模型

由于对象与现实世界的实体有如此紧密的联系，所以面向对象的程序设计思想更加贴近于人们的思维和习惯。

5.1.2 类

现实生活中的对象往往可以根据共性进行归类，一组具有共同特征和行为的相似对象归为一类。例如，鱼类是一个类，它们的共性为：有脊椎、终生生活在水里、用鳃呼吸、用鳍游泳等，一条具体的鱼则是一个对象。程序设计中，把一组相似对象的共同特征抽象出来并存储在一起，就形成了类。每条鱼都具有鱼类所规定的特性和行为，但是每条鱼都拥有自己个性化的数据，即具体属性值各不相同。再如，VS.NET工具箱里面的按钮控件类是一个类，每一个具体的按钮都是按钮控件类的一个对象，它们的共性是都有大小、颜色、字体等属性和单击事件等行为，但除了共性，每一个具体的按钮都可以各自有不同的大小、颜色和字体。

类是对事物的概括性定义，而对象是事物本身，是类的一个实例(instance)，对象具有类所规定的特征，只能执行类所规定的操作。打个比方，类就相当于一个模板，而对象则是由这个模板产生出来的具体产品，一个模板可以生产很多产品，一个类可以产生很多对象。例如，VS.NET 工具箱中存放了很多控件类，其中有按钮控件类，当在窗体上添加一个按钮时，就是由按钮类创建了一个按钮对象，当往窗体添加多个按钮时，就是由按钮类创建出多个按钮对象。

从具体对象到类实际上是一个概括的过程，把对象的共同特征抽取出来，形成了类，如果再对这个类用计算机语言加以描述，就形成了程序中的类，这个过程称为抽象。抽象包括数据抽象和行为抽象，因此，程序中类的结构模型与对象模型一样，包含 3 个部分：类名、属性、操作，如图 5.1(d)所示。

对象的特征和行为往往有很多，怎样从纷繁的信息中抽象出符合要求的有用信息是一个非常重要的工作。例如，要建立学生类，虽然学生有姓名、学号、班级、各门课成绩、总成绩、联系电话、家庭住址、父母姓名等信息，但并非所有的这些信息都是软件所需要的，怎样抽取有用信息呢？应该根据所开发软件的需要而设计。例如，如果开发学生成绩管理软件，那么姓名、学号、班级、各门课成绩、总成绩是有用信息；如果开发学生档案管理软件，那么姓名、学号、班级、联系电话、家庭住址、父母姓名是有用信息。因此，同样是学生类，在不同的软件系统中其具体属性与行为构成可以不同。

5.1.3　类与对象的关系

(1) 类定义了一组概念的模型，对象是真实的实体(个体)。

(2) 具有共性特征的多个对象归纳为类，如果将类的状态和行为实例化就是一个具体对象，这个过程称为对象的实例化。

5.1.4　面向对象的几个特征

1. 封装

人们在使用生活用品时往往只知道如何使用，而不需要了解其内部实现细节。例如，对于洗衣机，使用者可以通过面板上的按键或按钮进行操纵，选择好洗涤衣物种类后，按下面板上的【开始】键，洗衣机就自动完成洗涤、甩干等一系列操作。至于洗衣机内部芯片如何完成指定操作，对于使用者来说是黑盒子，不需要知道。这种把对象的数据和操作细节向外部隐藏起来的方法就是面向对象中的封装性和数据隐藏。

封装实际上是在类的设计过程中完成的，类对外部提供统一的接口方法，类的内部相当于一个黑盒，类的使用者并不知道类的内部实现细节，只要知道怎么调用这些接口方法就够了。封装的好处主要有两个方面：一是提供了安全机制，隐藏了数据和操作实现细节，并通过设置访问权限拒绝了一切没有定义过的访问形式；二是降低了软件的复杂性，如果类内部的代码被修改，只要对外的接口不变，对类的使用者就丝毫没有影响。例如，很多人家中都经历过电视机的更新换代，不同类型的电视机其内部实现会有所不同，但是电视机的对外接口基本没变，即用户操纵电视机的方式不受影响，这样就大大地方便了使用者。

2. 继承

现实世界中有很多事物之间存在一般化与特殊化的关系，这都是由于事物之间存在着“继承”关系。例如，交通工具与汽车、飞机、轮船、火车之间，电视机与液晶电视机、等离子电视机、背投电视机之间都存在一种一般化与特殊化的关系。一般化的事物具有特殊化事物的共同特征，特殊化的事物具有一般化事物的所有特征，并发展了自己的特有特征。这种思想反映在程序设计中，就是继承，即一个类从另一个类获得了已有的基本特征，并在此基础上增加了自身的一些特殊特征。又如，已有一个交通工具类，想要再定义一个汽车类，因为汽车是交通工具的一种，具备交通工具的所有特征(如可以载人、载物)，所以可以让汽车类继承交通工具类的所有特征，在此基础上再添加自己的新特征(如在公路上行驶这个特征)。汽车类继承交通工具类，交通工具类派生出汽车类。

类的继承与派生使用户可以重用前人或自己已有的代码，使自己的开发工作站在前人的肩膀上，从而实现代码的重用，而且通过继承机制实现了现实生活中事物间的一般化与特殊化的关系，使编程思想更贴近人们的日常思维。

3. 多态

有一种智能洗衣机，能根据放入的衣物材料质地自动判断采用哪种洗衣程序。例如，如果用户放入棉布类衣物后按【开始】键，洗衣机会启动棉布类衣物的洗衣程序，采用较大的洗涤力度和较长的洗涤时间；如果用户放入丝绸衣物后按【开始】键，洗衣机会启动丝绸类衣物的洗衣程序，进行轻柔洗涤并加上除皱功能，洗涤时间也较短。这种现象就是多态。在面向对象程序设计中，多态是指用户对一个对象进行一个操作，但具体的动作却取决于这个对象的类型，即对不同的对象执行相同的操作会产生不同的结果。从多态发生的时机上分，多态可以分为编译时多态和运行时多态两种。

4. 消息通信

对象具有一定的独立性和自治性，但对象和对象之间不是彼此独立的，它们通过消息进行通信，一个程序可以被看作是对象之间相互作用的结果。例如，要完成某项任务，需要向相关对象发送消息，请求它们执行相应的操作，然后由这些操作返回所需的结果或改变对象的状态。

以上只是对面向对象基本概念的简单介绍，读者可以结合后续的学习逐渐加以体会、加深理解。

5.2 类和对象

5.2.1 案例说明

【案例简介】

定义一个猫类 Cat，描述猫的以下特征：品种、毛色、体重、出生日期、喵喵叫、抓老鼠。创建并使用这个类的实例。

案例运行结果如图 5.2 所示。

【案例目的】

(1) 学会自定义类。

(2) 学会用自定义类创建、实例化对象，通过对象引用成员。

【技术要点】

掌握类定义的结构框架。

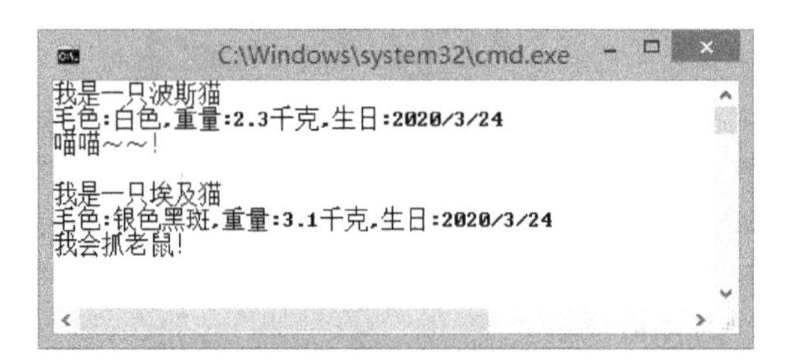

图 5.2 猫类

5.2.2 代码及分析

```
namespace Example5_1
{
    /// <summary>
    /// 定义一个猫类，描述猫的信息
    /// </summary>
    class Cat
    {
        string variety;//品种
        string hairColor;//毛色
        float weight;//体重
        DateTime birthday;//出生日期

        public void CatchMice()
        {
            Console.WriteLine("我会抓老鼠！");
        }
        public void Miaow()
        {
            Console.WriteLine("喵喵~~！");
        }
        //设置猫各字段值的方法
        public void SetInfo(string myVariety, string myColor, float myWeight)
        {
            variety = myVariety;
            hairColor = myColor;
            weight = myWeight;
            birthday = DateTime.Today;
        }
        public void Display()//显示猫信息的方法
        {
            string birthdayString = birthday.ToShortDateString();
            Console.WriteLine("我是一只{0}\n 毛色:{1},重量:{2}千克,生日:{3}",
                variety, hairColor, weight, birthday.ToShortDateString());
        }
    }
    class Program
    {
        static void Main(string[] args)
        {
            Cat catBobi = new Cat();
```

```
            catBobi.SetInfo("波斯猫", "白色", 2.3F);
            catBobi.Display();
            catBobi.Miaow();
            Console.WriteLine();
            Cat catPuppy = new Cat();
            catPuppy.SetInfo("埃及猫", "银色黑斑", 3.1F);
            catPuppy.Display();
            catPuppy.CatchMice();
            Console.ReadLine();
        }
    }
}
```

代码分析：

定义了一个猫类Cat，描述了猫的品种、毛色、体重、出生日期4个静态特征，以及喵喵叫、抓老鼠等行为特征。在Main()方法中声明并实例化两个猫类对象。

5.2.3 相关知识及注意事项

1. 类的定义

类定义的一般格式如下：

```
class  <类名>
{
   private    <私有的字段、方法、属性>
   protected    <保护的字段、方法、属性>
   public   <公有的字段、方法、属性>
}
```

从类定义语法可以看出，类体中包含字段、方法、属性等成员。其中字段是“存储信息”的成员；方法是用于描述某类对象共同行为的成员，是“做事情”的成员，要表达一个对象的动作，就应该在类中设计相应的方法。如猫有“喵喵叫”和“抓老鼠”两个行为，案例中分别设计了两个方法Miaow()和CatchMice()来描述这两个行为。

从代码中可以看出，Cat类中有4个字段variety、hairColor、weight、birthday，分别描述猫的品种、毛色、体重、出生日期4个静态特征，其中字段birthday是DateTime类型的。DateTime类是System命名空间的日期时间类，该类封装了一个时刻，即某天的日期和时间，有关该类的详细信息可以查询VS.NET帮助。

猫的行为“喵喵叫”和“抓老鼠”分别由方法Miaow()和CatchMice()来完成。方法SetInfo(string myVariety,string myColor, float myWeight)与Display()是根据程序需要而设计的。公有方法SetInfo用于设置猫的各个字段值，可在类外部调用，用于设置对象状态。代码如下：

```
public void SetInfo(string myVariety, string myColor, float myWeight)
{
    variety = myVariety;
    hairColor = myColor;
    weight = myWeight;
    birthday = DateTime.Today;
}
```

公有方法 Display()用于输出对象的各个字段值。该方法中的语句如下：

```
string birthdayString =birthday.ToShortDateString();
```

表示把出生日期转换为形如“2020-02-29”的短日期格式字符串。

2．对象的定义与使用

1) 对象的声明与实例化

当类的字段有了具体的值以后，就形成了具体的对象，对象在使用前必须先声明并实例化。声明并实例化对象的语法格式如下：

```
类名 对象名;              //声明对象
对象名=new 类名();        //实例化对象
```

例如，创建一个名为 catBobi 的猫类对象代码为：

```
Cat catBobi; catBobi =new Cat();
```

也可以把对象声明与实例化合为一步进行：

```
Cat catBobi = new Cat();
```

2) 对象的使用

在面向对象中，对象不是一个被动接受处理的数据，而是一个拥有数据并能主动提供服务的实体。一个对象被创建后，就可以通过对象本身来获取对象状态或调用对象行为。调用对象成员的格式为：

```
对象名.对象成员
```

具体来说，调用字段的格式为“对象名.字段”，调用方法的格式为“对象名.方法名(实参列表)”。例如，调用猫类对象 catBobi 的 hairColor 字段，代码为“catBobi.hairColor”。

调用 catBobi 的各方法代码为：

```
catBobi.Miaow();
catBobi.SetInfo("波斯猫", "白色", 2.3F);
```

方法调用时必须注意实参与形参在类型和个数都要按位置顺序匹配，Miaow()没有参数，调用时也不需要实参，方法 catBobi.SetInfo()有 3 个参数，分别对应猫的品种、毛色、体重，调用该方法时需要 3 个实参。例如，若把 Main()方法中的“catBobi.SetInfo("波斯猫", "白色", 2.3F);”改为“catBobi.SetInfo("波斯猫", 2.3F,"白色");”，将会出现如图 5.3 所示的错误。调用方法时还要注意参数意义也要匹配。又如，调用语句“catBobi.SetInfo("白色","波斯猫", 2.3F);”没有语法错误，但是却会产生逻辑错误。

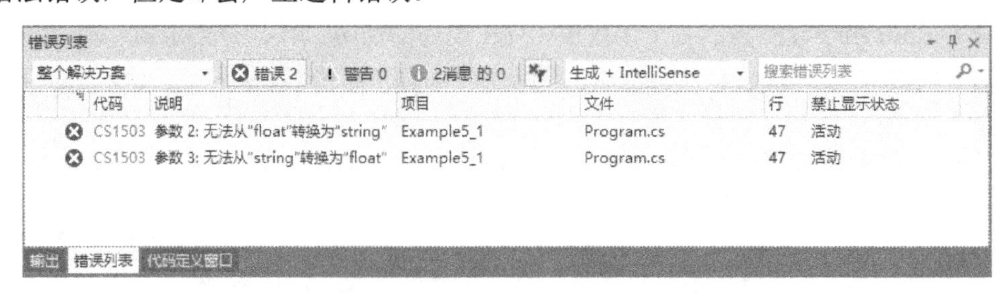

图 5.3　方法调用时参数不匹配而出现的错误

3．类成员的访问修饰符

面向对象的特征之一是封装，通过封装来隐藏数据与类的操作实现细节，可以避免无意中的错误操作。那么，怎样进行数据与操作细节隐藏，如何定义类成员的访问形式呢？可以通过访问修饰符来设置访问权限，从而拒绝了一切没有定义过的访问形式。类成员的常用访问修饰符见表 5-1。

表 5-1 类成员的访问修饰符及其含义

修 饰 符	说 明
public	该成员可以被本类及本类以外的所有类访问
private	该成员只能在本类内部被访问
protected	该成员只能被本类及本类的派生类访问
internal	该成员只能在所在的程序集内部访问
internal protected	该成员可以在所在的程序集内部或本类的派生类中被访问

读者无须一下子掌握所有修饰符的用法，先学会使用 public 和 private，其他修饰符可以在后续的学习中边学边用。public 意为公共的，public 成员类似于公用物品，大家都可以使用，即 public 成员可以被所有类访问。private 意为私有的，private 成员类似于私有个人物品，只能本人使用，如日记本、牙刷。private 成员只能在本类内部使用。当类的成员声明中不包含修饰符时，默认的访问修饰符是 private。

一般把字段都定义为 private，主要供类内部方法使用，不能被不属于该类的方法存取，以达到隐藏数据的目的。而大部分的方法都定义为 public，公有方法可在类外部调用，作为类与外界交流的公用接口。

例如，对 Example5_1 源代码进行修改，在 Main()方法中加入语句“catPuppy.hairColor = "黑色";”，试图把名为 catPuppy 的猫毛色改为黑色，将会出现如图 5.4 所示的错误。

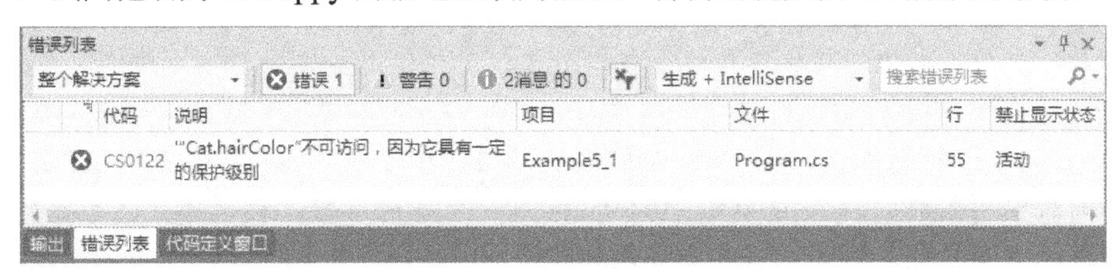

图 5.4 企图在别的类中操作 Cat 类私有字段时出现的错误

若把 Cat 类中 hairColor 字段的声明改为“public string hairColor;”，则不会出现如图 5.4 所示的错误，再次印证了公有字段与私有字段的区别。读者可以通过自行修改 Cat 类的各成员访问属性来体验一下 public 与 private 成员的区别。

与类的成员相似，类本身也有修饰符，可在类的声明中指定，当类的声明中不包含修饰符时，默认为 public。

4．类的属性

在程序中，对字段的操作主要是读取和写入(即设置修改字段值)，为了防止用户随意修改字段，往往把字段访问属性设置为 private 或 protected。这样在类的外部就不能随意读写这些字段了，但有时又需要能在类外设置或读取一些字段，该怎么办呢？通常的做法是提供公有的方法来访问私有或受保护的字段。例如，为了方便读写猫对象的毛色字段，在 Cat 类中添加了 SetHairColor()方法和 GetHairColor()方法。SetHairColor()方法便于设置 hairColor 字段，GetHairColor()方法用于读取 hairColor 字段值。代码如下：

```
public void SetHairColor(string color)//设置猫的 hairColor 字段
{
    hairColor = color;
}
public string GetHairColor()//读取猫的 hairColor 字段
{
   return hairColor;
}
```

1) 为什么使用属性

除了添加公有方法读写字段外，C#能否提供一种更有效的访问形式，既能读写字段，同时又保证数据成员能被更好地隐藏和保护起来呢？那就是使用属性。属性是类的一种特殊成员，它既具有字段的形式，又具有方法的本质，使用属性类似于使用字段，定义属性类似于定义方法。

2) 怎样定义属性

属性的定义格式为：

```
修饰符  类型  属性名
{
     set
     {
         …     //写入数据
     }
     get
     {
         …     //读取数据
     }
}
```

get 与 set 是 C#特有的访问器，get 是读取访问器，用于从对象读取数据；set 是写入访问器，用于向对象写入数据。set 访问器中的 value 是一个隐形参数，表示输入的数据，value 的具体值根据赋值而变化。例如，若在类外部执行“catBobi.Weight = 2.7F;”，这时 value 的值就是 2.7；若执行“catPuppy.HairColor = "黑色";”，这时 value 的值是“黑色”。

在本案例代码中添加属性，并在 Main()方法中添加对属性的访问，扩充后的代码如下：

```
namespace Example5_1
{
    /// <summary>
    /// 定义一个猫类，描述猫的信息
    /// </summary>
    class Cat
    {
        string variety;
        string hairColor;
        float weight;
        DateTime birthday;
```

```
    public string Variety
    {
        set { variety = value; }
        get { return variety; }
    }
    public string HairColor
    {
        set { hairColor = value; }
        get { return hairColor; }
    }
    public float Weight
    {
        set { weight = value; }
        get { return weight; }
    }
    public void CatchMice()
    {
        Console.WriteLine("我会抓老鼠！");
    }
    public void Miaow()
    {
        Console.WriteLine("喵喵～～！");
    }
    //设置猫各字段值的方法
    public void SetInfo(string myVariety, string myColor, float myWeight)
    {
        variety = myVariety;
        hairColor = myColor;
        weight = myWeight;
        birthday = DateTime.Today;
    }
    //显示猫信息的方法
    public void Display()
    {
        Console.WriteLine("我是一只{0}\n毛色:{1},重量:{2}千克,生日:{3}",
            variety, hairColor, weight, birthday.ToShortDateString());
    }
}
class Program
{
    static void Main(string[] args)
    {
        Cat catBobi = new Cat();
        catBobi.SetInfo("波斯猫","白色", 2.3F);
        catBobi.Display();
        catBobi.Miaow();
        Console.WriteLine();
        Cat catPuppy = new Cat();
        catPuppy.SetInfo("埃及猫", "银色黑斑", 3.1F);
        catPuppy.Display();
        catPuppy.CatchMice();
        Console.WriteLine();
```

```
            catBobi.Weight = 2.7F; //通过属性设置字段值
            //通过属性读取字段值
            Console.WriteLine("Bobi 的体重变成{0}千克了！", catBobi.Weight);
            catPuppy.HairColor = "黑色";//通过属性设置字段值
            //通过属性读取字段值
            Console.WriteLine("Puppy 的毛染成{0}了！", catPuppy.HairColor);
            Console.ReadLine();
        }
    }
}
```

程序运行结果如图 5.5 所示。

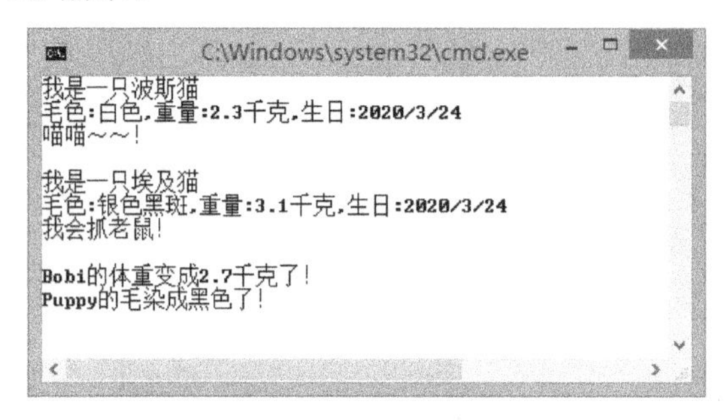

图 5.5　通过属性对字段进行读写

添加 public 的属性后，就可以在类外部(如在 Program 类的 Main()方法中)通过属性来读写字段了。从代码中可以看到，在类外部属性与公有字段的访问形式非常相似。对编译器而言，属性值的读写是通过 get 访问器和 set 访问器来实现的，编译器按照属性出现的位置(如等号左边或右边)自动选择是调用 get 访问器还是调用 set 访问器。例如，执行给属性赋值语句将会调用 set 访问器，输出属性值则调用 get 访问器。读者可以通过按 F11 键单步运行程序来仔细观察访问器的调用情况。

有了 HairColor 属性之后，可以直接读写字段 hairColor，相比之下，通过 SetHairColor()和 GetHairColor()方法读写字段显得不够直观方便，因此，从 Cat 类中删除了这两个方法。

3) 属性的读写控制

属性的 get 和 set 访问器并非都是必需的，如果只有 get 访问器，该属性只可以读取，不可以写入；如果只有 set 访问器，该属性只能写入，不能读取；两个都有表示可读写。如果对只读属性进行赋值，或者读取只写属性的值，都会产生编译错误。

例如，对本案例代码进行修改，添加字段 birthday 对应的属性，假设出生日期是在对象被创建时自动赋值为当天日期，之后就不允许再被修改，为达到这个要求，需要把 birthday 对应的属性设置为只有 get 访问器，在 Cat 类中添加如下代码：

```
public DateTime Birthday
{
    get { return birthday; }
}
```

4) 在属性中完成更多的功能

如果向本案例提一个进一步的要求：为猫类添加年龄特征，该怎么做呢？

直观的想法是设置一个 age 字段。如果采用 age 字段，因为年龄会随着时间推移而变化，为了得到精确的猫龄需要不断地更新 age 字段，这显然不合适，而且 birthday 字段已经间接地包含了年龄信息，再增加字段造成重复存储；如果采用属性，在 Age 属性的读操作中可以包含一个动作“计算猫龄”，那么无论何时都可以得到精确的猫龄。代码如下：

```
public int Age
{
    get { return (DateTime.Today.Year- birthday.Year + 1); }
}
```

读者自行修改 Main()方法添加对这个属性的调用。

从这里可以看出两点：一是属性并不一定与字段一一对应；二是属性可以作为一个特殊的方法使用，可用于完成一些控制和计算，程序员可以通过在 get 和 set 访问器中编写适当的代码，实现所需的功能。例如，可以通过使用属性，对赋值的数据进行校验、对读取的数据进行计算等。

5. VS.NET IDE 使用进阶：封装字段

如果已经定义好了字段，想要为字段写一个属性，可以利用 VS.NET 的重构功能很方便地实现。具体做法：选中要封装的字段定义代码，如选中“string variety;”并右击，在弹出的快捷菜单中选择【重构】|【封装字段】命令，在弹出的“封装字段”对话框的“属性名”文本框中已存在一个属性名 Variety，可以默认也可以修改它；单击【确定】按钮，可以在弹出的“预览引用更改—封装字段”对话框内浏览代码更改；单击【应用】按钮，一个完整的 Variety 属性定义便出现在对应字段的下一行。

5.3　类的静态成员

5.3.1　案例说明

【案例简介】

定义猫类 Cat，在 Cat 类中定义字段、属性和方法(见案例 Example5_1)，在 Cat 类中添加表示对象数量的静态字段，并定义相应的静态属性。在 Program 类中的 Main()方法里声明两个 Cat 类对象并添加对静态属性的调用。

案例运行结果如图 5.6 所示。

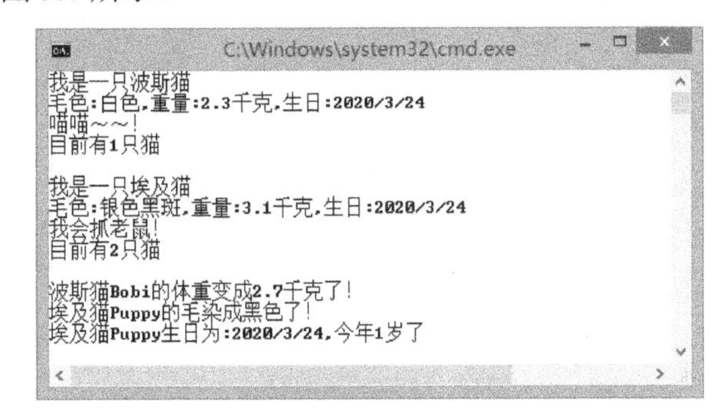

图 5.6　添加了数量字段与属性后的输出结果

【案例目的】

(1) 理解类的静态成员的含义与作用。

(2) 掌握静态字段、静态属性的定义与使用。

【技术要点】

(1) 用 static 修饰符来定义静态字段、静态属性、静态方法。

(2) 通过类名调用静态属性、静态方法。

5.3.2 代码及分析

```
namespace Example5_2
{
    /// <summary>
    /// 定义一个猫类，描述猫的信息
    /// 添加了静态字段 count 和相应的静态属性、静态方法
    /// </summary>
    class Cat
    {
        string variety;
        string hairColor;
        float weight;
        DateTime birthday;
        private static int count;//表示数量的静态字段
        public string Variety
        {
            set { variety = value; }
            get { return variety; }
        }
        public string HairColor
        {
            set { hairColor = value; }
            get { return hairColor; }
        }
        public float Weight
        {
            set { weight = value; }
            get { return weight; }
        }
        public DateTime Birthday
        {
            get { return birthday; }
        }
        public int Age
        {
            get { return (DateTime.Today.Year - birthday.Year + 1); }
        }
        public static int Count//读写数量的静态属性
        {
            set { count = value; }
            get { return count; }
```

```
    }
    public void CatchMice()
    {
        Console.WriteLine("我会抓老鼠！");
    }
    public void Miaow()
    {
        Console.WriteLine("喵喵～～！");
    }
    //设置猫各字段值的方法
    public void SetInfo(string myVariety, string myColor, float myWeight)
    {
        variety = myVariety;
        hairColor = myColor;
        weight = myWeight;
        birthday = DateTime.Today;
    }
    public void Display()//显示猫信息的方法
    {
        Console.WriteLine("我是一只{0}\n毛色:{1},重量:{2}千克,生日:{3}",
            variety, hairColor, weight, birthday.ToShortDateString());
    }
    //读取Cat类对象数量的静态方法
    public static int GetCount()
    {
        return count;
    }
}
class Program
{
    static void Main(string[] args)
    {
        Cat catBobi = new Cat();
        catBobi.SetInfo("波斯猫", "白色", 2.3F);
        catBobi.Display();
        catBobi.Miaow();
        Cat.Count++;//通过类名调用静态属性Count
        //通过类名调用静态属性Count,读取数量
        Console.WriteLine("目前有{0}只猫", Cat.Count);
        Console.WriteLine();
        Cat catPuppy = new Cat();
        catPuppy.SetInfo("埃及猫", "银色黑斑", 3.1F);
        catPuppy.Display();
        catPuppy.CatchMice();
        Cat.Count++;//通过类名调用静态属性Count
        //通过类名调用静态方法GetCount(), 读取数量
        Console.WriteLine("目前有{0}只猫", Cat.GetCount());
        Console.WriteLine();
        catBobi.Weight = 2.7F;
        Console.WriteLine("波斯猫Bobi的体重变成{0}千克了！", catBobi.
            Weight);
        catPuppy.HairColor = "黑色";
```

```
            Console.WriteLine("埃及猫 Puppy 的毛染成{0}了！", catPuppy.
                HairColor);
            Console.WriteLine("埃及猫 Puppy 生日为:{0},今年{1}岁了",
                catPuppy.Birthday.ToShortDateString(), catPuppy.Age);
            Console.ReadLine();
        }
    }
}
```

代码分析：

定义了一个 Cat 类描述猫类，在 Example 5-1 的基础上增加了表述数量的字段 count，该字段是静态字段，另外添加了读写该字段的静态属性 Count 和静态方法 GetCount()。

5.3.3 相关知识及注意事项

类的成员有实例成员和静态成员之分。类的实例成员和静态成员最简单的区分方法就是看定义这些成员时是否使用了 static 修饰符。如果在定义类的字段、属性或方法时添加了 static 修饰符，这些成员就是类的静态成员；如果定义时没有添加 static 修饰符，这些成员就是类的实例成员。本章前面部分所定义的类成员(包括字段、属性、方法)都是实例成员。

1. 静态字段

类是对象的模板，规定了一类对象应该具备的特征和行为框架，其中，行为是属于整个类的，而一个类的每个对象可以有自己的个性化数据。例如，Cat 类规定了某个软件中的猫类必须具有品种、毛色、体重、出生日期等特征，并具有抓老鼠、喵喵叫的行为，抓老鼠、喵喵叫的行为属于整个 Cat 类所有对象共有的，而各个对象的具体特征各不相同，这也使得人们可以区分不同的对象。再如，catBobi 的品种是波斯猫，毛色是白色，而 catPuppy 的品种是埃及猫，毛色为银色黑斑。每个对象都有一份属于自己的数据备份，换言之，实例字段是属于对象的，每一个对象都有一份实例字段备份。有些时候，程序员会遇到一些特殊字段，对整个类所有对象来说，该字段值都相同，即这个字段表示某类全体对象的共同特征，它与整个类相关，而不局限于某个对象。又如，表示 Cat 类对象总数的字段，它与每个 Cat 类对象相关但不属于任何一个对象，对这种情况的解决就是采用静态字段表示属于类的数据。对象共用静态字段如图 5.7 所示，可以看出每个对象有一份实例字段的备份，而静态字段只有一份，3 个对象共用静态字段。

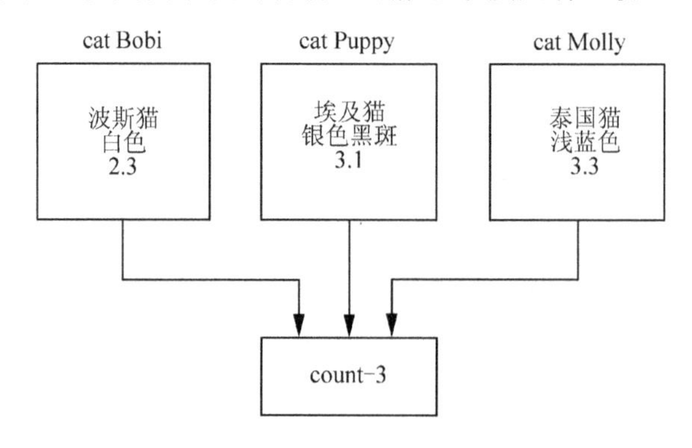

图 5.7 对象共用静态字段

如果在声明字段时添加了 static 修饰符，该字段就成为静态字段。静态字段用于存储一些属于某个类的全部对象的信息，它是被类的全体对象共享的数据。

为 Cat 类添加一个静态字段 count，用于表示当前存在的猫对象总数，代码如下：

```
class Cat
{
    string variety;
    string hairColor;
    float weight;
    DateTime birthday;
    private static int count;
    …
}
```

从代码中可以看出，每创建一个 Cat 对象，猫的数量 count 就加 1，count 字段与每个对象有关。

2. 静态属性

为了对外界隐藏数据的同时方便对静态字段的访问，往往需要使用静态属性。为 Cat 类添加一个静态属性 Count，代码如下：

```
class Cat
{
    string variety;
    string hairColor;
    float weight;
    DateTime birthday;
    private static int count;
    public static int Count
    {
        set { count = value; }
        get { return count; }
    }
    …
}
```

静态属性与静态字段一样不属于任何对象，因此，它们不能被对象所调用，而是由类名直接调用：

```
类名.静态字段名;
类名.静态属性名;
```

现在，把 Main()方法修改如下，增加了对静态字段、静态属性的调用，代码如下：

```
class Program
{
      static void Main(string[] args)
      {
          Cat catBobi = new Cat();
          catBobi.SetInfo("波斯猫", "白色", 2.3F);
          catBobi.Display();
          catBobi.Miaow();
          Cat.Count++;
          Console.WriteLine("目前有{0}只猫", Cat.Count);
          …
```

```
            Cat catPuppy = new Cat();
            catPuppy.SetInfo("埃及猫", "银色黑斑", 3.1F);
            catPuppy.Display();
            catPuppy.CatchMice();
            Cat.Count++;
            Console.WriteLine("目前有{0}只猫", Cat.Count);
            …
        }
}
```

3. 静态方法

实例方法往往对某个对象进行数据操作，如果某个方法使用时不需要操作对象的特征数据，而是操作表示全体对象特征的静态数据，或者该方法操作的数据根本与对象无关，则在这种情况下，可以把方法声明为静态方法。

如果在声明方法时添加了 static 修饰符，该方法就成为静态方法。静态方法属于类，只能通过类名调用，不能由对象调用。一直在使用的 Main()方法就是一个静态方法。

为 Cat 类添加一个方法，用于读取静态字段 count 的值，程序代码如下：

```
class Cat
{
    string variety;
    string hairColor;
    float weight;
    DateTime birthday;
    private static int count;
    public static int Count
    {
        set { count = value; }
        get { return count; }
    }
    …
    public  static  int  GetCount()  //静态方法
    {
        return count;
    }
}
```

添加了 GetCount()方法后，对 count 字段的读取还可以通过 GetCount()方法进行：

```
Console.WriteLine("目前有{0}只猫", Cat.GetCount());
```

注意：静态方法只能访问静态字段或属性，不能访问实例字段或属性。而实例方法既可以访问实例字段，也可以访问静态字段。如果往 GetCount()方法中加入语句：

```
Console.WriteLine("毛色:{0}", hairColor);
```

编译器将会报告错误，出错原因：hairColor 是实例字段，而实例字段必须由对象引用。读者可自行验证。

5.4 构造函数与析构函数

5.4.1 案例说明

【案例简介】

定义猫类 Cat，在 Cat 类中定义字段、属性和方法，定义表示数量的静态字段及相应的静态属性、静态方法，再往 Cat 类中添加实例构造函数、静态构造函数和析构函数，即在案例 Example5_2 的基础上再添加构造函数和析构函数。在 Program 类中的 Main()方法里声明两个 Cat 类对象，并使用不同的实例构造函数初始化对象。

案例运行结果如图 5.8 所示。

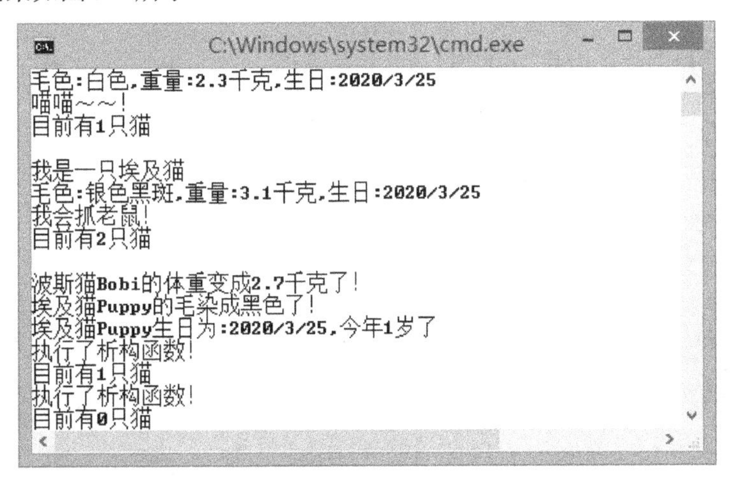

图 5.8 添加了构造函数、析构函数后的输出结果

【案例目的】

(1) 掌握实例构造函数的定义、重载及使用。

(2) 了解静态构造函数、析构函数的定义与用途。

【技术要点】

(1) 实例构造函数的重载及使用。

(2) 在对象实例化和析构的过程中，能正确处理数量字段的变化。

5.4.2 代码及分析

```
namespace Example5_3
{
    /// <summary>
    /// 定义一个猫类，描述猫的信息
    /// 在 Example5_2 的基础上添加构造函数、析构函数
    /// </summary>
    class Cat
    {
        string variety;
        string hairColor;
```

```
        float weight;
        DateTime birthday;
        private static int count;
        public string Variety
        {
            set { variety = value; }
            get { return variety; }
        }
        public string HairColor
        {
            set { hairColor = value; }
            get { return hairColor; }
        }
        public float Weight
        {
            set { weight = value; }
            get { return weight; }
        }
        public DateTime Birthday
        {
            get { return birthday; }
        }
        public int Age
        {
            get { return (DateTime.Today.Year - birthday.Year + 1); }
        }
        public static int Count
        {
            set { count = value; }
            get { return count; }
        }
        public Cat()//无参实例构造函数
        {
            count++;
        }
        //带参实例构造函数
        public Cat(string myVariety, string myColor, float myWeight)
        {
            variety = myVariety;
            hairColor = myColor;
            weight = myWeight;
            birthday = DateTime.Today;
            count++;
        }
        //带参实例构造函数
        public Cat(string myVariety, float myWeight, string myColor)
        {
            variety = myVariety;
            hairColor = myColor;
            weight = myWeight;
            birthday = DateTime.Today;
            count++;
```

```
        }
        //带参实例构造函数
        public Cat(float myWeight, string myVariety, string myColor)
        {
            variety = myVariety;
            hairColor = myColor;
            weight = myWeight;
            birthday = DateTime.Today;
            count++;
        }
        public void CatchMice()
        {
            Console.WriteLine("我会抓老鼠！");
        }
        public void Miaow()
        {
            Console.WriteLine("喵喵～～！");
        }
        public static int GetCount()//静态方法
        {
            return count;
        }
        public void SetInfo(string myVariety, string myColor, float myWeight)
        {
            variety = myVariety;
            hairColor = myColor;
            weight = myWeight;
            birthday = DateTime.Today;
        }
        public void Display()
        {
            Console.WriteLine("我是一只{0}\n毛色:{1},重量:{2}千克,生日:{3}",
                variety,
            hairColor, weight, birthday.ToShortDateString());
        }
        //析构函数
        ~Cat()
        {
            Console.WriteLine("执行了析构函数！");
            count--;
            Console.WriteLine("目前有{0}只猫", count);
        }
    }
    class Program
    {
        static void Main(string[] args)
        {
            //声明并实例化对象，并自动调用匹配的实例构造函数初始化对象
            Cat catBobi = new Cat("波斯猫", "白色", 2.3F);
            catBobi.Display();
            catBobi.Miaow();
            Console.WriteLine("目前有{0}只猫", Cat.Count);
```

```
            Console.WriteLine();
            //声明并实例化对象，并自动调用匹配的实例构造函数初始化对象
            Cat catPuppy = new Cat("埃及猫", 3.1F, "银色黑斑");
            catPuppy.Display();
            catPuppy.CatchMice();
            Console.WriteLine("目前有{0}只猫", Cat.GetCount());
            Console.WriteLine();
            catBobi.Weight = 2.7F;
            Console.WriteLine("波斯猫 Bobi 的体重变成{0}千克了！", catBobi.
                Weight);
            catPuppy.HairColor = "黑色";
            Console.WriteLine("埃及猫 Puppy 的毛染成{0}了！", catPuppy.
                HairColor);
            Console.WriteLine("埃及猫 Puppy 生日为:{0},今年{1}岁了",
                catPuppy.Birthday.ToShortDateString(), catPuppy.Age);
            Console.ReadLine();
        }
    }
}
```

代码分析：

定义了一个 Cat 类，并且在原来 Example5_2 的基础上添加了实例构造函数、析构函数，还对实例构造函数进行了重载。根据对象出生和消亡过程，分别在构造函数中使用语句“count++;”表示一个对象出生了，数量增加一个；在析构函数中使用语句“count--;”表示一个对象消亡了，数量减少一个。

5.4.3 相关知识及注意事项

静态字段的初始化可以由静态构造函数来完成，可以定义如下静态构造函数，补充添加到 Example5_3 的 Cat 类中：

```
static Cat()//静态构造函数
{
    count = 0;
}
```

1. 构造函数

1) 构造函数的概念

对象在实例化的时候，可以进行数据成员的设置，称为对象的初始化。另外，类有时也需要做一些初始化工作，这些工作都由构造函数完成。构造函数也称构造方法，它的基本特点如下。

(1) 构造函数名与类名相同。

(2) 构造函数没有返回值，且函数头部不用写 void。

(3) 除了在实例化对象时由系统调用以及派生类构造函数调用基类构造函数之外，其他任何函数都不能调用它。

构造函数有多种修饰符，如 public、protected、private、internal 等，但一般情况下，构造函数都是公有的方法。

2) 构造函数的声明与调用

以 Example5_2 的 Cat 类为基础，为 Cat 类添加构造函数，代码如下：

```
public Cat(string myVariety,string myColor, float myWeight)
{
    variety = myVariety;
    hairColor = myColor;
    weight = myWeight;
    birthday = DateTime.Today;
}
```

从代码中可以看到，该方法的方法名与类名 Cat 相同，没有返回值也不使用 void。有了这个构造函数后，可以在 Main()方法中按照如下方式创建并初始化对象，代码如下：

```
Cat catBobi = new Cat("波斯猫", "白色", 2.3F);
```

用 new 运算符创建一个对象时，构造函数名后面跟的参数列表就是对象的初始化列表。该语句的效果相当于程序中如下两个语句的共同作用：

```
Cat catBobi = new Cat();
catBobi.SetInfo("波斯猫","白色", 2.3F);
```

3) 构造函数的重载

构造函数可以重载，以方便程序员初始化对象。例如，Cat 类还可以再添加以下构造函数：

```
public Cat(string myVariety, float myWeight,string myColor)
{
    variety = myVariety;
    hairColor = myColor;
    weight = myWeight;
    birthday = DateTime.Today;
}
public Cat(float myWeight, string myVariety, string myColor)
{
    variety = myVariety;
    hairColor = myColor;
     weight = myWeight;
    birthday = DateTime.Today;
}
```

添加了这些构造函数后，可以在 Main()方法中按照如下所示的多种方式创建并初始化对象：

```
Cat catBobi = new Cat("波斯猫", "白色", 2.3F);
Cat catBobi = new Cat("波斯猫", 2.3F, "白色");
Cat catBobi = new Cat(2.3F,"波斯猫",  "白色");
```

这样，程序员在创建并初始化对象时是否增加了较大的自由度呢？答案是肯定的，系统会根据构造函数参数列表中参数的个数、参数类型或参数顺序来调用相应的构造函数。重载提供了对可用数据类型的选择，减少了程序中的标识符个数，使实例构造函数的使用更加方便。

在添加了上述这些构造函数后，再去调试一下程序，读者会发现编译时出现如图 5.9 所示的错误。错误行指向语句“Cat catPuppy = new Cat();”所在的行，为什么呢？

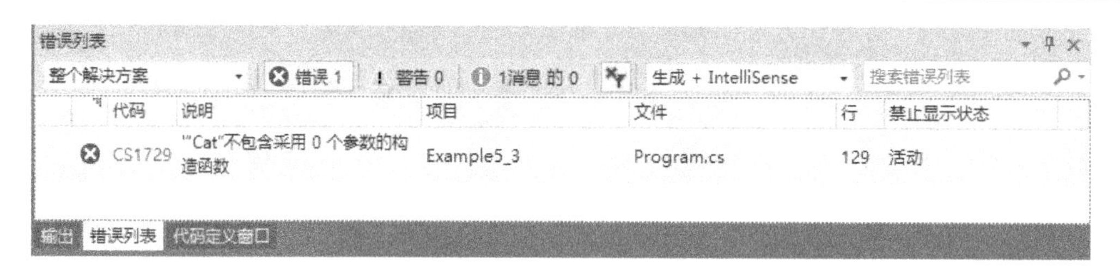

图 5.9　没有定义无参构造函数时出现的错误

错误原因：没有定义无参构造函数。

当没有为类定义构造函数时，系统会自动提供一个默认的构造函数(也称无参构造函数)，但是如果类中已经定义了构造函数，系统则不再提供默认构造函数。这种情况下，用户需要自己为所定义的类添加一个无参构造函数，无参构造函数的定义格式如下：

```
public  类名()
{
}
```

无参构造函数没有参数，一般没有任何执行语句，调用无参构造函数的结果是创建一个对象，而对象中字段的初始值为该字段的数据类型的默认值。因此，程序员要么不在类中定义任何构造函数，由系统自动提供一个默认的构造函数；一旦定义了构造函数，则最好同时定义一个无参构造函数，以备后用。

在 Cat 类中添加无参构造函数，代码如下：

```
public Cat()//无参构造函数
{
}
```

现在读者试一试重新调试程序，就不会出现图 5.9 所示的错误了。

注意：构造函数的作用是实例化对象的时候初始化对象，在产生一个类的实例时由 new 运算符调用，只能一次性地影响数据成员的初值。

4) 静态构造函数

静态构造函数通常用于对类的静态字段进行初始化。例如，为 Cat 类添加静态构造函数用于对 count 字段进行初始化。

```
static Cat()//静态构造函数
{
  count = 0;
}
```

静态构造函数有以下特点。

(1) 仅有一个 static 修饰符。

(2) 只对静态字段赋初值。

(3) 由系统自动调用，一个类仅调用一次，与创建对象操作无关。

2. 析构函数

1) 什么是析构函数

在对象使用结束时，可以进行一些相关的清理工作并释放所占用的内存空间，这个工作由析构函数完成。析构函数的特点如下所述。

(1) 析构函数的名称与类名相同，在类名前加“~”。

(2) 析构函数没有返回值，也不能声明为 void。

(3) 析构函数只有一个，不能重载。

(4) 析构函数也是类的成员函数。

2) 析构函数的声明

以本章案例 Cat 类为例，为 Cat 类添加一个析构函数，代码如下：

```
~Cat()
{
   Console.WriteLine("执行了析构函数！");
}
```

析构函数中可以什么代码都没有，也可以根据需要适当添加代码。如果希望程序在对象被删除之前的那一刻自动完成某些事情，就可以把它们写进析构函数中。例如，Cat 类中有个表示猫类对象总数的静态字段 count，一般在一个对象被删除时 count 值应该减 1，把这个操作交给 Cat 类的析构函数比较合适，修改后的析构函数如下：

```
~Cat()
{
    Console.WriteLine("执行了析构函数！");
    count--;
    Console.WriteLine("目前有{0}只猫", count);
}
```

把这个析构函数添加到 Cat 类中，就得到了一个比较完整的 Cat 类，按 Ctrl+F5 组合键执行程序，得到如图 5.8 所示的程序运行结果。

5.5 对象做参数与返回值为对象

5.5.1 案例说明

【案例简介】

定义一个圆类 Circle，描述圆的半径、数量、求面积、求周长等成员。要求在测试类 Program 中编写两个方法：一个方法用于根据给定的半径创建一个圆类对象并返回；另一个方法用于根据给定的扩大倍数将指定的圆类对象进行放大。

案例运行结果如图 5.10 所示。

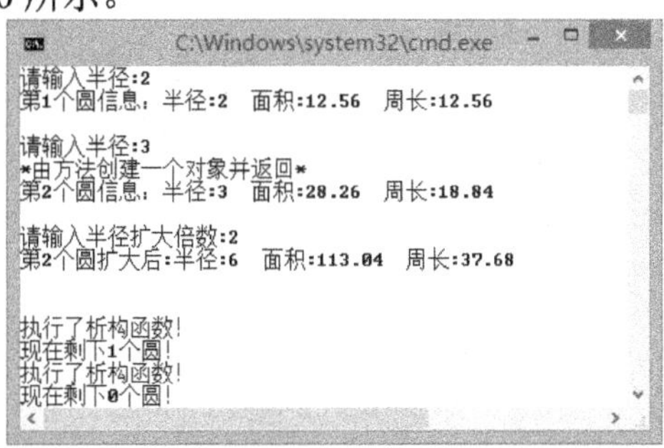

图 5.10 对象做参数与返回值为对象运行结果

【案例目的】

(1) 巩固类的定义与对象的创建。
(2) 掌握对象作为方法返回值的用法。
(3) 掌握对象作为方法参数在传值方式下的用法。

【技术要点】

(1) 对象作为方法返回值的用法。
(2) 对象作为方法参数的用法。

5.5.2 代码及分析

```
namespace Example5_4
{
    class Circle
    {
        private double radius;        //圆的半径
        private static int count;     //圆的数量
        const double PI = 3.14;  //常量字段：圆周率 PI
        public static int Count  //静态属性
        {
            set { count = value; }
            get { return count; }
        }
        public double Radius
        {
            set { radius = value; }//写入
            get { return radius; }//读取
        }
        public double Perimeter()
        {
            return 2 * PI * radius;
        }
        public double Area()
        {
            return PI * radius * radius;
        }
        public Circle()//实例构造函数(无参)
        {
            radius = 0;
            count++;
        }
        public Circle(double r)//实例构造函数(有参)
        {
            radius = r;
            count++;
        }
        //静态构造函数
        static Circle()
        {
            count = 0;
```

```
        }
        ~Circle()
        {
            Console.WriteLine("执行了析构函数! ");
            count--;
            Console.WriteLine("现在剩下{0}个圆! ", count);
        }
    }//end of class Circle
    class Program
    {
        static void Main(string[] args)
        {
            Console.Write("请输入半径:");
            double r = double.Parse(Console.ReadLine());
            Circle circle1 = new Circle(r);
            Console.Write("第{0}个圆信息: ", Circle.Count);
            Console.Write("半径:{0}  ", circle1.Radius);
            Console.Write("面积:{0}  ", circle1.Area());
            Console.WriteLine("周长:{0}", circle1.Perimeter());
            Console.WriteLine();
            Console.Write("请输入半径:");
            r = double.Parse(Console.ReadLine());
            Circle circle2 = CreatCircle(r);//调用方法 CreatCircle(), 返回
                                            //一个对象
            Console.Write("第{0}个圆信息: ", Circle.Count);
            Console.Write("半径:{0}  ", circle2.Radius);
            Console.Write("面积:{0}  ", circle2.Area());
            Console.WriteLine("周长:{0}", circle2.Perimeter());
            Console.WriteLine();
            Console.Write("请输入半径扩大倍数:");
            double x = double.Parse(Console.ReadLine());
            ScaleUp(circle2, x);   //调用扩大圆的方法, 以传值方式传递对象
            Console.Write("第{0}个圆扩大后:", Circle.Count);
            Console.Write("半径:{0}  ", circle2.Radius);
            Console.Write("面积:{0}  ", circle2.Area());
            Console.WriteLine("周长:{0}", circle2.Perimeter());
            Console.WriteLine();
            Console.ReadLine();
        }
        //创建一个对象并返回, 返回值为对象
        static Circle CreatCircle(double r)
        {
            Console.WriteLine("*由方法创建一个对象并返回*");
            Circle c = new Circle(r);
            return c;
        }
        //扩大圆的方法, 以传值方式传递对象, 传递的是引用(地址)
        static void ScaleUp(Circle c, double x)
        {
            c.Radius = c.Radius * x;
        }
    }//end of class Program
}
```

代码分析：

(1) 定义了一个圆类 Circle，包含的字段为圆的半径 radius、数量 count、圆周率 PI(常数字段)，方法为求面积 Area()、求周长 Perimeter()等，还包括属性 Radius、Count。

(2) 在 Program 类中定义了一个 CreatCircle()方法和 ScaleUp()方法，CreatCircle()方法用于创建一个对象并返回，返回值为对象，ScaleUp()方法根据给定的扩大倍数 *x* 将指定的圆类对象半径放大 *x* 倍。

(3) 圆的半径值一般应该大于零，为了防止不合法数据被赋给半径，可以在半径的属性中添加验证方法，代码修改如下：

```
public double Radius
{
    set //写入
    {
        if (value > 0)  //验证半径值的合法性
            radius = value;
    }
    get //读取
    {
        return radius;
    }
}
```

由此例也可看出，属性除了读写字段之外还具备更多的功能。

5.5.3 相关知识及注意事项

1. 方法的返回值为对象

方法的返回值可以是 int、double 等系统标准类型，也可以是用户自定义的类型，两者的用法没什么两样。例如，案例 Example5_4 中的方法 CreatCircle()的返回值类型是自定义的 Circle 类型，用法与返回一个 int 类型一样。调用时注意类型一致性：Circle circle2 = CreatCircle(r)。

2. 值类型变量与引用类型变量

C#的数据类型分为两大类：值类型和引用类型。首先比较下面两段代码及其运行结果。

值类型变量的赋值，代码如下所示，程序运行结果如图 5.11 所示。

```
class Program
{
    static void Main(string[] args)
    {
        int num1 = 139;
        int num2 = num1;
        num2 = 100;
        Console.WriteLine("num1={0},num2={1}", num1, num2);
        Console.ReadLine();
    }
}
```

引用类型变量的赋值，代码如下所示，运行结果如图 5.12 所示。

```
class Number
{
    public int Value;
}
class Program
{
    static void Main(string[] args)
    {
        Number num1 = new Number();
        num1.Value = 139;
        Number num2 = num1;
        num2.Value = 100;
        Console.WriteLine("num1={0},num2={1}", num1.Value, num2.Value);
        Console.ReadLine();
    }
}
```

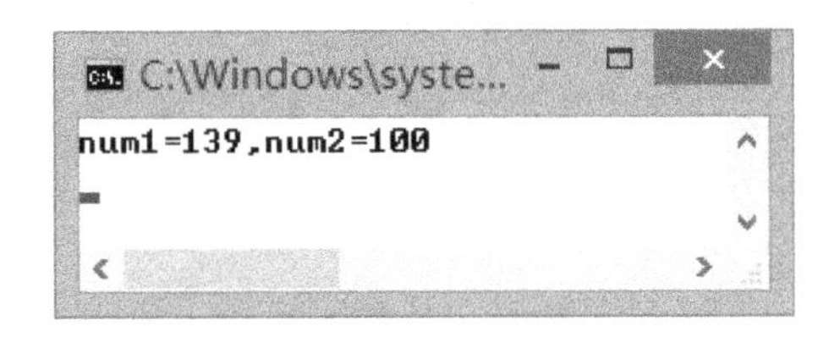

图 5.11 值类型变量的赋值

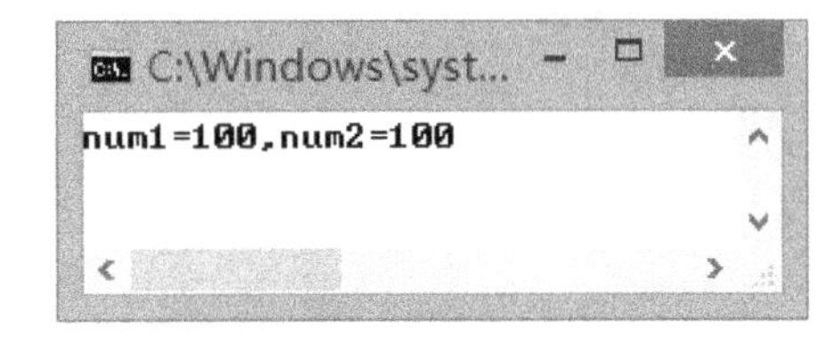

图 5.12 引用类型变量的赋值

为什么值类型变量间赋值与引用类型变量间赋值结果会有这么大的差别呢？原因是两种类型的变量在内存中的存储原理不同。

1) 值类型

简单地说，值类型变量就是一个包含实际数据的量。当定义一个值类型变量时，C#会根据变量所声明的类型分配一块堆栈存储区域给这个变量，然后对这个变量的读写就直接在这块内存区域进行。值类型包括简单类型(bool、int、double 等)、结构类型和枚举类型。

上述有关值类型变量间赋值的代码解析如下：

```
int  num1=139; //为 num1 分配一个 4 字节的存储区域，并将 139 存入这个存储区域
int num2=num1; //为 num2 分配一个 4 字节的存储区域，并将 num1 的值复制后存入这个存储
               //区域
num2=100;      //将 100 存入 num2 对应的存储区域
```

值类型变量间的赋值，赋的是变量值，赋值运算符两边的 num1 和 num2 是两个不同的存储区域，改变 num2 的值不会影响 num1，如图 5.13 所示。

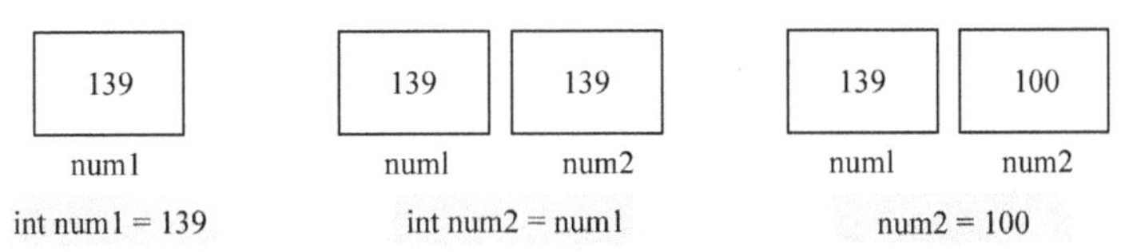

图 5.13 值类型变量间的赋值

2) 引用类型

引用类型变量存储的不是它所代表的实际数据，而是该实际数据的引用(地址)。创建一个

引用类型变量，首先在堆栈内创建一个引用变量，然后在堆内分配一块存储区域来存储对象本身，再把对象在堆内的存储区域首地址赋值给引用变量。引用类型变量通常称为对象。引用类型包括类、接口、数组、委托和 string 等。

上述有关引用类型变量间赋值的代码解析如下：

```
Number num1 = new Number(); //创建并实例化一个引用变量 num1
num1.Value = 139;          //为 num1 的成员 Value 赋值为 139
Number num2 = num1; //创建一个引用变量 num2，令 num2 指向 num1 所引用的对象，
                           //两者共同引用一个对象
num2.Value = 100;          //修改 num2 的成员值为 100，由于 num2 和 num1 共同引用一个
                           //对象，其实就是修改 num1 的成员
```

引用类型变量的赋值只赋值对象的引用，而不复制对象本身。变量 num1 和 num2 共同引用一个对象，对其中任何一个做修改，另一个都会随之改变，如图 5.14 所示。

注意： 引用类型变量的值与引用类型变量所引用的对象的区别是，引用类型变量的值是一个地址，引用类型变量所引用的对象是该地址所指向的一个对象。

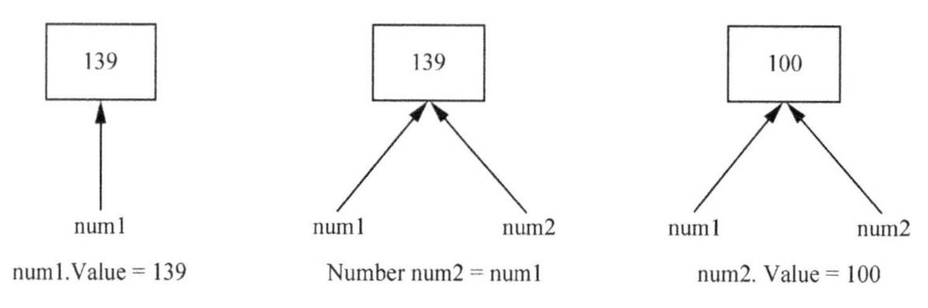

图 5.14　引用类型变量间的赋值

3) 对象做方法参数

因为 C#的数据类型分为值类型和引用类型，传递参数的方式有传值方式和传引用方式，组合一下 C#传递参数即有 4 种情况：值类型按传值方式传递、值类型按传引用方式传递、引用类型按传值方式传递、引用类型按传引用方式传递。前两种关于值类型的传递已经在第 4 章学习过，引用类型按传值方式传递已在案例 Example5_4 中初步接触，现在通过扩充案例 Example5_4 来进一步学习引用类型参数的传递，把引用类型按传值方式传递与引用类型按传引用方式传递的情况进行对比。

把案例 Example5_4 中的 Program 类修改如下，代码的其余部分保持不变：

```
class Program
{
    static void Main(string[] args)
    {
        Console.Write("请输入半径:");
        double r = double.Parse(Console.ReadLine());
        Circle circle1 = new Circle(r);
        Console.Write("第{0}个圆信息: ", Circle.Count);
        Console.Write("半径:{0}  ", circle1.Radius);
        Console.Write("面积:{0}  ", circle1.Area());
        Console.WriteLine("周长:{0}", circle1.Perimeter());
        Console.WriteLine();
        Console.Write("请输入半径扩大倍数:");
```

```
        double x = double.Parse(Console.ReadLine());
        ScaleUp(circle1, x);    //调用扩大圆的方法，以传值方式传递对象
        Console.WriteLine("调用传值方式的 ScalUp 方法之后：");
        Console.Write("圆扩大后:");
        Console.Write("半径:{0}  ", circle1.Radius);
        Console.Write("面积:{0}  ", circle1.Area());
        Console.WriteLine("周长:{0}", circle1.Perimeter());
        Console.WriteLine();
        Circle circle2 = circle1;
        Console.Write("请输入半径扩大倍数:");
        x = double.Parse(Console.ReadLine());
        ScaleUp(ref circle2, x);    //调用扩大圆的方法，以传引用方式传递对象
        Console.WriteLine("调用带 ref 参数的 ScalUp 方法之后：");
        Console.Write("圆扩大后:");
        Console.Write("半径:{0}  ", circle2.Radius);
        Console.Write("面积:{0}  ", circle2.Area());
        Console.WriteLine("周长:{0}", circle2.Perimeter());
        Console.WriteLine();
        Console.ReadLine();
    }
    //创建一个对象并返回，返回值为对象
    static Circle CreatCircle(double r)
    {
        Console.WriteLine("*由方法创建一个对象并返回*");
        Circle c = new Circle(r);
        return c;
    }
    //扩大圆的方法，以传值方式传递对象，传递的是对象引用(地址)
    static void ScaleUp(Circle c, double x)
    {
        Circle cc = new Circle(3.5);
        c=cc;
        c.Radius = c.Radius * x;
        Console.WriteLine("在传值方式的 ScalUp 方法内部：");
        Console.Write("圆扩大后:");
        Console.Write("半径:{0}  ", c.Radius);
        Console.Write("面积:{0}  ", c.Area());
        Console.WriteLine("周长:{0}", c.Perimeter());
        Console.WriteLine();
    }
    //扩大圆的方法，以传引用方式传递对象
    static void ScaleUp(ref Circle c, double x)
    {
        Circle cc = new Circle(3.5);
        c = cc;
        c.Radius = c.Radius * x;
    }
}//end of class Program
```

程序运行结果如图 5.15 所示。

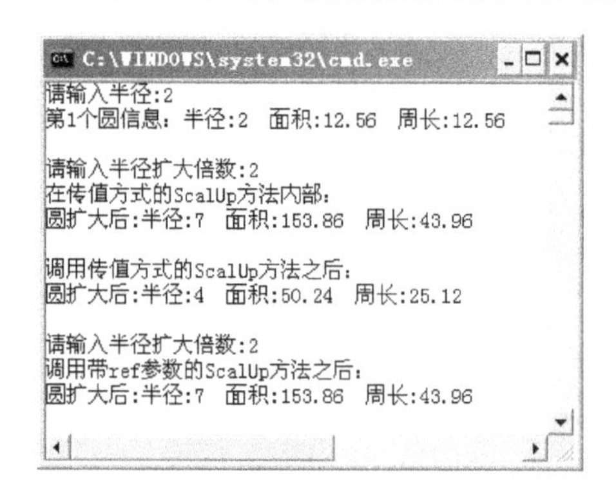

图 5.15 程序运行结果示意

结合运行结果，观察“static void ScaleUp(Circle c, double x)”方法，对象以传值方式传递，相当于两个引用类型变量进行赋值，传递的是对象的引用(地址)，形参 c 和实参 circle1 共同引用同一个对象(同一块内存区域)。因此，形参的改变直接影响实参。在该方法中，第一个“c.Radius = c.Radius * x;”语句直接把实参 circle1 的半径扩大 2 倍(半径变为 4)，然而执行“Circle cc = new Circle(3.5);”之后，形参 c 改成引用新的对象 cc，而不再与 circle1 共同引用同一个对象，因此，这个语句之后形参 c 的一切改变都不再影响实参 circle1。在值传递方式下，如果在方法内部对形参重新进行实例化，不会影响实参。

观察“static void ScaleUp(ref Circle c, double x)”方法，ref 修饰符说明对象以传引用方式传递，传递的是引用类型变量本身的堆栈地址，那么在方法内部重新创建新对象(圆 cc)，能直接影响实参，令实参 circle2 也引用了新创建的对象(圆 cc)，而不再引用原来的 circle1。

5.6 类与对象综合举例

5.6.1 案例说明

【案例简介】

由于互联网和物流行业的快速发展，甜品的实体销售逐渐向在线销售市场发展，一个电子商务团队意欲开发一个专卖甜品的商务网站——Leisure-Time 在线甜品销售网，以满足同城各个年龄层喜爱甜品的人士需求。Leisure-Time 在线甜品销售网是一个全程的订购系统，实现在线商品浏览、搜索、订购、支付、派发快递单等功能，采用.NET Framework+数据库作为开发工具。

开发该网站需要设计多个类，以方便与数据库中的数据表相对应，如甜品类、购物车类、收藏夹类、订单类、订单明细类、用户类等。这里以甜品类为例，为网站设计一个甜品类 Dessert 来抽象概况甜品的特征和行为，开发者根据市场调研与分析确定了甜品对象的主要特征和行为，网页上甜品的描述信息如图 5.16 所示，甜品对象见表 5-2。

要求：设计一个甜品类 Dessert；为新设计的 Dessert 类设计一个测试类，创建若干甜品对象，并调用对象的属性和方法，测试所设计的类；在测试类 Program 中编写一个方法以实现根据给定折扣为对象计算促销价、根据指定特价设置促销价。

图 5.16　网站浏览页显示的甜品信息

表 5-2　甜品对象的属性和行为

特征	字段名	行为	方法名
名称	Name	构造函数(无参)	Dessert
小图片	smallPicture	构造函数(有参)	Dessert
大图片	bigPicture	显示详情	Display
尺寸	Size		
价格	Price		
详细描述	Description		
人气	Popularity		
上架时间	OnShelfDate		
是否热卖	IsHot		
促销价	PromotionalPrice		

案例运行结果如图 5.17 所示。

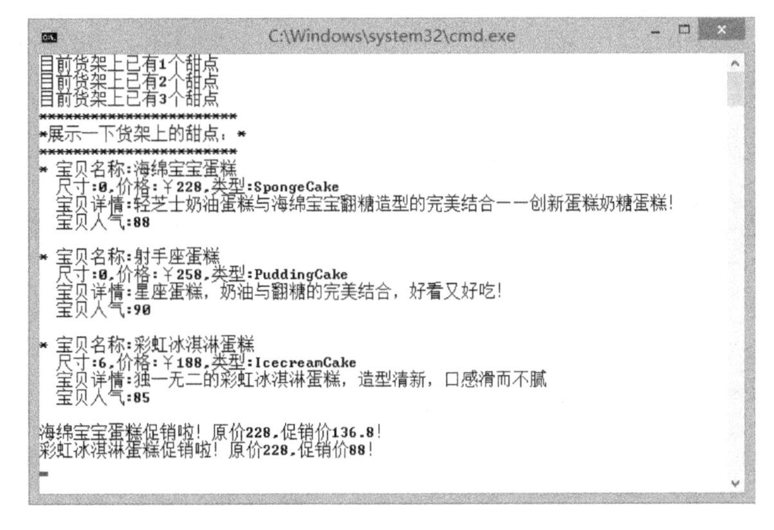

图 5.17　综合示例运行效果图

【案例目的】

(1) 初步掌握根据实际需求准确获取实体、抽象出实体的共同特征和行为，设计类的模型。

(2) 巩固类的定义与对象的创建。

(3) 进一步掌握对象的使用。

(4) 进一步掌握对象作为方法参数在传值方式下的用法。

(5) 进一步掌握方法重载的用法。

【技术要点】

(1) 根据实际需求设计类的模型。

(2) 根据类的模型定义类。

(3) 对象作为方法参数的用法。

(4) 方法重载的用法。

5.6.2 代码及分析

DessertType.cs 文件代码如下：

```
namespace Example5_5
{
    public enum DessertType
    {
       //海绵蛋糕(SpongeCake)戚风蛋糕(ChiffonCake)布丁蛋糕(PuddingCake)
       //慕思蛋糕(MousseCake)天使蛋糕(AngelFoodCake)
       //面糊类蛋糕(BattertypeCake)冰激凌蛋糕(IcecreamCake)
        SpongeCake,
        ChiffonCake,
        PuddingCake,
        MousseCake,
        AngelFoodCake,
        BattertypeCake,
        IcecreamCake
    }
}
```

Dessert.cs 文件代码如下：

```
namespace Example5_5
{
    class Dessert
    {
        string name;//名称
        public string Name
        {
            get { return name; }
            set { name = value; }
        }
        string smallPicture;//小图片
        public string SmallPicture
        {
            get { return smallPicture; }
            set { smallPicture = value; }
```

```
    }
    string bigPicture;//大图片
    public string BigPicture
    {
        get { return bigPicture; }
        set { bigPicture = value; }
    }
    int size;//尺寸
    public int Size
    {
        get { return size; }
        set { size = value; }
    }
    float price;//价格(原价)
    public float Price
    {
        get { return price; }
        set { price = value; }
    }
    string description;//详细描述
    public string Description
    {
        get { return description; }
        set { description = value; }
    }
    DessertType type;//类型
    public DessertType Type
    {
        get { return type; }
        set { type = value; }
    }
    int popularity;//人气
    public int Popularity
    {
        get { return popularity; }
        set { popularity = value; }
    }
    DateTime onShelfDate;//上架时间
    public DateTime OnShelfDate
    {
        get { return onShelfDate; }
        set { onShelfDate = value; }
    }
    bool isHot;//是否热卖
    public bool IsHot
    {
        get { return isHot; }
        set { isHot = value; }
    }
    float promotionalPrice;//促销价
    public float PromotionalPrice
    {
```

```
            get { return promotionalPrice; }
            set { promotionalPrice = value; }
        }
        static int count=0;//数量
        public static int Count
        {
            get { return Dessert.count; }
            set { Dessert.count = value; }
        }
        public Dessert()//无参构造函数
        {
            count++;//当前甜品对象数增一
        }
        public Dessert(string name, string smallPicture, string bigPicture,
    int size,float price,string description, int popularity,
    DessertType type)//带参构造函数
        {
            this.Name = name;
            this.SmallPicture = smallPicture;
            this.BigPicture = bigPicture;
            this.Price = price;
            this.Description = description;
            this.Popularity = popularity;
            this.Type = type;
            this.OnShelfDate = DateTime.Today;
            this.isHot = false;//甜品默认状态为非热卖
            this.PromotionalPrice = price;//甜品促销价默认状态为原价
            count++;//当前甜品对象数增一
        }
        public void Display()
        {
            Console.WriteLine("* 宝贝名称:{0}", Name);
            Console.WriteLine("  尺寸:{0},价格:￥{1},类型:{2}", Size, Price,
Type);
            Console.WriteLine("  宝贝详情:{0}", Description);
            Console.WriteLine("  宝贝人气:{0}", Popularity);
            Console.WriteLine();
        }
    }
}
```

Program.cs 文件代码如下：

```
namespace Example5_5
{
    class Program
    {
        static void Main(string[] args)
        {
            Dessert spongebobCake = new Dessert("海绵宝宝蛋糕",
            "spongebobCake_s.jpg", "spongebobCake_b.jpg", 6,228.0F,
            "轻芝士奶油蛋糕与海绵宝宝翻糖造型的完美结合——创新蛋糕奶糖蛋糕！"
```

```
            ,88,DessertType.SpongeCake);
            Console.WriteLine("目前货架上已有{0}个甜点", Dessert.Count);
            Dessert sagittariusCake = new Dessert("射手座蛋糕",
            "sagittariusCake_s.jpg","sagittariusCake_b.jpg",8,258.0F,
            "星座蛋糕，奶油与翻糖的完美结合，好看又好吃！", 90,
            DessertType.PuddingCake);
            Console.WriteLine("目前货架上已有{0}个甜点", Dessert.Count);
            Dessert rainbowIcesreamcake = new Dessert();
            Console.WriteLine("目前货架上已有{0}个甜点", Dessert.Count);
            rainbowIcesreamcake.Name="彩虹冰淇淋蛋糕";
            rainbowIcesreamcake.SmallPicture="rainbowIcesreamcake_s.jpg";
            rainbowIcesreamcake.BigPicture="rainbowIcesreamcake_b.jpg";
            rainbowIcesreamcake.Size = 6;
            rainbowIcesreamcake.Price=188.0F;
            rainbowIcesreamcake.Description="独一无二的彩虹冰淇淋蛋糕，造型清
            新，口感滑而不腻";
            rainbowIcesreamcake.Popularity= 85;
            rainbowIcesreamcake.Type= DessertType.IcecreamCake;
            Array cakes=new Dessert[]{spongebobCake,sagittariusCake,
            rainbowIcesreamcake};
            Console.WriteLine("**********************");
            Console.WriteLine("*展示一下货架上的甜点：*");
            Console.WriteLine("**********************");
            foreach(Dessert cake in cakes )
            {
                cake.Display();
            }
          SetPromotionalPrice(spongebobCake, 2);//海绵宝宝蛋糕按八折促销
            Console.WriteLine("海绵宝宝蛋糕促销啦！原价{0},促销价{1}！",
                spongebobCake.Price,spongebobCake.PromotionalPrice);
            //彩虹冰淇淋蛋糕按特价促销
            SetPromotionalPrice(spongebobCake, 128.8F);
            Console.WriteLine("彩虹冰淇淋蛋糕促销啦！原价{0},促销价{1}！",
                spongebobCake.Price, spongebobCake.PromotionalPrice);
            Console.Read();
        }
        static public void SetPromotionalPrice(Dessert dessert,int
        discount)//按原价的某个折扣计算促销价,方法重载
        {
            dessert.PromotionalPrice = dessert.Price * (1 - discount / 10);
        }
        static public void SetPromotionalPrice(Dessert dessert,float
newPrice)//按指定价格设置促销价,方法重载
        {
            dessert.PromotionalPrice = newPrice;
        }
    }
}
```

代码分析：

(1) 添加新项的步骤。

本次案例，按照常规软件项目设计做法，把代码分文件编辑与保存，DessertType.cs 文件

为“甜品类型”枚举类型代码，Dessert.cs 文件为“甜品类”代码，Program.cs 文件为测试类代码。

为解决方案创建新项的两个步骤分别如图 5.18 和图 5.19 所示。先在“解决方案”上右击，在弹出的快捷菜单中选择【添加】，然后在弹出的下一级快捷菜单中选择【类】，再进入图 5.19 所示窗口。在这个窗口，选择【类】作为新项类型，接着“名称”栏输入类文件名，然后单击【添加】按钮。

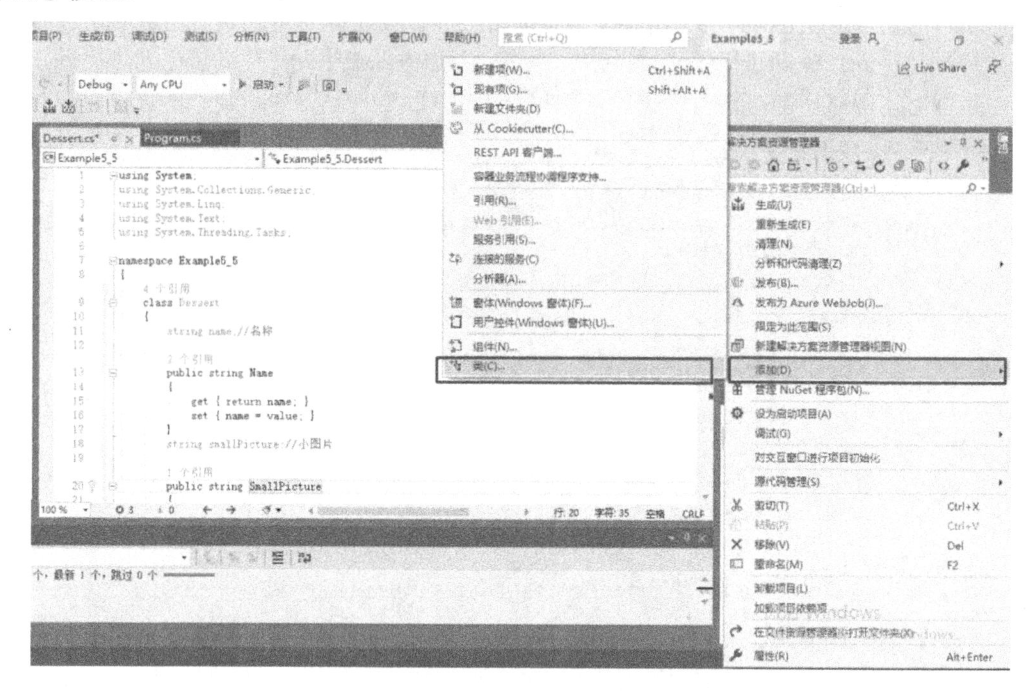

图 5.18　添加新项第一步

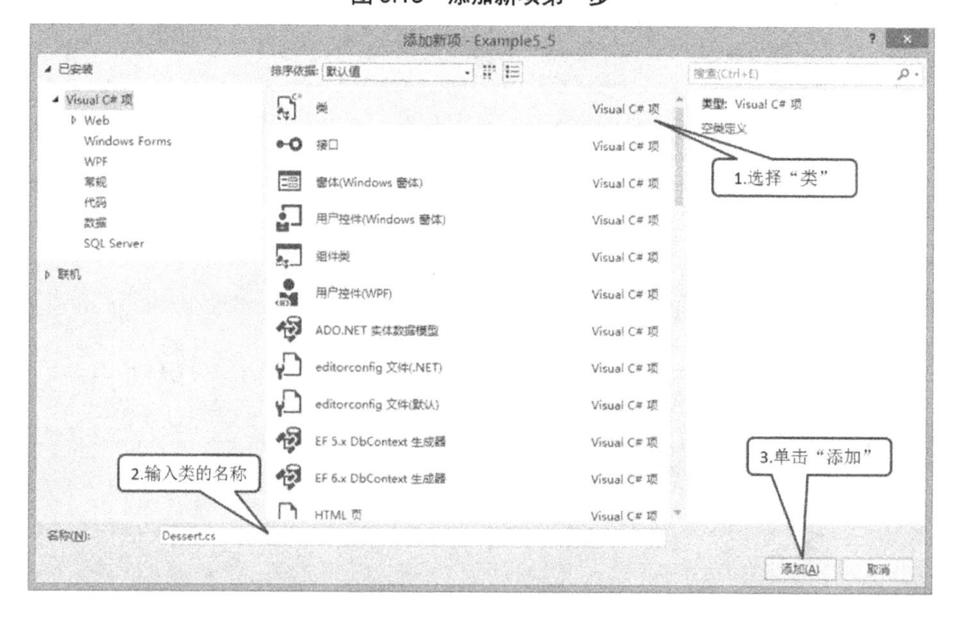

图 5.19　添加新项第二步

(2) 类的设计思路。

由市场调研和用户需求分析得知，该网站中的甜品对象从以下几个方面进行描述：名称Name、小图片SmallPicture、大图片BigPicture、尺寸Size、价格Price、详细描述Description、人气Popularity、上架时间OnShelfDate、是否热卖IsHot、促销价PromotionalPrice等。由于甜品订购是先下单后制作，所以不需要设置描述甜品数量的属性，但为了让读者进一步掌握静态字段和静态属性的用法，这里特意为甜品类添置了一个数量count用来表示甜品类的当前所有对象数量的静态字段，而并非某个甜品对象的库存数量，应注意分辨。在Program类的Main()方法中也特意添加对静态属性的调用。

(3) 关于甜点类型DessertType。

本案例的“甜点类型”是一个自定义类型，使用了枚举类型进行设计，这样的设计使程序员不容易在赋值时因为超出取值范围而出错，而且当类型有变化时方便扩展。相关代码如下：

```
    public enum DessertType
    {
        SpongeCake,
        ChiffonCake,
        PuddingCake,
        MousseCake,
        AngelFoodCake,
        BattertypeCake,
        IcecreamCake
    }
}
```

(4) 关于甜点类Dessert。

① Dessert类的属性：包含11个实例属性和1个静态属性。其中的名称Name、小图片SmallPicture、大图片BigPicture、尺寸Size、价格Price、详细描述Description是甜点本身的固有属性；人气属性Popularity表示甜点的受欢迎程度和畅销程度，网站上常有把商品按人气排行，因此本案例将其作为甜点类的一个属性设置；而上架时间OnShelfDate、是否热卖IsHot、促销价PromotionalPrice这3个属性是根据在线销售实际情况而设置的。

② Dessert类的构造函数：包含一个无参构造函数和一个带参构造函数，两个构造函数中都设置了表示对象增加的语句，如下：

```
            count++;//当前甜品对象数增一
```

其中带参构造函数方便用户在创建对象时直接赋予对象初始值。上架时间OnShelfDate、是否热卖IsHot、促销价PromotionalPrice这3个属性没有在带参构造函数中进行初始值设置，原因是它们往往有默认值或由后台操作人员另外设置，代码如下：

```
            this.OnShelfDate = DateTime.Today;
            this.isHot = false;//甜品默认状态为非热卖
            this.PromotionalPrice = price;//甜品促销价默认状态为原价
```

③ Dessert类的方法：为了方便测试，特意在Dessert类中设计一个显示对象信息的方法Display，它不是必要的内容，读者在实际操作时可根据实际需求而决定是否设计这个方法。

(5) 关于测试类Program。

① 根据案例中要求“为新设计的Dessert类设计一个测试类，创建若干甜品对象，并调用

对象的属性和方法，测试所设计的类”，Main 方法中设计一个一个数组用于存放创建的类，并通过遍历数组来显示所有的甜点对象信息，代码如下：

```
            Array cakes=new Dessert[]{spongebobCake,sagittariusCake,
rainbowIcesreamcake};
            Console.WriteLine("**********************");
            Console.WriteLine("*展示一下货架上的甜点：*");
            Console.WriteLine("**********************");
            foreach(Dessert cake in cakes )
            {
                cake.Display();
            }
```

② 根据案例中要求“在测试类 Program 中编写一个方法以实现根据给定折扣为对象计算促销价、根据指定特价设置促销价”，Dessert 类用了重载的方法来完成，代码如下：

```
          SetPromotionalPrice(spongebobCake, 2);//海绵宝宝蛋糕按八折促销
            Console.WriteLine("海绵宝宝蛋糕促销啦！原价{0},促销价{1}！",
                spongebobCake.Price,spongebobCake.PromotionalPrice);
            //彩虹冰淇淋蛋糕按特价促销
            SetPromotionalPrice(spongebobCake, 128.8F);
            Console.WriteLine("彩虹冰淇淋蛋糕促销啦！原价{0},促销价{1}！",
                spongebobCake.Price, spongebobCake.PromotionalPrice);
            Console.Read();
        }
        static public void SetPromotionalPrice(Dessert dessert,int
        discount)//按原价的某个折扣计算促销价,方法重载
        {
            dessert.PromotionalPrice = dessert.Price * (1 - discount / 10);
        }
        static public void SetPromotionalPrice(Dessert dessert,float
        newPrice)//按指定价格设置促销价,方法重载
        {
            dessert.PromotionalPrice = newPrice;
        }
```

5.7 本 章 小 结

本章系统地介绍了面向对象编程的基本概念、类的定义与使用、对象的声明与使用，以及对象作为方法参数、方法的返回值等知识点。本章还介绍了 6 个实训点：自定义一个类(包括实例字段、方法、属性)；定义类的静态成员；定义类的构造函数(包括实例构造函数和静态构造函数)；定义类的析构函数；对象作为方法参数在值传递方式和引用传递方式下进行参数传递；自定义类中的方法重载。本章的 5.6 节紧密结合实际应用，通过一个实际案例，引领读者由实际的市场调研和用户需求出发来分析并设计一个类。

通过本章学习，读者能够达到根据实际问题建立类的模型、自定义一个类，并能使用自定义类创建与使用对象的能力目标。

5.8 习　　题

1. 填空题

(1) 在 C#程序中，必须用__________来组织程序的变量与方法，即变量与方法必须放在它内部。

(2) 属性的 get 和 set 访问器并非都是必须的，如果只有 get 访问器，该属性只可以__________，不可以__________；如果只有 set 访问器，该属性只能__________，不能__________；两个都有表示可读写。

(3) 在声明字段时添加了__________修饰符，该字段就成为静态字段。静态字段用于存储一些属于某个类的全部对象的信息，它是被类的全体对象共享的数据。不管一个类有多少个实例，其静态字段在内存中有__________备份。静态字段由来__________调用，实例字段由__________来调用。

(4) 类的__________在对象实例化时由系统调用，用于初始化对象。类的__________在对象消亡时调用，用于做一些清理工作并释放对象所占用的内存。

2. 选择题

(1) 下面不是面向对象的特点的是(　　)。

A．封装　　B．抽象　　C．多态　　D．不可继承

(2) 类的成员有指定的访问权限，如果希望声明的某个成员只能在本类内部使用，应该采用(　　)修饰符。

A．public　　B．private　　C．protected　　D．static

(3) 下面不是构造函数的特点的是(　　)。

A．构造函数名与类名相同

B．构造函数没有返回值，函数头部要写上 void

C．构造函数在实例化对象时由系统调用

D．实例构造函数可以重载

(4) 下面不是析构函数的特点的是(　　)。

A．析构函数的名称与类名相同，在类名前加“～”

B．析构函数没有返回值，也不能声明为 void

C．析构函数也是类的成员函数

D．析构函数可以重载

(5) 在同一个 C#程序中，对于这段代码，下列描述正确的是(　　)。

```
class Course
{
    private string name;
    public int Teacher;
}
class Student
{
    private void Study()
```

```
        {
            int hours;
        }
        public void Play()
        { //… }
    }
```

A．Study 方法可以访问变量 Teacher　　B．Study 方法可以访问变量 name

C．Play 方法可以访问变量 hours　　D．Play 方法可以访问变量 name

(6) 在 C#中，下面关于静态方法和实例方法描述错误的是(　　)。

A．静态方法使用类名调用，实例方法需要使用类的实例来调用

B．静态方法使用 static 关键字修饰

C．实例方法使用 static 关键字修饰

D．静态方法调用前初始化，实例方法实例化对象时初始化

3．简答题

(1) 简述类与对象的关系。

(2) 简述属性与字段的区别、属性与方法的区别。

(3) 值类型与引用类型在一般赋值时有什么不同？值类型与引用类型在做函数参数时有什么不同？在传值方式下(即没有使用 ref 或 out 时)，它们默认传递的分别是什么，变量值还是引用(地址)？

4．操作题

(1) 定义一个时钟类，字段包括时、分、秒，能够设置时间和获取时间、显示时间。

(2) 生成一个 GZ 类表示工资，包括职工工号、姓名和当月工资，用静态数据成员 sds 表示职工的个人所得税占工资的比率，用 Salary 表示职工当月工资，提供一个静态方法 ModSsds，用于修改 sds，提供一个方法 CalSds，用于计算扣除个人所得税后的工资。

(3) 定义一个建筑物类 Building，字段包括地址、楼层数、竣工时间、所有者；方法包括设置和获取以上字段和显示类的各个字段信息。根据需要定义并使用建筑物类对象，输出各对象的信息，观察运行过程。要求：

① 定义字段、方法。

② 为各私有字段添加相应的属性，另外再添加一个表示房龄的 Age 属性。

③ 添加实例构造函数(考虑重载)、析构函数。

④ 添加一个表示建筑物对象数量的字段 count，并添加对应的属性、静态构造函数。

(4) 针对操作题第 3 题中选择的类(如 Building 类)，在 Main()方法所在的类中分别编写两个方法，两个方法都以 Building 类的对象作为参数，方法头部如下所示。

public static void Fun1(Building bd)，功能是把对象楼层改为“12 层”。

public static void Fun2(ref Building bd)，功能是把形参对象重新实例化为“地址是温州职业技术学院图书馆大楼，楼层为 9 层，所有者为温州职业技术学院，竣工时间为当前日期”。

建筑物类输出结果如图 5.20 所示。

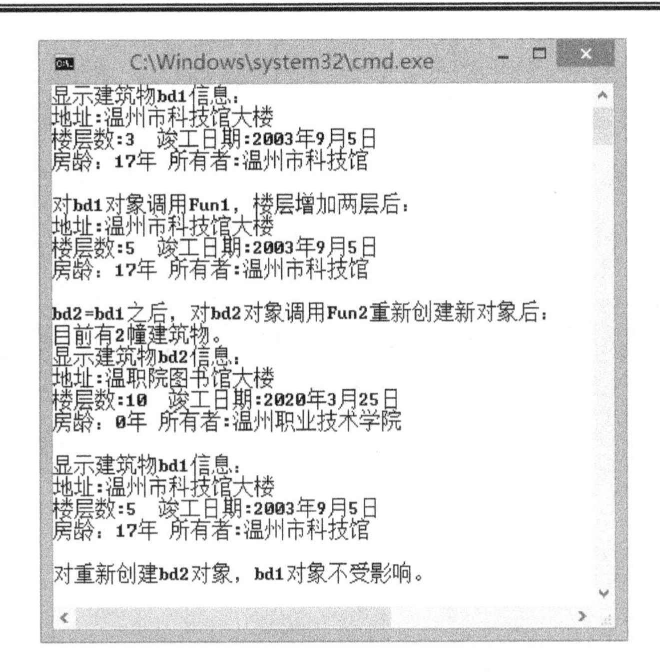

图 5.20　建筑物类输出结果参考

第6章 数组和索引器

教学目标

(1) 掌握一维数组的定义和使用。

(2) 掌握多维数组的声明、创建及使用。

(3) 理解索引器的定义与使用，了解索引器与属性的区别。

教学要求

知识要点	能力要求	相关知识
一维数组的声明与使用	熟练掌握	排序、foreach
二维数组的声明与使用	熟练掌握	利用二维数组存储和处理矩阵
对象数组的应用	掌握	排序及矩阵的处理
索引器的定义及使用	理解	对象数组与索引器区别及应用

6.1 一维数组的声明、创建与初始化

6.1.1 案例说明

【案例简介】

编写程序，从键盘上输入 10 名学生的成绩，要求计算出这些学生的平均分、大于平均分的人数和小于平均分的人数。

【案例目的】

(1) 引入自定义数据类型——数组。

(2) 数组的概念。

(3) 掌握一维数组的声明、创建及使用。

【技术要点】

(1) 新建控制台程序，添加相关代码。

(2) 引入数组的使用。

(3) 使用面向对象思想编程。

(4) 按 Ctrl+F5 组合键编译并运行应用程序，输出结果。

6.1.2 代码及分析

```
namespace Example6_1
{
    class StudentScore
    {
        public double[] score; //定义 score 数组，用于存放学生成绩
        public StudentScore(int n)  //构造函数
        {
            score= new double[n]; //实例化 score 数组
            Console.Write("请输入{0}个学生的成绩\n", n);
            for (int i = 0; i < n ; i++)
            {
                Console.Write("输入第" + (i + 1) + "个学生的成绩:");
                score[i] = double.Parse(Console.ReadLine());
            }
        }
        public double Average //定义属性 Average，用于得到数组的平均数
        {
            get
            {
              private double temp=0;
               for (int i = 0; i < score.Length; i++)
                   temp += score[i];
               return (temp/score.Length);
            }
        }
        }
```

```
    class Program
    {
        static void Main(string[] args)
        {
            StudentScore sscore = new StudentScore(10); //构造函数实例化对象
            int L_avg = 0, S_avg = 0, i;//L_avg 存放大于平均分人数, S_avg 小于平均
分的人数
            double average = sscore.Average; //利用 Average 属性得到平均分
            for (i = 0; i < sscore.score.Length; i++)
            {//循环取出数组中每一个元素与 average 进行比较，并计数
                if (sscore.score[i] >= average)
                    L_avg += 1;
                else
                    S_avg += 1;
            }
            Console.WriteLine("{0}个学生的平均分是{1}", sscore.score.Length,
                average);
            Console.WriteLine("大于平均分的有{0}个; \n 小于平均分的有{1}个",
                L_avg, S_avg);
            Console.Read();
        }
    }
}
```

程序运行结果如图 6.1 所示。

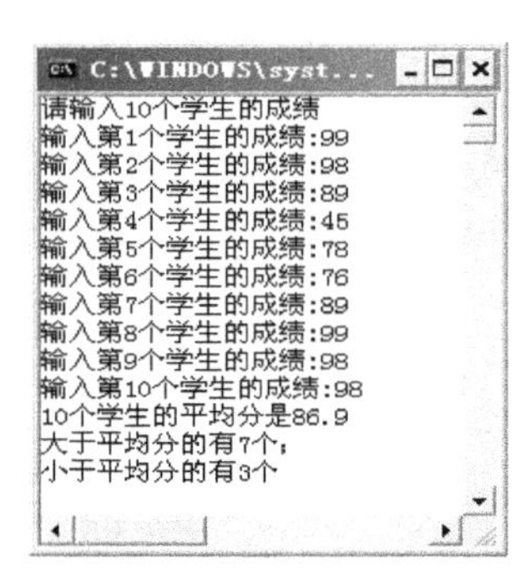

图 6.1　程序 Example6_1 运行结果

程序分析：

从程序中可以看出，10 个成绩存储在一个名称相同、下标不同的结构中，通过循环可以方便地访问其中每一个值，这为用户提供了较大的方便。

数组是一种简单却功能强大的编程语言结构，用于分组和组织数据。在编写管理大量信息(如成千上万个学生成绩)的程序时，为每一个数据声明一个独立的变量是不现实的，但数组可以通过声明一个变量来保存多个可以单独访问的值，从而解决复杂问题。

6.1.3　相关知识及注意事项

数组是值的列表，每个值存储在数组中特定编号的位置。每个位置对应的编号称为索引(index)或者下标(subscript)。图 6.2 显示了一个包含数值且名为 Score 的数组及每个位置对应的索引。数组的名称为 Score，它包含 10 个学生的成绩。值得注意的是，在 C#中数组的索引通

常从 0 开始，如图 6.2 所示的数组中有 10 个值，索引从 0～9，所以存储在索引为 5 的值实际上是数组中的第 6 个值，即 Score[5]为 76。

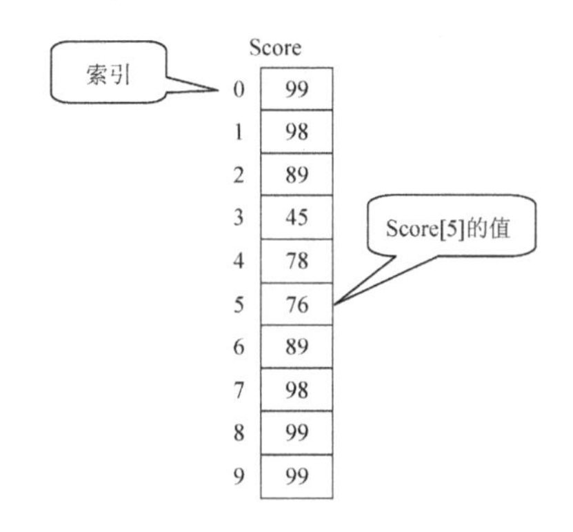

图 6.2　数组结构

在 C#中，数组是定义基类 System.Array 的对象。要创建一个数组，首先声明数组的引用，然后使用 new 运算符初始化数组(它为存储值分配存储空间)。如创建图 6.2 所显示的数组 Score，代码为：

```
double[ ] Score = new double[10];
```

其中，double 为数组类型，Score 为数组名，数组大小为 10。在数组中存储的所有值都有同样的类型(或者至少是兼容的)。例如可以创建一个保存整型的数组或者一个保存字符串的数组，但是不能创建既保存整型又保存字符串的数组。可以通过建立数组来保存基本类型或对象(类)类型的值。数组中的每个分量称为数组元素(array element)，数组元素类型即为数组定义类型。

1. 数组的声明

一个数组就是一组类型相同的变量的集合。一个数组元素就相当于一个变量，可通过数组名加位置的方式来引用它。数组必须先声明后使用。在 C#中，声明数组的形式为：

```
类型[] 数组名;
```

例如：

```
double[ ] Score; //声明 double 型数组引用
int[ ] arr1,arr2; //声明 int 型数组 arr1,arr2
```

注意：

(1) 数组类型和数组名之间要加上“[]”。

(2) 声明一个数组时不可指定数组长度(数组长度可以在对数组实例化时指定)。

2. 创建数组对象

创建数组就是给数组对象分配内存。由于数组是基于类的，声明一个类所使用的规则同样地也适合于数组。例如，当声明一个数组变量时，实际上没立刻分配空间，而是在使用 new 实例化时才真正地创建数组并分配空间。数组的声明与创建有以下 3 种方式。

(1) 声明数组，然后创建数组对象。

```
类型[ ] 数组名;
```

```
数组名=new 类型[元素个数];
```

例如:

```
double[ ] Score;          //声明数组引用
Score=new double[10];   //创建具有10个元素的数组
```

(2) 声明数组的同时创建数组对象。

```
类型[ ] 数组名=new 类型[元素个数];
```

其中类型可以是C#语言的各种数组类型。

注意: 如果在创建数组对象时没有对数组进行初始化,C#会自动地为数组元素进行初始化赋值,默认状态下的赋值为类型默认值。数值型默认值为0,字符串默认值为"\0",布尔型默认值为false,对象默认值为null。

例如:

```
int[ ] arr=new int[8];
```

说明: 声明和创建含8个元素的int型一维数组,下标是0~7,而且所有元素都被初始化为0。

(3) 使用new创建数组对象的同时,初始化数组所有元素。

```
类型[ ] 数组名=new 类型[ ]{初值表};或
类型[ ] 数组名={初值表};
```

例如:

```
int[ ] arr = new int[ ]{1,2,3,4};或
int[ ] arr={1,2,3,4};
```

注意: 也可以分两步来创建数组并初始化。上面使用new运算符初始化时,并不一定要给出"[ ]"内的元素个数,因为C#在初始化数组时,默认为初值表中所有元素的个数,从而创建了有4个元素的数组。对初值表中的每一个元素必须用同一数据类型,而且要和保存该数组的变量的数据类型一样。

3. 访问数组元素

一个数组有值时,就可以像使用其他任何变量一样,使用存放在数组元素中的值;也可以使用一个元素作为一个条件测试的一部分;也可以抽取一个值在某一表达式中使用。一个变量(其一次只能保存一个值)和一个数组变量的不同在于,引用数组中的每个元素只抽取在一个特定元素中包含的数据。

(1) 访问方式。为获取在一个数组中保存的一个值,必须提供数组名和元素的序号(序号称为索引或是下标),形式为:

```
数组名[下标];
```

如上面arr中的元素分别为:arr[0]、arr[1]、arr[2]、arr[3]。

(2) 注意如下事项。

① 数组下标从零开始,最大下标为数组长度减1。

② 所有数组需在编译时检查是否在边界之内,在上例中,若有arr[5]将不能访问。

③ 可在用户程序中使用 Length 数据成员来测试数组长度，即 “数组名.Length”。

4. 改变数组元素

为把一个值赋给一个特定的数组元素，形式为：

```
数组名[下标]=值;
```

例如：

```
arr[1]=8; //此时数组中的值为1,8,3,4
```

5. 数组常用的方法

System.Array 类提供了许多方法，常用的方法有以下几种。

(1) Sort()：用于数组元素的排序方法。

(2) Clear()：将数组中某一范围的元素设置为 0 或 null。

(3) Clone()：将数组的内容复制到一个新数组的实体。

(4) GetLength()：返回某一维数组的长度。

(5) IndexOf()：返回数组值中符合指定的参数值，且是第一次出现。

6.2　一维数组的应用

6.2.1　案例说明

【案例简介】

本案例使用冒泡排序和选择排序分别对学生成绩进行排序。

【案例目的】

(1) 熟练掌握数组的定义。

(2) 熟练掌握数组元素赋值和遍历。

(3) 掌握两种排序算法。

【技术要点】

(1) 引用数组元素形式为 “数组名[下标]”。

(2) 两种排序算法的基本思想。

6.2.2　代码及分析

```
namespace Example6_2
{
    class Score
    {
        public double[] score = new double[10];
        public void Mp_sort() //冒泡排序(从低到高)
        {
            double temp; int i, j;
            for (i = 0; i < score.Length; i++) //score.Length返回数组的长度
                for (j = 0; j < score.Length - i - 1; j++)
                {
```

```
                if (score[j] > score[j + 1]) //相邻元素比较大小，看是否要互
                                              //换位置
                {
                    temp = score[j];
                    score[j] = score[j + 1];
                    score[j + 1] = temp;
                }
            }
        }
        public void Xz_sort() //选择排序(从低到高)
        {
            double temp;
            int i, j, sub_temp;
            for (i = 0; i < score.Length; i++)
            {
                sub_temp = i;
                for (j = i + 1; j < score.Length; j++) //让 sub_temp 保存待
                                                        //排序中最小元素的下标
                {
                    if (score[sub_temp] > score[j])
                        sub_temp = j;
                }
                if (sub_temp != i)
                {
                    temp = score[sub_temp];
                    score[sub_temp] = score[i];
                    score[i] = temp;
                }
            }
        }
        public void Print() //输出数组中的各元素的值
        {
            foreach (double x in score)
                Console.Write("{0},  ", x);
            Console.WriteLine();
        }
    }
    class Program
    {
        static void Main(string[] args)
        {
            Score s = new Score();//实例化一个 Score 对象 s
            s.score[0] = 77;
            s.score[1] = 98;
            s.score[2] = 88;
            s.score[3] = 93;
            s.score[4] = 95;
            s.score[5] = 78;
            s.score[6] = 82;
            s.score[7] = 84;
            s.score[8] = 99;
            s.score[9] = 67;
```

```
            Console.Write("排序前数组元素为：");
            s.Print();
            s.Mp_sort(); //s.Xz_sort();换成此语句结果相同，但调用的是选择排序
            Console.Write("\n 排序后数组元素为：");
            s.Print();
            Console.ReadKey();
        }
    }
}
```

程序运行结果如图 6.3 所示。

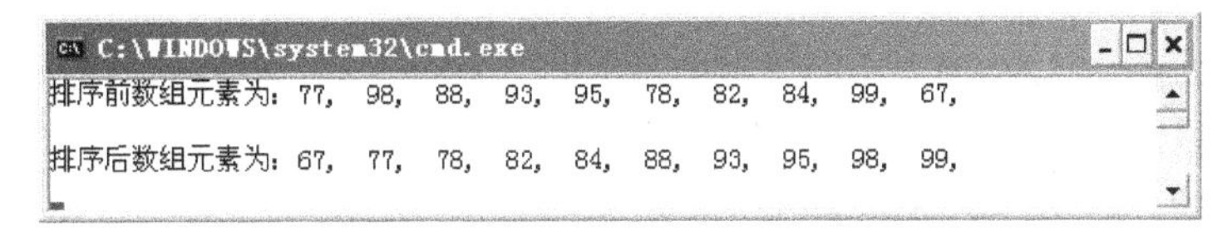

图 6.3　程序 Example6_2 运行结果

程序分析：

冒泡排序的基本思想：假设有 n 个数字的数列，要实现从小到大排序。首先将第一个数字和第二个数字进行比较，如果第一个数比第二个数大，则将两个数交换，再比较第二个数和第三个数，以此类推，直至第 n-1 个数和第 n 个数进行比较为止。上述过程称作第一趟冒泡排序，这样第一趟结束时第 n 个数就是所有数列中最大的数。然后进行第二趟排序，方法同第一趟排序，对前 n-1 个数进行同样的操作，其结果使得第二大的数安置到了第 n-1 个数的位置上。依此类推，直到第 n-1 趟。算法如下：

```
for (i = 0; i < score.Length; i++) //score.Length 返回数组的长度
    for (j = 0; j < score.Length - i - 1; j++)
    {
        if (score[j] > score[j + 1]) //相邻元素比较大小，看是否要互换位置
        {
            temp = score[j];
            score[j] = score[j + 1];
            score[j + 1] = temp;
        }
    }
```

冒泡排序示例如下。

初始的时候：　77 98 88 93 95 78 82 84 99 67

第一趟排序后：77 88 93 95 78 82 84 98 67 ***99***

第二趟排序后：77 88 93 78 82 84 95 67 ***98 99***

第三趟排序后：77 88 78 82 84 93 67 ***95 98 99***

第四趟排序后：77 78 82 84 88 67 ***93 95 98 99***

第五趟排序后：77 78 82 84 67 ***88 93 95 98 99***

第六趟排序后：77 78 82 67 ***84 88 93 95 98 99***

第七趟排序后：77 78 67 ***82 84 88 93 95 98 99***

第八趟排序后：77 67 ***78 82 84 88 93 95 98 99***

第九趟排序后：67 ***77 78 82 84 88 93 95 98 99***

注：每趟排序后斜体为已放到最终位置的。

选择排序的基本思想：把排序的序列分为已排序区域和待排序区域，初始已排序区为空，所有数据元素都在待排序区中。每一趟取出待排序的数据元素中最小(或最大)的一个元素，顺序放在已排好序的数列的最后(与待排序区中的第一个元素交换位置)，直到全部待排序的数据元素排完。选择排序示例如下。

初始的时候： 77 98 88 93 95 78 82 84 99 67

第一趟排序后：***67*** 98 88 93 95 78 82 84 99 77

第二趟排序后：***67 77*** 88 93 95 78 82 84 99 98

第三趟排序后：***67 77 78*** 93 95 88 82 84 99 98

第四趟排序后：***67 77 78 82*** 95 88 93 84 99 98

第五趟排序后：***67 77 78 82 84*** 88 93 95 99 98

第六趟排序后：***67 77 78 82 84 88*** 93 95 99 98

第七趟排序后：***67 77 78 82 84 88 93*** 95 99 98

第八趟排序后：***67 77 78 82 84 88 93 95*** 99 98

第九趟排序后：***67 77 78 82 84 88 93 95 98*** 99

注：斜体元素为已排序区，每趟排序找到待排序区中最小的元素和待排序区的第一个元素交换位置，有序区多一个元素，待排序区少一个元素。

6.2.3 相关知识及注意事项

前面对数组中元素进行遍历都是已知数组的长度，使用循环变量 *i* 来访问每一个数组元素。而对于不知道长度的数组要对其进行遍历时，需要先求出数组的长度。这里如果使用 foreach 将不需要求出数组长度。使用形式：

```
foreach(类型 变量名 in 表达式)
    嵌入语句
```

其中，in 为关键字，类型和变量名用于说明循环变量，表达式对应集合，每执行一次嵌入语句，循环变量就依次取出集合中的一个元素代入其中。

foreach 循环的执行过程：每次循环时，从集合中取出一个新的元素值，放到只读变量中去，括号中的整个表达式返回值为 true 就执行 foreach 块中的嵌入语句。一旦集合中的元素均已被访问，整个表达式的值为 false，就转到 foreach 循环后面的第一条可执行的语句。

注意：foreach 语句中的表达式必须是集合类型，若该集合的元素类型与循环变量类型不一致，必须有一个显示定义的从集合中元素类型到循环变量元素类型的显式转换。

例如：

```
int[ ] arr1=new int[ ]{1,2,3,4,5,6};
foreach(int i in arr1)
{
    Console.WriteLine("Value is{0}",i);
}
```

6.3　多维数组

6.3.1　案例说明

【案例简介】

对于图 6.4 中的 3×4 矩阵，要求找出它的最大值，并求出最大值所在的行列位置。

对于这个矩阵，要想让计算机处理，必须找到一种结构来存储它，前面学习了可以存放一个数据序列的一维数组，试想，如果把矩阵的每一行看作一个数组，那么这个 3×4 的矩阵，就可以看成是由 3 个包含 4 个元素的一维数组构成的数组，即所谓的二维数组。应当注意程序中是怎样使用二维数组的。

$$\begin{pmatrix} 4 & 6 & 19 & 5 \\ 1 & 8 & 11 & 3 \\ 2 & 7 & 32 & 9 \end{pmatrix}$$

图 6.4　3×4 矩阵

【案例目的】

(1) 用问题引入二维数组。

(2) 掌握二维数组的声明、创建和使用。

【技术要点】

(1) 新建控件台程序，添加相关代码。

(2) 多维数组的声明与使用。

(3) 二维数组的遍历，此案例中使用先行后列的方式。

(4) 按 Ctrl+F5 组合键编译并运行应用程序，输出结果。

6.3.2　代码及分析

```
namespace Example6_3
{
    class Program
    {
        public static void Print(int[,] arr)//用于输出二维数组
        {
            int i,j;
            for (i = 0; i < arr.GetLength(0); i++)
            {
                for (j = 0; j < arr.GetLength(1); j++)
                {
                    Console.Write("{0,3}", arr[i, j]);
                }
                Console.WriteLine();
            }
        }
        static void Main(string[] args)
        {   //声明并初始化二维数组
```

```
            int[,] Array = new int[3, 4] { { 4, 6, 19, 5 }, { 1, 8, 11, 3 },
            { 2, 7, 32, 9 } };
            int row = 0, colum = 0;
            int max = Array[0, 0];//默认第一个最大,0 行 0 列
            for (int i = 0; i < 3; i++)//先行后列逐个遍历矩阵中的每个元素，如大
                                         //于 max 则保存到 max,同时记下行列
                for (int j = 0; j < 4; j++)
                    if (Array[i, j] > max)
                    {
                        max = Array[i, j];
                        row = i;
                        colum = j;
                    }
            Console.WriteLine("矩阵内容如下：");
            Print(Array);
            Console.WriteLine("max={0},row={1},colun={2}", max, row, colum);
            Console.ReadKey();
        }
    }
}
```

程序运行结果如图 6.5 所示。

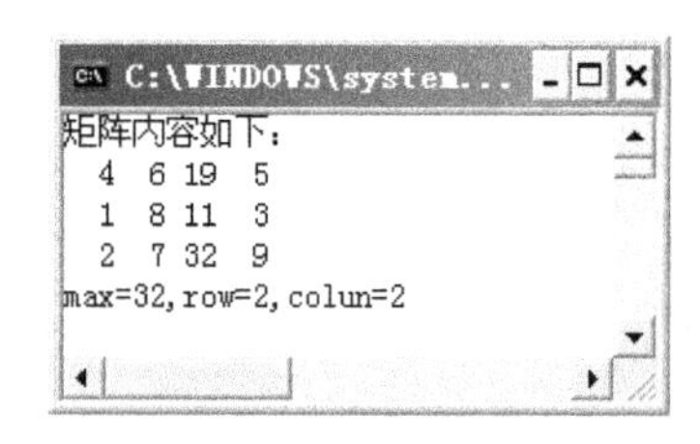

图 6.5　程序 Example6_3 运行结果

程序分析：

使用数组作为方法的参数。Print(int[,]　arr)方法中的 arr 是数组，此时会把数组中所有元素一起传递给形参。

程序最后“Console.ReadKey();”语句的作用是显示控制台窗口，等待用户再次输入。

6.3.3　相关知识及注意事项

多维数组就是维数大于 1 的数组，它把相关的数据存储在一起。例如，存储矩阵，可以同时存储人名和年龄。

多维数组也必须先创建再使用，其声明、创建方式和一维数组类似。

1．声明多维数组

声明形式为：

```
类型[, , …] 数组名;
```

C#数组的维数是计算逗号的个数再加 1 来确定的，即一个逗号就是二维数组，两个逗号就是三维数组。其余类推。

例如：

```
int[,] arr;      //声明一个二维数组arr
int[,,] arr1;    //声明一个三维数组arr1
```

2. 创建多维数组

(1) 声明时创建。

```
类型[, , …] 数组名=new 类型[表达式1,表达式2,…];
```

例如：

```
int[,] arr = new int[2,3];
int[,,]arr1 = new int[2,3,2];
```

(2) 先声明后创建。

```
类型[, , …] 数组名;
数组名= new 类型[表达式1,表达式2,…];
```

例如：

```
int[,] arr;
arr=new int[5,6];
```

3. 多维数组的初始化

多维数组的初始化与一维数组类似，可用下列任意一种形式进行初始化。

(1) 声明时创建数组对象，同时进行初始化。

```
类型[, , …] 数组名=new 类型[表达式1,表达式2,…]{初值表};
```

例如：

```
int[,] Array = new int[3, 4] { { 4, 6, 19, 5 }, { 1, 8, 11, 3 }, { 2, 7, 32, 9 } };
```

(2) 先声明多维数组，然后在创建对象时初始化。

```
类型[, , …] 数组名;
数组名=new 类型[表达式1,表达式2,…]{初值表};
```

例如：

```
int[,] Array;
Array = new int[3, 4] { { 4, 6, 19, 5 }, { 1, 8, 11, 3 }, { 2, 7, 32, 9 } };
```

4. 访问多维数组

访问多维数组的形式为：

```
数组名[下标1,下标2,…];
```

显然，如访问的是二维数组就为：

```
数组名[下标1,下标2];
```

例如，案例中的矩阵最大值 32 在第三行第三列，即为：

```
Array[2,2];
```

6.4 多维数组应用举例

6.4.1 案例说明

找出一个4×4矩阵的鞍点，输出它的位置。鞍点即为在行中最小而在列上最大，也可能没有鞍点。如下矩阵中下标1,1的值13即为鞍点。

$$\begin{bmatrix} 4 & 6 & 7 & 9 \\ 30 & 13 & 22 & 18 \\ 20 & 9 & 12 & 5 \\ 13 & 8 & 31 & 10 \end{bmatrix}$$

【案例目的】

(1) 掌握二维数组的应用。

(2) 掌握二维数组的声明、创建和使用。

(3) 二维数组的遍历。

(4) 理解鞍点的概念，设计算法。

【技术要点】

(1) 新建控件台程序，添加相关代码。

(2) 多维数组的声明与使用。

(3) 二维数组的遍历，此案例中使用先行后列的方式。

(4) 按Ctrl+F5组合键编译并运行应用程序，输出结果。

6.4.2 代码及分析

```
namespace Example6_4
{
    class Program
    {
        public static void PrintArr(int[,] arr) //输出二维数组内容函数
        {
            int i ,j;
            for (i = 0; i < arr.GetLength(0); i++)
            {
                for (j = 0; j < arr.GetLength(1); j++)
                    Console.Write("{0,3}", arr[i, j]);
                Console.WriteLine();
            }
        }
        static void Main(string[] args)
        {
            int[,] Array = new int[4, 4] {{4,6,7,9},{30,13,22,18},
                                  {20,9,12,5},{13,8,31,10}};
            int temp, row = 0, colum = 0, i, j,flag=1;
            PrintArr(Array);
            for (i = 0; i < Array.GetLength(0); i++)
            {
```

```
                temp=Array[i,0];
                row = i;
                colum = 0;
                flag = 1;
                for(j=0;j<Array.GetLength(1);j++) //找出当前行中最小值
                {
                    if (Array[i, j] < temp)
                    {
                        colum = j;
                        temp = Array[i, j];
                    }
                }
                //验证当前行中最小值，是否为该列的最大值
                for (j = 0; j < Array.GetLength(1); j++)
                {   //此列中如果出现比 temp 大的值，则停止比较，退出本次循环
                    if (temp < Array[j, colum])
                    {
                        flag = 0;
                        break;
                    }
                }
                if (flag == 1)
                {
                    Console.WriteLine("鞍点位置为：Array[{0},{1}],元素值为:{2}",
row, colum, temp);
                    break;
                }
            }
            Console.ReadKey();
        }
    }
}
```

程序运行结果如图 6.6 所示。

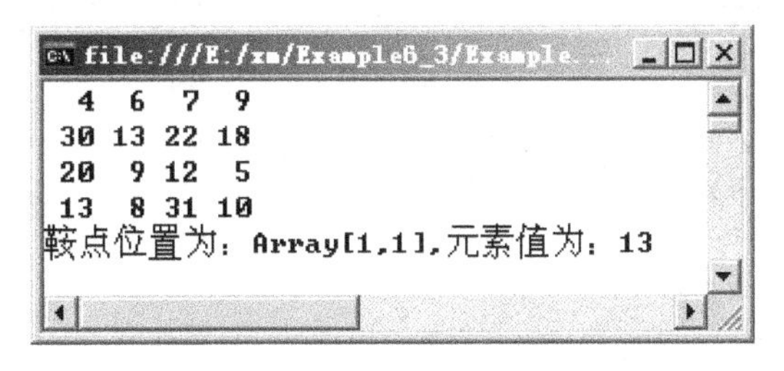

图 6.6　找鞍点程序结果

程序分析：

该程序用来找出矩阵的鞍点信息。所谓鞍点，就是一个元素是所在行中最小，所在列中最大。根据题目要求，分析程序实现步骤如下所述。

(1) 定义一个二维数组用来存放矩阵。

(2) 对数组中的每一行循环遍历找出该行中最小的元素。

(3) 在(2)找出当前行中最小的值，记录值和行列下标。

(4) 验证(3)找到的值是否为所在列中最大。如果不是最大，赋值 flag=0，退出循环。重复(3)(4)步。是最大执行(5)步。

(5) 判断 flag 为 1，输出马鞍点信息，退出循环。

6.5 对 象 数 组

6.5.1 案例说明

【案例简介】

本案例定义一个对象数组用来存放 Student 类对象，然后定义一个方法用来输出此数组中的对象信息。

【案例目的】

(1) 掌握对象数组的使用。

(2) 掌握数组作为方法参数使用。

【技术要点】

(1) DateTime 类的使用。

(2) 使用对象作为数组元素。

(3) 引用 System.Windows.Forms。

(4) MessageBox.Show()方法的使用。

6.5.2 代码及分析

```
namespace Example6_5
{
    public class Student  //定义学生类
    {
        private string name;
        private string sex;
        private DateTime bornday;//声明日期时间型字段bornday
        private string grade;

         public Student(string name, string sex, string grade, int year, int
             month, int day)
        {//构造函数
            this.name = name;
            this.sex = sex;
            this.grade = grade;
            bornday = new DateTime(year, month, day);//使用构造函数来实例化对象
        }
        public string Name
        {
            get { return name; }
            set { name = value; }
        }
        public string Sex
        {
            get{ return sex; }
```

```
            set{sex=value;}
        }
        public string Grade
        {
            get { return grade; }
            set { grade = value; }
        }
        public DateTime BornDay
        {
            get { return bornday; }
            set { bornday = value; }
        }
    }
    class Program
    {
        public static string showInfo(Student[] Stu) //使用数组作为方法的参数
        {
            string output = "";
            foreach (Student stu in Stu)
                output += "\n\n姓名: " + stu.Name + "\n性别: " + stu.Sex + "\n
                年级: " + stu.Grade + "\n出生日期: " + stu.BornDay.
                ToShortDateString();
            return output;
        }
        static void Main(string[] args)
        {
            Student st1 = new Student("李莉", "女", "大学二年级", 1982, 10, 26);
            Student st2 = new Student("王鹏", "男", "大学一年级", 1983, 6, 7);
            Student st3 = new Student("周坤", "男", "大学四年级", 1980, 8, 9);
            Student[] stu = new Student[3];//定义对象数组
            stu[0] = st1;
            stu[1] = st2;
            stu[2] = st3;
            MessageBox.Show(showInfo(stu), "结果");
        }
    }
}
```

程序运行结果如图 6.7 所示。

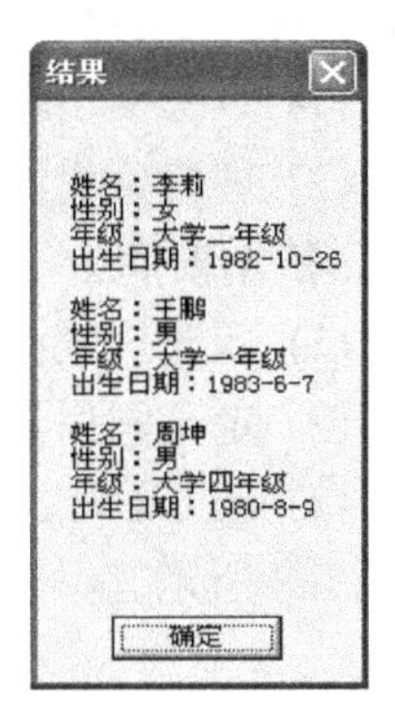

图 6.7　程序 Example6_5 运行结果

程序分析：

(1) 声明DateTime类型的变量，并在类的构造函数中对其实例化。

```
bornday = new DateTime(year, month, day);
```

方法ToShortDateString()是使用日期时间型对象以短日期型格式输出，输出形式为：1982-10-26。

(2) 语句“"Student[] stu = new Student[3];"”定义了对象数组，数组中每个元素都是Student类的一个对象，其他的使用同一维数组。

(3) 使用数组作为方法的参数。showInfo(stu)方法中的stu是数组，此时会把数组中所有元素一起传递给形参。

6.5.3 相关知识及注意事项

DateTime类中有方法ToShortDateString()将对象以短日期型格式输出，如果不用此方法，输出的为完整格式，日期加时间显示在一起。

例如，取出当前系统日期时间格式为DateTime.Now，输出内容为2020-02-02 22:47:13。写成DateTime.Now.ToShortDateString()的输出内容为2020-02-02。

以数组作为方法参数时，使用的是以值类型传递引用类型参数，只是把数组名复制一份传递给形式参数，而此时形参与实参指向同一地址(即数组存放的地址)。

为了使用MessageBox.Show()方法弹出消息框，添加引用System.Windows.Forms。添加方法：在解决方案资源管理器中的项目名称上右击，在弹出的快捷菜单中选择【添加引用】命令，在弹出的“添加引用”对话框中选择“.NET”标签并找到System. Windows.Forms，然后单击【确定】按钮。

6.6 索 引 器

6.6.1 案例说明

【案例简介】

本案例在IndexerClass类中定义索引器，然后通过b[i]来引用IndexerClass类的对象实例。

C:\WINDOWS\sy...
index0=0
index1=0
index2=16
index3=9
index4=256
index5=0
index6=0
index7=0
index8=128
index9=0
请按任意键继续. . .

图6.8 程序Example6_6运行结果

【案例目的】

(1) 掌握索引器定义与使用。

(2) 理解索引器与属性的区别。

【技术要点】

(1) 新建控制台程序插入相关代码。

(2) 定义索引器并通过索引器访问对象成员。

(3) 按Ctrl+F5组合键编译并运行应用程序，输出结果如图6.8所示。

6.6.2 代码及分析

```
namespace Example6_6
{
    class IndexerClass
    {
        public int[] myArray = new int[10];
        public int this[int index] //定义索引器
        {
            get
            {
                if (index < 0 || index >= myArray.GetLength(0))
                //判断给定的 index 值是否有效
                    return 0;
                else
                    return myArray[index];
            }
            set
            {
                if(!(index<0 || index>=10))
                    myArray[index]=value;
            }
        }
    }
    public class MainClass
    {
        static void Main(string[] args)
        {
            IndexerClass b = new IndexerClass();//b 为类 IndexerClass 的对象
            b[2] = 16;
            b[3] = 9;
            b[4] = 256;
            b[8] = 128;
            for (int i = 0; i < b.myArray.GetLength(0); i++)
                Console.WriteLine("index{0}={1}", i, b[i]);
        }
    }
}
```

程序分析：

(1) 在此案例中，如条件 if (index < 0 || index >= myArray.GetLength(0))成立，索引越界，这种情况并不依赖索引器处理，而是一种异常，本书将在第 10 章给出详细处理方法。

(2) 在索引器的定义中有获取器 get 和设置器 set 两个方法，这两个访问器在介绍属性时已经使用过，用获取器来得到索引器值，用设置器来对索引器进行修改。

(3) 创建 IndexerClass 类的对象 b，由于定义了索引器，可以使用 b[1]、b[2]形式访问对象，如同数组一样。

6.6.3 相关知识及注意事项

索引器(indexer)是 C#引入的一个新的类成员，是 C#特有的，可像数组那样使用下标。通过索引器方式能更方便地访问类的数据信息。

前面学习的属性通常称为灵巧域(smart fields)，而索引器通常称为“灵巧数组”，因此，属性和索引器可共同使用同一语法。实际上，索引器的定义很像属性的定义，但也有所不同：一是索引器采取一个索引参数；二是由于类本身被用作一个数组。因此，this 关键字被用作索引器的名称(实际上使用的是对象的名称)。定义索引器的形式如下：

```
[属性信息] 索引器修饰符 返回类型 this[类型 变量名]
{
    get
    {
        return value; //返回所需的数据
    }
    set
    {
        //设置所需的数据，一般必须在类中设置一个基于变量名的值
    }
}
```

其中，“[ ]”中的内容可省略，索引器修饰符有 new、public、protected、internal、private、virtual、sealed、override、abstract。注意，在重写(override)索引器时，应使用 base[E]来访问父类的索引器。位于 this 关键字之后括号内的参数至少要有一个，而且只能是传值类型，参数的类型可以是 C#中的任何数据类型。括号内的所有参数在 get 和 set 下都可以引用。

属性和索引器都使用 get 和 set 访问器，主要区别见表 6-1。

表 6-1　属性和索引器的主要区别

属　性	索　引　器
允许调用方法，如同它们是公共数据成员	允许调用对象上的方法，如同对象是一个数组
可通过简单的名称进行访问	可通过索引器进行访问
可以为静态成员或实例成员	必须为实例成员
属性的 get 访问器没有参数	索引器的 get 访问器具有与索引器相同的形参表
属性的 set 访问器包含隐式 value 参数	除了 value 参数外，索引器的 set 访问器还具有与索引器相同的形参表

6.6.4　索引器拓展案例及分析

```
    //索引器拓展案例
    public class Photo //定义相片类
    {
        private string _title; //相片标题
        public Photo() //定义无参构造函数(默认构造函数)
        {
            _title = "我是张三"; //初始化相片标题的构造方法体
        }
        //定义带参构造函数(与上面无参构造函数构成重载)
        public Photo(string title)
{
            _title = title;  //初始化相片标题的构造方法体
        }
```

```
        public string Title  //定义属性
        {
            get  //get 访问器
            {
                return _title;
            }
        }
    }
    public class Album //定义相册类
    {
        //定义类类型数组(数组中每个元素都是对象，又称对象数组)，用于存放照片
        Photo[] photos;
        public Album() //无参构造函数(默认构造函数)
        {
            photos = new Photo[3]; //默认相册大小
        }
        public Album(int capacity) //有参构造函数(自定义构造函数)
        {
            photos = new Photo[capacity]; //自定义相册大小
        }
        //定义带有 int 型参数的 Photo 索引器(类类型索引器)，引用于检索照片信息
        public Photo this[int index]
        {
            get //get 方法用于根据索引值从索引器中获取照片
            {
                if (index < 0 || index >= photos.Length) //无效的索引
                {
                    Console.WriteLine("索引无效");
                    return null;
                }
                else //有效的索引
                {
                    return photos[index];
                }
            }
            set //set 方法用于设置索引器中的照片
            {
                if (index < 0 || index >= photos.Length)
                {
                    Console.WriteLine("索引无效");
                    return;
                }
                else
                {
                    photos[index] = value;
                }
            }
        }
        //定义带有 string 型参数的 Photo 索引器，设置为只读索引，根据标题检索照片
        public Photo this[string title]
        {
            get
```

```
            {
                foreach (Photo p in photos) //遍历数组中所有照片
                {
                    if (p.Title == title) //判断
                        return p;
                }
                Console.WriteLine("没有该照片");
                return null; //使用 null 指示检索失败
            }
        }
    }
    class Test //定义测试类
    {
        static void Main(string[] arsg)
        {
            Album friends = new Album(3); //创建包含 3 张相片的相册
            //创建 3 张照片
            Photo first = new Photo("逍遥");
            Photo second = new Photo("太子");
            Photo third = new Photo("姚佳");
            //使用索引器访问 Album 类实例 friends(即相册中的相片)
            friends[0] = first;
            friends[1] = second;
            friends[2] = third;
            //以整型索引值作为下标的索引器
            Photo obj1Photo = friends[2];
            Console.WriteLine(obj1Photo.Title);
            //以字符串作为下标的索引器
            Photo obj2Photo = friends["太子"];
            Console.WriteLine(obj2Photo.Title);
            Console.Read();
        }
    }
```

输出结果：

姚佳

太子

索引器允许类或者结构的实例按照与数组相同的方式进行索引取值，索引器与属性类似，不同的是索引器的访问是带参数的。

(1) 索引器和数组比较，如下所述。

① 索引器的索引值(Index)类型不受限制。

② 索引器允许重载。

③ 索引器不是一个变量。

(2) 索引器和属性比较，如下所述。

① 属性以名称来标识，索引器以函数形式标识。

② 索引器可以被重载，属性不可以。

③ 索引器不能声明为 static，属性可以。

6.7　本 章 小 结

本章主要介绍了数组和索引器。在 C#中，数组是通过在类型和变量名之间放置一个方括号来进行说明，C#中的数组可以分一维数组、多维数组、可变数组(本书未介绍)和对象数组。索引器可以使对象的引用像数组那样方便而又直观。

6.8　习　　题

1. 填空题

(1) C#中数组要先__________再使用。

(2) 创建一个能存放 10 个整型数的数组的语句是__________。

(3) 数组类型实际上指的是__________的类型。

(4) T[]XX 中数组名是__________，数组类型是__________，数组的维数是__________。

(5) DataTime.Now 的作用是__________。

(6) 索引器的名称是__________。

(7) 数组允许通过同一名字引用一系列变量，使用__________加以区分。

(8) 已知 arr 是数组名，arr.Length 表示__________。

2. 选择题

(1) 数组可分为(　　)数组和(　　)数组。

A. 一维　　B. 三维　　C. 多维　　D. 二维

(2) “int[,,,] Array = new int[5,6,7,8];”语句(　　)。

A. 声明了一个有 4 个元素的数组　　B. 声明了一个四维数组

C. 声明了一个五维数组　　D. 声明了一个有 5 个元素的数组

(3) “int[,,] Array1 = new int[2,3,4];”语句声明的数组里包含(　　)个元素。

A. 20　　B. 9　　C. 24　　D. 3

(4) 声明了一个数组 Array[ ]，则 Array[3]表示第(　　)个元素。

A. 3　　B. 4　　C. 5　　D. 无法确定

(5) 声明一个数组 Array[,]，则 Array[4,5]表示(　　)。

A. 第 4 行第 5 列　　B. 第 5 行第 6 列

C. 第 3 行第 4 列　　D. 第 3 行第 5 列

(6) 有 int[ ] Array=new int[ ]{5,6,7,8,9,10}，则 Array[4]的值是(　　)。

A. 8　　B. 7　　C. 9　　D. 10

(7) 声明一维数组、二维数组以及多维数组的区别是(　　)。

A. 数值　　B. 逗号不同

C. 下标数目　　D. 元素个数

(8) 索引器中 set 是(　　)。

A. 获取器　　B. 可作获取器

C．设置器　　　　　　　　　　　D．看情况而定

3．判断题

(1) int a[5]是C#中声明一维数组的一种方式。　　( )

(2) 数组里存放的各元素类型必须相同。　　( )

(3) 数组的声明与初始化为“int[] a=new int[5]{3,4,7,8,’c’};”。　　( )

(4) 二维数组的声明及创建为“int [,] a=new int[3,4];”。　　( )

(5) 数组的维数就是声明时方括号中的逗号个数加1。　　( )

(6) 索引器其实就是对象数组。　　( )

(7) DateTime是系统定义好的一个类。　　( )

4．简答题

(1) 简述对象数组与索引器的区别。

(2) 简述C语言和C#中定义数组的区别。

(3) 索引器中也使用访问器get和set，简述其与属性的区别。

5．操作题

(1) 求一维数组中各元素的偶数之和。

(2) 计算一个矩阵中每一列的平均值。

(3) 定义一个5×5的二维数组使元素值为行、列号之积，然后输出此矩阵。

(4) 用面向对象的思想来求解10个学生成绩中的最大值、最小值及它们所对应的下标，求出平均分。

(5) 创建一个5×5的数组，输出其主对角线和辅对角线上的元素值。

(6) 编程将1～49分别赋值给一个7×7的二维数组，然后输出数组的下三角部分。

(7) 编写一个方法使其实现矩阵的转置。

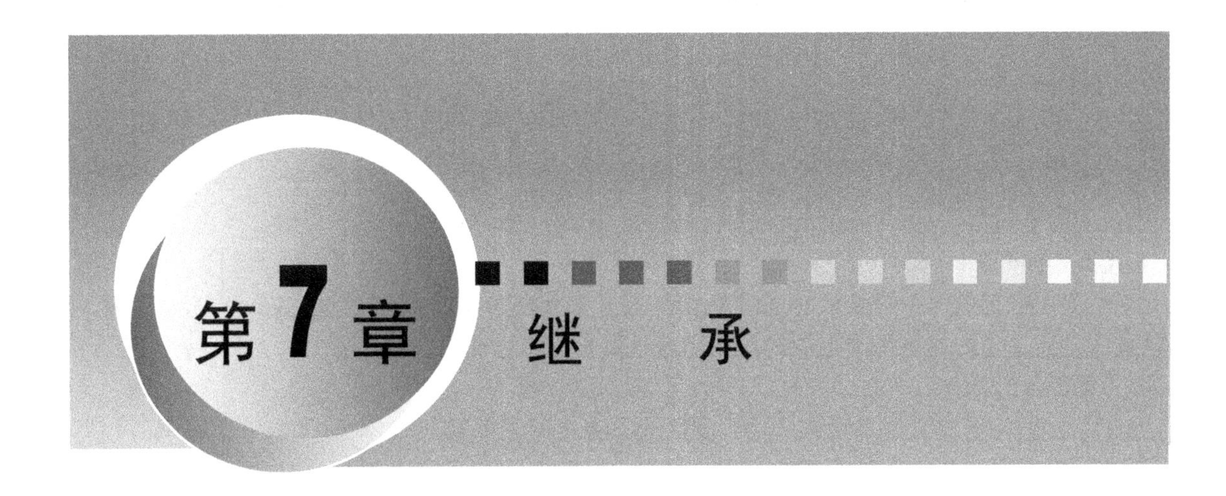

第7章 继承

教学目标

(1) 理解继承和软件重用性。
(2) 理解继承和派生的概念和基类与派生类的相互关系。
(3) 掌握访问修饰符 public、protected、private 在继承中的使用。
(4) 掌握如何在基类和派生类中定义构造函数。
(5) 掌握如何在派生类中隐藏基类成员，如何通过 base 引用访问基类成员。
(6) 掌握如何实现密封类和密封方法。
(7) 掌握如何定义和使用抽象类和抽象方法。

教学要求

知识要点	能力要求	相关知识
基类和派生类	理解	继承和派生的概念和基类与派生类的相互关系，访问修饰符 public、protected、private 在继承中的使用
派生类构造函数	理解	在基类和派生类中定义构造函数
隐藏基类成员	掌握	在派生类中隐藏基类成员，如何通过 base 引用访问基类成员
密封类和密封方法	掌握	实现密封类和密封方法
抽象类和抽象方法	掌握	定义和使用抽象类和抽象方法

7.1 基类和派生类

7.1.1 案例说明

【案例简介】

本案例将定义一个代表人的基类 Person 和一个代表学生的派生类 Student，创建派生类对象实例并通过它访问从基类继承的成员和派生类自己新增成员。

【案例目的】

(1) 学会如何定义基类和派生类以及区分二者之间的关系。

(2) 掌握派生类中成员的构成。

(3) 掌握如何通过派生类对象实例访问基类中具有不同访问控制属性的成员。

【技术要点】

(1) 创建一个空项目 p7_1，向该项目添加程序 Example7_1.cs。

(2) 按 Ctrl+F5 组合键编译并运行应用程序，输出结果如图 7.1 所示。

```
个人信息如下:
姓名:陈子涵
身份证号:34050320040823
电话号码:3231851
学号:0823
班级:中蒙班
```

图 7.1　程序 Example7_1 运行结果

7.1.2 代码及分析

```
namespace Example7_1
{
    //定义基类
    public class Person
    {
        public string name;    //姓名,公有成员
        protected string id;  //身份证号,保护成员
        private string tel;   //电话号码,私有成员
        public string Tel     //定义属性
        {
            get { return tel; }
            set { tel = value; }
        }
        public void PrintPerson()    //打印个人信息
        {
            Console.WriteLine("个人信息如下:");
        }
    }
    //定义派生类
    public class Student : Person
```

```
    {
        public string sno;          //学号
        public string className;    //班级
        public string Id
        {
            get { return id; }
            set { id = value; }
        }
        public void PrintStudent()  //打印学生信息
        {
            Console.WriteLine("姓名:{0}", name);
            Console.WriteLine("身份证号:{0}", id);
            Console.WriteLine("电话号码:{0}", Tel);
            Console.WriteLine("学号:{0}", sno);
            Console.WriteLine("班级:{0}", className);
        }
    }
    class Test
    {
        static void Main(string[] args)
        {
            //创建派生类对象
            Student s1 = new Student();
            //派生类对象实例赋值
            s1.name = "陈子涵";
            s1.Id = "34050320040823";
            s1.Tel = "3231851";
            s1.sno = "0823";
            s1.className = "中蒙班";
            //调用方法
            s1.PrintPerson();
            s1.PrintStudent();
            Console.Read();
        }
    }
}
```

程序分析：

(1) 定义基类 Person，它包含 3 个数据成员、一个属性成员和一个方法成员，这些成员的访问控制属性不完全相同，它们在派生类中的访问方式也不一样，其中 name、id、Tel 和 PrintPerson()成员因为访问控制属性为 public(公有)或 protected(保护)，所以能被派生类直接访问；而 tel 成员因为其访问控制属性为 private(私有)，尽管也能被派生类继承，但却不能被派生类直接访问。

(2) 定义派生类 Student，它新增两个公有数据成员 sno 和 className、一个公有属性 Id 和一个公有方法 PrintStudent()，其中属性 Id 是为了在非派生类中访问派生类从基类继承过来的保护数据成员 id。

(3) 在主方法 Main()中，创建派生类对象实例 s1，s1 不仅可以访问基类继承过来的成员，而且可以访问派生类中新增的成员。

(4) 本案例类图如图 7.2 所示。图中“+”表示 public(公有)，“#”表示 protected(保护)，

“-”表示 private(私有)。Student 类继承 Person 类，Person 类派生 Student 类，Person 类称为父类或基类，Student 类称为子类或派生类，它们之间是泛化—特化关系。

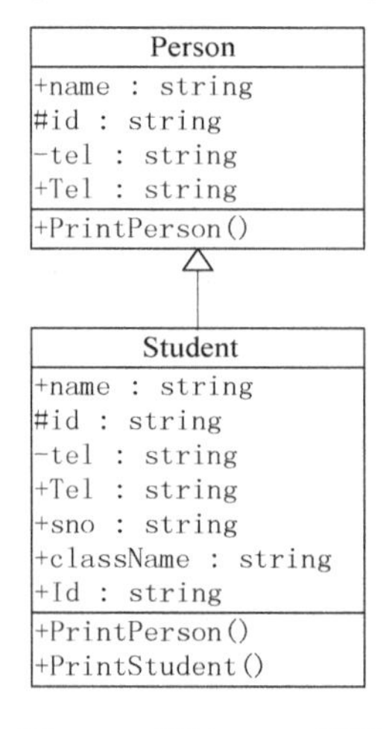

图 7.2　项目 p7_1 类图

7.1.3　相关知识及注意事项

为了提高软件模块的可复用性和可扩充性，以便提高软件的开发效率，总是希望能够利用前人或自己以前的开发成果，同时又希望在自己的开发过程中能够有足够的灵活性，不拘泥于复用的模块。C#这种完全面向对象的程序设计语言提供了两个重要的特性——继承性和多态性。

继承是面向对象程序设计的主要特征之一，它可以使程序员重用代码，节省程序设计的时间。继承就是在类之间建立一种相交关系，使得新定义的派生类的实例可以继承已有的基类的特征和能力，而且可以加入新的特性或者是修改已有的特性建立起类的新层次。被继承的类称为父类(或基类)，继承的类称为派生类(或子类)。

现实世界中的许多实体之间不是相互孤立的，它们往往具有共同的特征，也存在内在的差别。人们可以采用层次结构来描述这些实体之间的相似之处和不同之处，如图 7.3 所示。

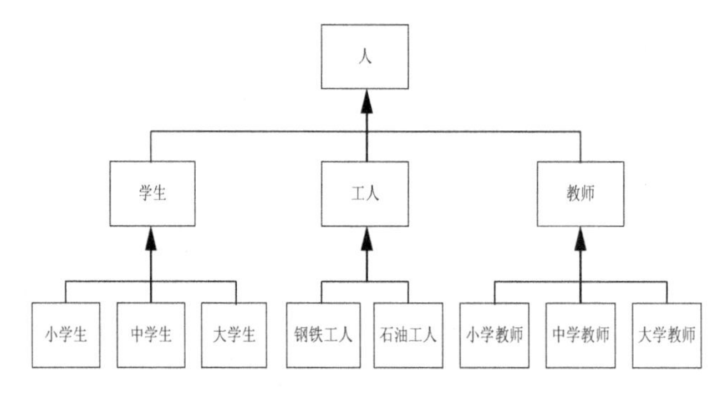

图 7.3　类层次结构图

图 7.3 反映了人作为类的派生关系。最高层的实体往往具有最一般最普遍的特征，越下层的事物越具体，并且下层包含了上层的特征。它们之间的关系是基类与派生类之间的关系，派生类也可以作为其他类的基类。从一个基类派生出来的多层类形成了类的层次结构。

1. 继承的定义

如果要声明一个类派生于另一个类，可以使用如下语法：

```
[修饰符] class 派生类名 : 基类名
{
    //类体
}
```

其中，修饰符可选用 public、private、protected、internal、abstract、sealed、new 等修饰符；基类名为被派生类继承的基类名称。

2. 继承需要注意的事项

(1) 基类中构造函数和析构函数不能被继承，除此以外其他所有成员无论定义了何种访问控制方式，都能被继承到派生类中。基类中成员的访问控制方式只能决定派生类能否访问它们。

(2) 基类中的 public 成员和 protected 成员在派生类里可以被直接访问，但是基类中的 private 成员在派生类中不能被直接访问。

(3) 派生类是对基类的扩展，派生类除了从基类继承成员之外，还可以新增自己的成员，但不能去除已经继承的成员的定义。

(4) 基类或基类对象实例均不能访问派生类自己新增的成员。

(5) 继承是可传递的，如果 A 类派生了 B 类，B 类又派生了 C 类，则 C 类不仅继承了 B 类中声明的成员，同样也继承了 A 类中的成员。

(6) 如果一个类在定义时不使用冒号来显式地从另一个类派生它自己，那么默认该类从 Object 类派生。Object 类作为所有类的基类，所有类都直接或间接地从 Object 类中派生。

(7) C#继承的方法称为单一继承，这意味着派生类只能有一个父类。一些面向对象的语言允许一个类有多个父类，这种继承称为多重继承。C#语言不支持多重继承，而使用接口来提供多重继承的特性。

3. 继承示例

C#中，派生类从它的直接基类中继承成员：方法、字段、属性、事件、索引器。除了构造函数和析构函数，派生类隐式地继承了直接基类的所有成员。

以下代码将 Vehicle 作为基类，体现了“汽车”实体具有的公共性质：汽车都有轮子和重量。Car 类继承了 Vehicle 类的这些性质，并且添加了自身的特性：可以搭载乘客。

```
class Vehicle //定义车辆类
{
    public int wheels; //公有成员：车轮数
    protected float weight; //保护成员：车重量
    public int Wheels
    {
        get { return wheels; }
        set { wheels = value; }
    }
    public float Weight
    {
        get{return weight;}
        set { weight = value; }
```

```
        }
        public Vehicle() { }
        public Vehicle(int w, float g)
        {
            wheels = w;
            weight = g;
        }
        public void Speak()
        {
            Console.WriteLine("车辆鸣笛! ");
        }
    }
    class Car : Vehicle //定义轿车类，继承车辆类
    {
        int passengers; //私有成员：乘客数
        public int Passengers
        {
            get { return passengers; }
            set { passengers = value; }
        }
        public Car(int w, float g, int p) : base(w, g)
        {
            passengers = p;
        }
    }
    class Test
    {
        static void Main(string[] args)
        {
            Vehicle v = new Vehicle();
            Car c1 = new Car(4,1000,5);
            Console.WriteLine("我的汽车有{0}个轮子，重量是{1}千克，可以载{2}名乘客。
",c1.Wheels,c1.Weight,c1.Passengers);
            c1.Speak();
            Console.Read();
        }
    }
```

输出结果：

```
我的汽车有 4 个轮子，重量是 1 000 千克，可以载 5 名乘客。
车辆鸣笛！
```

7.2 派生类构造函数

7.2.1 案例说明

【案例简介】

本案例将创建一个代表人的基类 Person 和一个代表学生的派生类 Student，定义基类和派生类构造函数，通过派生类的构造函数创建对象实例。

【案例目的】

(1) 掌握派生类构造函数的定义方式。

(2) 掌握在派生类中如何初始化从基类继承过来的成员和派生类自身成员。

(3) 掌握如何通过派生类不同的构造函数创建派生类对象实例。

【技术要点】

(1) 创建一个空项目 p7_2，向该项目添加程序 Example7_2.cs。

(2) 按 Ctrl+F5 组合键编译并运行应用程序，输出结果如图 7.4 所示。

```
个人信息如下:
姓名:陈子涵
身份证号:34050320040823
电话号码:3231851
学号:0823
班级:中蒙班
个人信息如下:
姓名:陈程
身份证号:34050119930101
电话号码:4976735
学号:0101
班级:怀中理科实验班
```

图 7.4　程序 Example7_2 运行结果

7.2.2　代码及分析

```
namespace Example7_2
{
    //定义基类
    public class Person
    {
        public string name;              //姓名,公有成员
        protected string id;             //身份证号,保护成员
        private string tel;              //电话号码,私有成员
        public Person(){    }            //无参构造函数
        public Person(string p_name, string p_id, string p_tel)
                                         //构造函数重载
        {
            name = p_name;
            id = p_id;
            tel = p_tel;
        }
        public string Tel                //定义属性
        {
            get { return tel; }
            set { tel = value; }
        }
        public void PrintPerson()        //打印个人信息
        {
            Console.WriteLine("个人信息如下:");
        }
    }
    //定义派生类
    public class Student : Person
    {
        public string sno;               //学号
```

```
        public string className;      //班级
        public Student()              //无参构造函数
        {
        }
        public Student(string s_name, string s_id, string s_tel, string s_sno,
            string s_className): base(s_name, s_id, s_tel)
                                      //有参构造函数
        {
            sno = s_sno;
            className = s_className;
        }
        public string Id
        {
            get { return id; }
            set { id = value; }
        }
        public void PrintStudent()   //打印学生信息
        {
            Console.WriteLine("姓名:{0}", name);
            Console.WriteLine("身份证号:{0}", id);
            Console.WriteLine("电话号码:{0}", Tel);
            Console.WriteLine("学号:{0}", sno);
            Console.WriteLine("班级:{0}", className);
        }
    }
    class Test
    {
        static void Main(string[] args)
        {
            //创建派生类对象
            Student s1 = new Student();
            //派生类对象实例赋值
            s1.name = "陈子涵";
            s1.Id = "34050320040823";
            s1.Tel = "3231851";
            s1.sno = "0823";
            s1.className = "中蒙班";
            //调用方法
            s1.PrintPerson();
            s1.PrintStudent();
            Student s2 = new Student("陈程","34050119930101","4976735",
            "0101","怀中理科实验班");
            s2.PrintPerson();
            s2.PrintStudent();
            Console.ReadLine();
        }
    }
}
```

程序分析：

(1) 在基类 Person 中，定义无参构造函数和有参构造函数，并且进行重载。

(2) 在派生类 Student 中，定义无参构造函数和有参构造函数，并且进行重载。

(3) 在派生类 Student 中，有参构造函数通过“base 引用”调用基类构造函数，从而完成基类数据成员初始化。

(4) 在主方法 Main()中，通过调用派生类无参构造函数创建对象实例 s1，再通过数据成员赋值的方式初始化 s1；通过派生类有参构造函数创建对象实例 s2，并且通过有参构造函数参数传值的方式初始化 s2。

7.2.3 相关知识及注意事项

1. 派生类构造函数一般形式

因为派生类继承基类除构造函数和析构函数之外的所有成员，所以在创建一个派生类对象时，不仅要对派生类自身新增数据成员进行初始化，还要对基类中的数据成员进行初始化，这些功能通过派生类构造函数来完成。

定义派生类构造函数的一般形式如下：

```
[修饰符]  派生类名(参数表 1)：base(参数表 2)
{
    //派生类初始化代码
}
```

关于以上表达式，有以下几点说明。

(1) 参数表 1 包括从基类继承过来的需要初始化的数据成员参数和派生类自身新增数据成员初始化参数，定义时需要指明参数的类型和名称，也可以无参数。

(2) 参数表 2 是包含在参数表 1 中用来初始化从基类继承过来的数据成员的参数，只需指明参数的名称，无须说明参数的类型。

(3) base 关键字表示“基类引用”，因为构造函数不能被继承，不能直接触发，所以派生类构造函数在定义时首先使用“base 引用”来调用基类的构造函数，这样确保基类在派生类构造函数完成对派生类自身新增成员初始化之前初始化基类变量。

(4) 派生类初始化代码由语句组成，包含用于实现对派生类新增成员的初始化。

派生类构造函数体内一般只初始化派生类自身新增成员，而不直接初始化基类成员，即使能直接访问它们。

派生类构造函数在定义时使用“base 引用”，但在调用派生类的构造函数创建派生类对象时，不必使用“base 引用”。

如果派生类中不包含任何实例构造函数，则系统自动提供一个默认的无参实例构造函数调用直接基类的无参构造函数。此时，如果直接基类含有带参实例构造函数，则直接基类必须再定义无参实例构造函数，否则编译时会发生错误。

2. 派生类构造函数几种特殊情况

(1) 如果基类没有定义构造函数，只有派生类定义构造函数，此时只需构造派生类对象即可，对象的基类部分使用默认构造函数来自动创建。

(2) 如果基类中定义无参构造函数，虽然它不能被派生类继承，但可以隐式地被派生类执行，也就是说，派生类根本不需要包含构造函数。当然在派生类中可以自定义有参数的构造函数，例如：

```
public class A
{
    int test=0;
    public A()
    {
        test = 5;
        Console.WriteLine("I am A 公有默认构造函数 , test={0}", test);
    }
}
public class B : A
{
}
public class InheritanceTest1
{
    static void Main(string[] args)
    {
        B b = new B();
        Console.Read();
    }
}
```

输出结果：

```
I am A 公有默认构造函数，test=5
```

(3) 基类的构造函数在派生类的构造函数之前执行，例如：

```
public class ParentClass
{
   public ParentClass( )
   {
      Console.WriteLine("父类构造函数。");
   }
   public void print( )
   {
      Console.WriteLine("I'm a Parent Class。");
   }
}
public class ChildClass : ParentClass
{
    public ChildClass( )
    {
        Console.WriteLine("子类构造函数。");
    }
    public static void Main( )
    {
       ChildClass child = new ChildClass( );
       child.print( );
       Console.Read();
    }
}
```

输出结果：

```
父类构造函数。
子类构造函数。
I'm a Parent Class。
```

以上代码中，ParentClass 是 ChildClass 的基类。ChildClass 的功能几乎等同于 ParentClass。也可以说 ChildClass 就是 ParentClass。在 ChildClass 的 Main( )方法中，调用 print( )方法的结果，就验证这一点。该子类并没有自己的 print( )方法，它使用了 ParentClass 中的 print( )方法。在输出结果中的第三行可以得到验证。基类在派生类初始化之前自动进行初始化。ParentClass 类的构造函数在 ChildClass 的构造函数之前执行。

(4) 如果基类定义了带有参数的构造函数，那么此构造函数必须被执行，且需在派生类中实现该构造函数，此时可以使用 base 关键字，例如：

```
public class A
    {
        int test = 0;
        public A(int i)
        {
            test = i;
            Console.WriteLine("I am A 公有有参构造函数 ，test={0}", test);
        }
    }
    public class B : A
    {
        public B(int j): base(j)
        {
            Console.WriteLine("I am B 公有有参构造函数，j={0}", j);
        }
    }
    public class InheritanceTest1
    {
        static void Main(string[] args)
        {
            B b = new B(1);
            Console.Read();
        }
    }
```

输出结果：

```
I am A 公有有参构造函数，test=1
I am B 公有有参构造函数，j=1
```

7.3 隐藏基类成员

7.3.1 案例说明

【案例简介】

本案例将创建一个代表人的基类 Person 和一个代表学生的派生类 Student，在派生类中使用 new 关键字定义与基类相同的成员，从而隐藏了基类的相应成员。

【案例目的】

(1) 掌握在派生类中如何隐藏基类的同名成员。

(2) 掌握在派生类中如何访问基类中被隐藏的同名成员。

【技术要点】

(1) 创建一个空项目 p7_3，向该项目添加程序 Example7_3.cs。

(2) 按 Ctrl+F5 组合键编译并运行应用程序，输出结果如图 7.5 所示。

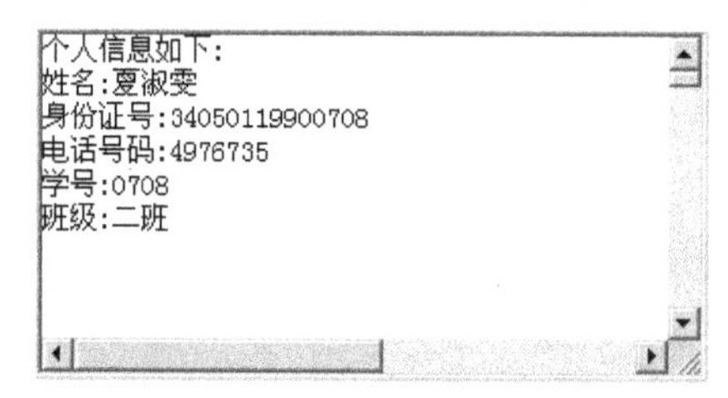

图 7.5　程序 Example7_3 运行结果

7.3.2　代码及分析

```
namespace Example7_3
{
    //定义基类
    public class Person
    {
        public string name;   //姓名,公有成员
        protected string id;  //身份证号,保护成员
        private string tel;   //电话号码,私有成员
        public Person(string p_name, string p_id, string p_tel) //构造函数
        {
            name = p_name;
            id = p_id;
            tel = p_tel;
        }
        public string Tel     //定义属性
        {
            get { return tel; }
            set { tel = value; }
        }
        public void PrintPerson()   //打印个人信息
        {
            Console.WriteLine("个人信息如下:");
        }
    }
    //定义派生类
    public class Student : Person
    {
        new public string name;     //使用 new 修饰符隐藏基类数据成员
        public string sno;          //学号
        public string className;    //班级
        public Student(string s_id, string s_tel, string s_name, string s_sno,
```

```
            string s_className):base(s_name, s_id, s_tel)
            //构造函数
        {
            name = s_name;
            sno = s_sno;
            className = s_className;
        }
        public string Id
        {
            get { return id; }
            set { id = value; }
        }
        new public void PrintPerson()  //使用new修饰符隐藏基类方法成员
        {
            base.PrintPerson();
            Console.WriteLine("姓名:{0}", name);
            Console.WriteLine("身份证号:{0}", id);
            Console.WriteLine("电话号码:{0}", Tel);
            Console.WriteLine("学号:{0}", sno);
            Console.WriteLine("班级:{0}", className);
        }
    }
    class Test
    {
        static void Main(string[] args)
        {
            //创建派生类对象实例
            Student s1 = new Student("34050119900708", "4976735", "夏淑雯",
            "0708", "二班");
            //调用方法
            s1.PrintPerson();
            Console.ReadLine();
        }
    }
}
```

程序分析：

在派生类Student中，使用new修饰符定义数据成员name，这样派生类中name变量将隐藏从基类继承过来的name变量。使用new修饰符定义方法成员PrintPerson()，同样派生类中PrintPerson()方法将隐藏从基类继承过来的PrintPerson()方法。

7.3.3 相关知识及注意事项

在派生类中使用关键字new定义与基类成员同名的成员，可以显式隐藏基类的相应成员，这样在派生类中或通过派生类对象调用的是派生类重写的数据成员或方法成员。若派生类中的成员和基类中的成员使用相同的名称、相同的参数和相同的类型等，但未使用new修饰符，则程序编译和运行时不会发生错误，但会发出警告。

可以使用完全限定名访问基类的隐藏成员，代码如下：

```
    public class MyBase
```

```
    {
        public static int x = 55;
        public static int y = 22;
    }
    public class MyDerived : MyBase
    {
        new public static int x = 100;  // 利用 new 隐藏基类的 x
        public static void Main()
        {
            Console.WriteLine(x);  // 访问 x
            Console.WriteLine(MyBase.x);  //访问隐藏基类的 x
            Console.WriteLine(y);  //访问不隐藏的 y
            Console.Read();
        }
    }
```

输出结果：100 55 22。

如果移除 new 修饰符，程序将继续编译和运行，但会收到以下警告：The keyword new is required on 'MyDerivedC.x' because it hides inherited member 'MyBaseC.x'。

7.4 密封类和密封方法

7.4.1 案例说明

【案例简介】

案例一：密封类案例将创建两个代表人的基类 Person1、Person2 和两个代表学生的派生类 Student1、Student2，使用关键字 sealed 将 Person2 定义成密封类。

案例二：密封方法案例将创建类 A 和类 B，类 A 定义了两个虚方法 F()和 G()。类 B 对基类 A 中的两个虚方法均进行了重写，其中 F()方法使用了 sealed 修饰符，成为一个密封方法。

【案例目的】

(1) 掌握如何让一个类不被继承。

(2) 掌握如何让一个方法不被重写。

【技术要点】

(1) 创建一个空项目 p7_4，向该项目添加程序 Example7_4.cs。

(2) 按 Ctrl+F5 组合键编译并运行应用程序，输出结果如图 7.6 所示。

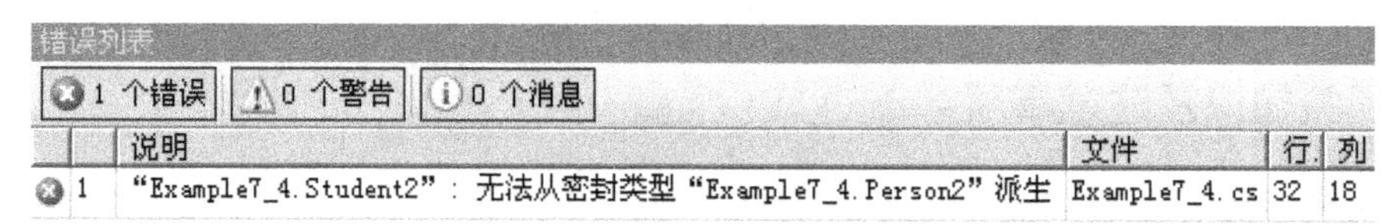

图 7.6　程序 Example7_4 运行结果

(3) 创建一个空项目 p7_5，向该项目添加程序 Example7_5.cs。

(4) 按 Ctrl+F5 组合键编译并运行应用程序，输出结果如图 7.7 所示。

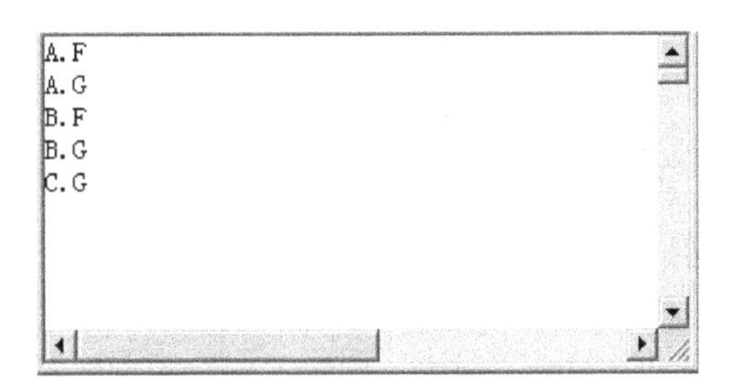

图 7.7　程序 Example7_5 运行结果

7.4.2　代码及分析

案例一：密封类案例代码

```
namespace Example7_4
{
    //定义基类
    public class Person1
    {
        public void PrintPerson()    //打印个人信息
        {
            Console.WriteLine("Person1 类个人信息如下:");
        }
    }
    //定义密封基类
    sealed public class Person2
    {
        public void PrintPerson()    //打印个人信息
        {
            Console.WriteLine("Person2 类个人信息如下:");
        }
    }
    //定义派生类
    public class Student1 : Person1
    {
        new public void PrintPerson()   //使用 new 修饰符隐藏基类方法成员
        {
            Console.WriteLine("Student1 类个人信息如下:");
        }
    }
    public class Student2 : Person2
    {
        new public void PrintPerson()   //使用 new 修饰符隐藏基类方法成员
        {
            Console.WriteLine("Student2 类个人信息如下:");
        }
    }
    class Test
    {
        static void Main(string[] args)
        {
            //创建派生类对象实例
```

```
            Student1 s1 = new Student1();
            Student2 s2 = new Student2();
            //调用方法
            s1.PrintPerson();
            s2.PrintPerson();
            Console.ReadLine();
        }
    }
}
```

案例一程序分析：

定义基类 Person1 时，没有使用关键字 sealed 来修饰，这样 Person1 类可以被 Student1 类继承。定义基类 Person2 时使用关键字 sealed 来修饰，这样 Person2 类就不能被继承，当定义 Student2 类时继承 Person2 类，编译时就会出错，错误说明如图 7.6 所描述。

修改代码，取消 Student2 类对 Person2 类的继承，同时取消 Student2 类中对 PrintPerson() 方法隐藏关键字 new，则程序能正常运行。修改后代码如下所示：

```
namespace Example7_4
{
    //定义基类
    public class Person1
    {
        public void PrintPerson()   //打印个人信息
        {
            Console.WriteLine("Person1 类个人信息如下:");
        }
    }
    //定义密封基类
    sealed public class Person2
    {
        public void PrintPerson()   //打印个人信息
        {
            Console.WriteLine("Person2 类个人信息如下:");
        }
    }
    //定义派生类
    public class Student1 : Person1
    {
        new public void PrintPerson()  //使用 new 修饰符隐藏基类方法成员
        {
            Console.WriteLine("Student1 类个人信息如下:");
        }
    }
    public class Student2
    {
        public void PrintPerson()
        {
            Console.WriteLine("Student2 类个人信息如下:");
        }
    }
    class Test
```

```
    {
        static void Main(string[] args)
        {
            //创建派生类对象实例
            Student1 s1 = new Student1();
            Student2 s2 = new Student2();
            //调用方法
            s1.PrintPerson();
            s2.PrintPerson();
            Console.ReadLine();
        }
    }
}
```

案例一输出结果：

```
Student1 类个人信息如下：
Student2 类个人信息如下：
```

案例二：密封方法案例代码

```
namespace Example7_5
{
    public class A
    {
        public virtual void F() //定义虚方法
        {
            Console.WriteLine("A.F");
        }
        public virtual void G()  //定义虚方法
        {
            Console.WriteLine("A.G");
        }
    }
    public class B : A
    {
        sealed override public void F() //定义密封方法,重写虚方法 F()
        {
            Console.WriteLine("B.F");
        }
        override public void G() //重写虚方法 G()
        {
            Console.WriteLine("B.G");
        }
    }
    public class C : B //类 C 可以重写非密封虚方法 G(),但是不能重写密封方法 F()
    {
        override public void G()
        {
            Console.WriteLine("C.G");
        }
    }
    class Test
    {
```

```
        static void Main(string[] args)
        {
            A a = new A();
            B b = new B();
            C c = new C();
            a.F();
            a.G();
            b.F();
            b.G();
            c.G();
            Console.ReadLine();
        }
    }
}
```

案例二程序分析：

基类 A 定义了两个虚方法 F()和 G()。类 B 对基类 A 中的两个虚方法均进行了重写，其中 F()方法使用了 sealed 修饰符，成为一个密封方法。因为 G()方法不是密封方法，所以在 B 的派生类 C 中可以重写 G()方法，但不能重写 F()方法。

7.4.3 相关知识及注意事项

如果所有的类都可以被继承，这会带来继承的滥用，导致类的层次结构体系变得十分庞大，类之间的关系杂乱无章，对类的理解和使用都会变得十分困难。有时人们希望自己编写的类没有再被继承的必要，C#提出了一个密封类(sealed class)的概念来解决这个问题。

密封类在声明中使用 sealed 修饰符，这样就可以防止该类被其他类继承。如果试图将一个密封类作为其他类的基类，C#将提示出错。

同样，如果在定义方法时使用 sealed 修饰符，可以将该方法定义成密封方法，密封方法不能被重写。定义密封方法可以防止在方法所在类的派生类中对基类该方法进行重写。

不是类的每个成员方法都可以作为密封方法，密封方法必须对基类的虚方法进行重写(关于虚方法概念后面将作讲解)，提供具体的实现方法。所以，在方法的声明中，sealed 修饰符总是和 override 修饰符同时使用。

```
namespace Example7_5
{
    public class A
    {
        public virtual void F() //定义虚方法
        {
            Console.WriteLine("A.F");
        }
        public virtual void G()  //定义虚方法
        {
            Console.WriteLine("A.G");
        }
    }
    public class B : A
    {
        sealed public void F()//没有使用 override 重写虚方法 F()，无法对其密封
```

```
        {
            Console.WriteLine("B.F");
        }
        override public void G() //重写虚方法G()
        {
            Console.WriteLine("B.G");
        }
    }
    public class C : B //类C可以重写非密封虚方法G(),但是不能重写密封方法F()
    {
        override public void G()
        {
            Console.WriteLine("C.G");
        }
    }
    class Test
    {
        static void Main(string[] args)
        {
            A a = new A();
            B b = new B();
            C c = new C();
            a.F();
            a.G();
            b.F();
            b.G();
            c.G();
            Console.ReadLine();
        }
    }
}
```

如在密封方法案例中，按以上方式书写代码，则会出错。错误说明如图 7.8 所示。

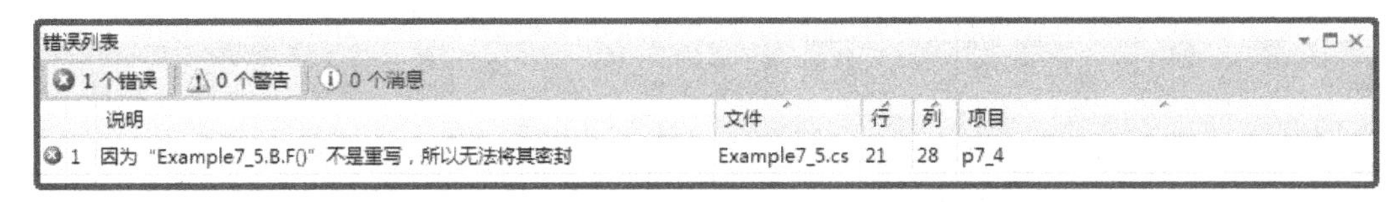

图 7.8　修改后的 Example7_5.cs 运行结果

通常因商业原因把类或方法标记为 sealed，以防止他人以违反注册协议的方式扩展该类，但是这么做会严重限制类和方法的使用。.NET 基类库大量使用密封类，使企图从这些类中派生出自己的类的第三方开发人员无法访问这些类，如 string 类就是一个密封类。

7.5　抽象类和抽象方法

7.5.1　案例说明

【案例简介】

本案例将定义代表车辆的抽象基类 Vehicle、代表汽车的派生类 Car 和代表卡车的派生类

Truck。在抽象类Vehicle中定义抽象方法speak()和抽象属性Name。派生类Car和派生类Truck分别实现抽象基类Vehicle。

【案例目的】

(1) 掌握如何定义抽象类、抽象方法和抽象属性。

(2) 掌握如何实现抽象类、抽象方法和抽象属性。

【技术要点】

(1) 创建一个空项目p7_6，向该项目添加程序Example7_6.cs。

(2) 按Ctrl+F5组合键编译并运行应用程序，输出结果如图7.9所示。

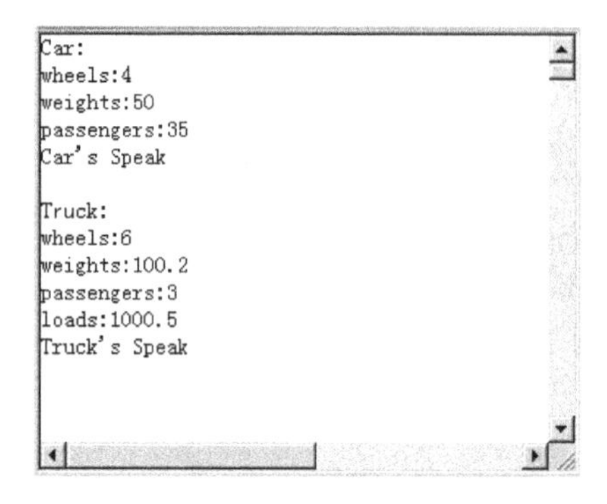

图7.9　程序Example7_6运行结果

7.5.2　代码及分析

```
namespace Example7_6
{
    abstract class Vehicle //定义抽象类：车辆类
    {
        public int wheels; //公有成员：车轮数
        protected float weights; //保护成员：车重量
        public Vehicle(int wh, float we)
        {
            wheels = wh;
            weights = we;
        }
        abstract public string Name //定义抽象属性：车辆名称
        {
            get;
        }
        abstract public  void speak(); //定义抽象方法：车辆鸣笛
    }
    class Car : Vehicle  //定义轿车类，实现抽象类
    {
        private int passengers;  //私有成员：乘客数
        public Car(int i, float j, int p)
            : base(i, j)
        {
            passengers = p;
        }
        public override void speak()  //实现抽象方法
```

```
    {
        Console.WriteLine("Car's Speak");
    }
    public override string Name  //实现抽象属性
    {
        get
        {
            return "Car";
        }
    }
    public int Passengers
    {
        get
        {
            return passengers;
        }
        set
        {
            passengers = value;
        }
    }
    public float Weights //为继承过来的protected数据成员weights定义属性
    {
        get
        {
            return weights;
        }
        set
        {
            weights = value;
        }
    }
}
class Truck : Vehicle  //定义卡车类：实现抽象类
{
    private int passengers;  //私有成员：乘客数
    private float loads;     //私有成员：载重量
    public Truck(int i, float j, int p, float l)
        : base(i, j)
    {
        Passengers = p;
        loads = l;
    }
    public override void speak()  //实现抽象方法
    {
        Console.WriteLine("Truck's Speak");
    }
    public override string Name  //实现抽象属性
    {
        get
        {
            return "Truck";
```

```
            }
        }
        public int Passengers
        {
            get
            {
                return passengers;
            }
            set
            {
                passengers = value;
            }
        }
        public float Loads
        {
            get
            {
                return loads;
            }
            set
            {
                loads = value;
            }
        }
        public float Weights//为继承过来的protected数据成员weights定义属性
        {
            get
            {
                return weights;
            }
            set
            {
                weights = value;
            }
        }
    }
    class Test
    {
        public static void Main(string[] args)
        {
            Car car = new Car(4, 50, 35);
            Truck truck = new Truck(6, 100.2f, 3, 1000.5f);
            Console.WriteLine("{0}:",car.Name);
            Console.WriteLine("wheels:{0}\nweights:{1}\npassengers:{2}",
                car.wheels, car.Weights, car.Passengers);
            car.speak();
            Console.WriteLine();
            Console.WriteLine("{0}:", truck.Name);
            Console.WriteLine("wheels:{0}\nweights:{1}\npassengers:{2}\n
                    loads:{3}",truck.wheels, truck.Weights,
                    truck.Passengers, truck.Loads);
            truck.speak();
```

```
            Console.Out.WriteLine(Console.In.ReadLine());
        }
    }
}
```

程序分析：

派生类 Car 和派生类 Truck 中为继承过来的 protected 数据成员 weights 定义属性，是为了实现在类外通过派生类对象实例访问它。

7.5.3　相关知识及注意事项

在现实中，有时基类并不与具体事物相联系，而只是表达一种抽象的概念，用以给它的派生类提供一个公共界面。为此，C#中引入了抽象类的概念，抽象类使用 abstract 关键字进行定义。

抽象类本身表达的是抽象的概念，类中的许多方法和属性不一定要有具体实现，而只是留出一个接口来作为派生类重载的界面。此时就可以把这些方法和属性定义成抽象方法和抽象属性，具体的实现交给派生类通过重载来实现。抽象方法和抽象属性也使用 abstract 关键字进行声明。

抽象类中可以含有抽象成员，包括抽象方法和抽象属性，即未实现的方法和属性，也可以不包含抽象成员，凡是含有抽象成员的类必须定义成抽象类。只允许在抽象类中使用抽象方法和抽象属性的声明。

抽象类不能直接被实例化，只能作为其他类的基类，必须在派生类中实现抽象类。派生类在实现抽象基类时，必须实现抽象基类中的每一个抽象方法和抽象属性。每个已经实现的方法或属性必须和抽象基类中被实现的抽象方法或抽象属性一样，具有相同的名称和返回值，参数的个数、顺序和类型也要一致。派生类在实现抽象基类时，在相应成员名前要使用关键字 override。

抽象方法是隐式的 virtual 方法，在抽象方法声明中使用 static、virtual、override 修饰符是错误的。因为抽象方法声明不提供实现，所以没有方法体，方法声明只是以一个分号结束，并且在签名后没有大括号({})，如程序 Example7_6 中的“abstract public void speak();”。抽象属性的声明和抽象方法一样，get 和 set 访问器后面也没有方法体，只是以一个分号结束，例如：

```
abstract public string Name //定义抽象属性：车辆名称
{
    get;
    set;
}
```

抽象方法和抽象属性在实现时必须加上 override 关键字。

抽象类虽然不能实例化，但是可以声明抽象类的变量，可以将该变量指向一个实现了该抽象类的对象，例如：

```
Vehicle v= new Car(4, 50, 35);
Vehicle truck = new Truck(6, 100.2f, 3, 1000.5f);
```

抽象类可以派生抽象类，从抽象类派生抽象类时，派生抽象类继承基类抽象类除构造函数和析构函数之外的所有成员。

7.6 base 与 this 关键字

7.6.1 案例说明

【案例简介】

本案例主要用来演绎 C#中 base 关键字与 this 关键字的概念及用法。

创建基类 Person，包含两个数组成员 name 和 age、一个具有两个参数的构造函数、一个虚函数 GetInfo()以显示数据成员 name 和 age 的内容；创建派生类 Student，包含一个数据成员 studentId，一个具有 3 个参数的派生类构造函数，用 base 调用基类构造函数，重写所继承基类的虚方法 GetInfo()，用 base 调用基类的方法显示 name 和 age 的内容。

【案例目的】

(1) 掌握 C#中 base 关键字与 this 关键字的概念。

(2) 掌握 C#中 base 关键字与 this 关键字的用法。

(3) 掌握 C#中 base 关键字与 this 关键字的使用规则。

【技术要点】

(1) 创建一个空项目 p7_7，向该项目添加程序 Example7_7.cs。

(2) 按 Ctrl+F5 组合键编译并运行应用程序，输出结果如图 7.10 所示。

图 7.10 程序 Example7_7 运行结果

7.6.2 代码及分析

```
namespace Example7_7
{
    public class Person  //基类，等同于public class Person: Object
    {
        public string name;
        public uint age;
        public Person(string name, uint age) //基类的构造函数
        {
            this.name = name; //this 关键字引用类的当前实例
            this.age = age; //this 关键字引用类的当前实例
        }
        public virtual void GetInfo()
        {
```

```
            Console.WriteLine("姓名:{0}", name);
            Console.WriteLine("年龄:{0}", age);
        }
    }
    public class Student : Person  //派生类
    {
        public string studentId;
        //派生类构造函数，用 base 调用基类构造函数
        public Student(string name, uint age, string studentId)
            : base(name, age)
        {
            this.studentId = studentId; //this 关键字引用类的当前实例
        }
        public override void GetInfo()
        {
            //调用基类方法
            base.GetInfo();
            Console.WriteLine("学号:{0}", studentId);
        }
    }
    public class Program
    {
        static void Main(string[] args)
        {
            Student objstudent = new Student("陈子涵", 10, "0823");
            objstudent.GetInfo();
            Console.ReadKey();
        }
    }
}
```

程序分析：

基类 Person 构造函数的参数 name 和 age 分别与基类字段成员 name 和 age 同名，使用 this 关键字引用类当前对象，实现对字段成员的访问，以区别同名构造函数参数。派生类 Student 的构造函数使用 base 调用基类构造函数，实现对基类成员初始化。派生类 Student 重写基类虚方法 GetInfo()，使用 base 调用基类方法 GetInfo()，以显示 name 和 age 值。

7.6.3　相关知识及注意事项

base 和 this 在 C#中被归于访问关键字，顾名思义，就是用于实现继承机制的访问操作，来满足对对象成员的访问，从而为多态机制提供更加灵活的处理方式。

1. 基本概念

1) base 关键字

其用于在派生类中实现对基类公有或者受保护成员的访问，但是只局限在构造函数、实例方法和实例属性访问器中，主要功能包括以下几个方面。

(1) 指定创建派生类实例时应调用的基类构造函数。

(2) 调用基类中已被其他方法重写的方法。

2) this 关键字

其用于引用类的当前实例，也包括继承而来的方法，通常可以隐藏 this，主要功能包括以下几个方面。

(1) 限定被相同的名称隐藏的成员。

(2) 将对象作为参数传递到其他方法。

(3) 声明索引器。

2. 基本用法

(1) base 关键字用于从派生类中访问基类的成员，常用于在派生类对象初始化时和基类进行通信。

(2) base 可以访问基类的公有成员和受保护成员，私有成员是不可访问的。

(3) this 指代类对象本身，用于访问本类的所有常量、字段、属性和方法成员，而且不管访问元素是任何访问控制类型。因为 this 仅仅局限于对象内部，对象外部是无法看到的，这就是 this 的基本思想。另外，静态成员不是对象的一部分，所以不能在静态方法中引用 this。

(4) 简单来说，base 用于在派生类中访问重写的基类成员；而 this 用于访问本类的成员，当然也包括继承而来的公有和保护成员。

3. 使用规则

(1) 尽量少用或者不用 base 和 this。除了解决类的名称冲突和在一个构造函数中调用其他的构造函数之外，base 和 this 的使用容易引起不必要的结果。

(2) 在静态成员中使用 base 和 this 都是不允许的。原因是 base 和 this 访问的都是类的实例，也就是对象，而静态成员只能由类来访问，不能由对象来访问。

(3) base 是为了实现多态而设计的。

4. 应用示例

```
class ManAge
{
    public int age = 0;
    public void PrintAge()
    {
        int tAge;
        tAge = age + 1;
        Console.WriteLine("age1={0}", tAge);
    }
}
class Program : ManAge
{
    static void Main(string[] args)
    {
        Program callPor = new Program();
        callPor.PrintAge();
        Console.ReadKey();
    }
    new public void PrintAge()
    {
        int age = 20;
```

```
            Console.WriteLine("age2={0}", age);
            Console.WriteLine("age3={0}", this.age);
            base.age = 25;
            base.PrintAge();
        }
    }
```

输出结果为：

```
age2=20
age3=0
age1=26
```

结果分析：this 代表“当前对象(这个对象)”，而 base 代表“当前对象”的基类，age2 很容易理解，age3 是当前对象的值 this.age，对象继承自基类，所以为 0；而 age1 在子类的方法中有 base.age=25，代表的是当前对象的基类中的 age 为 25，再调用基类方法，使 25 加 1，所以得 26。

7.7 本章小结

继承是面向对象程序设计的主要特征之一，它可以使程序员重用代码，节省程序设计的时间。继承就是在类之间建立一种相交关系，使得新定义的派生类的实例可以继承已有的基类的特征和能力，而且可以加入新的特性或者是修改已有的特性建立起类的新层次。被继承的类称为父类(或基类)，继承的类称为派生类(或子类)。

因为派生类将继承基类除构造函数和析构函数之外的所有成员，所以在创建一个派生类对象时，不仅要对派生类自身新增数据成员进行初始化，还要对基类中的数据成员进行初始化，这些功能通过派生类构造函数来完成。派生类构造函数体内一般只初始化派生类自身新增成员，而不直接初始化基类成员，即使能直接访问它们。派生类构造函数在定义时使用 base 引用，但在调用派生类的构造函数创建派生类对象时，不必使用 base 引用。

在派生类中使用关键字 new 定义与基类成员同名的成员，可以显式隐藏基类的相应成员，这样在派生类中或通过派生类对象调用的是派生类重写的数据成员或方法成员。若派生类中的成员和基类中的成员使用相同的名称、相同的参数和相同的类型等，但未使用 new 修饰符，则程序编译和运行时不会发生错误，但会发出警告。

密封类在声明中使用 sealed 修饰符，这样就可以防止该类被其他类继承。如果试图将一个密封类作为其他类的基类，C#将提示出错。同样如果在定义方法时，使用 sealed 修饰符，可以将该方法定义成密封方法，密封方法不能被重写。定义密封方法可以防止在方法所在类的派生类中对该方法进行重写。

抽象类本身表达的是抽象的概念，类中的许多方法和属性不一定要有具体实现，而只是留出一个接口来作为派生类重载的界面。此时就可以把这些方法和属性定义成抽象方法和抽象属性，具体的实现交给派生类通过重载来实现。抽象方法和抽象属性也使用 abstract 关键字进行声明。

抽象类中可以含有抽象成员，包括抽象方法和抽象属性，即未实现的方法和属性，也可以不包含抽象成员，凡是含有抽象成员的类必须定义成抽象类。只允许在抽象类中使用抽象方法和抽象属性的声明。

抽象类不能直接被实例化，只能作为其他类的基类，必须在派生类中实现抽象类。在实现抽象类时，必须实现抽象类中的每一个抽象方法和抽象属性，而每个已经实现的方法或属性必须和抽象类中被实现的方法或属性一样，具有相同的名称和返回值，参数的个数、顺序和类型也要一致。实现时，在相应成员名前使用关键字 override。

7.8 习　　题

1. 选择题

(1) 在面向对象编程中“继承”是指(　　)。

A. 派生类对象可以不受限制地访问所有的基类对象

B. 派生自同一个基类的不同类的对象具有一些共同特征

C. 对象之间通过消息进行交互

D. 对象的内部细节被隐藏

(2) C#可以采用(　　)技术来进行对象内部数据的隐藏。

A. 静态成员　　B. 类成员的访问控制说明

C. 属性　　D. 装箱(boxing)和拆箱(unboxing)技术

(3) 下面关于抽象类的说法正确的是(　　)。

A. 抽象类不能实例化　　B. 抽象类只能做基类

C. 抽象类可以实例化　　D. 抽象类可以做子类

(4) 下面代码中 MyClass 类的 Name 属性使用的是(　　)的(提示：从抽象类派生类的规则进行分析)。

```
public abstract class Base
{
    public abstract string Name{get;set;}
}
public class MyClass:Base
{
    string _nsg;
    public override string Name
    {
      get{return this._nsg;}
    }
}
```

A. 不正确　　B. 正确

(5) 下列类的定义中(　　)是合法的抽象类。

A. sealed abstract class c1{ abstract public void test() {}}

B. abstract sealed public void test();

C. abstract class c1{ abstract void test();}

D. abstract class c1{ abstract public void test();}

(6) 类 class1、class2、class3 的定义如下：

```
abstract class class1
```

```
{
    abstract public void test();
}
class class2:class1
{
    public override void test() {Console.Write("class2");}
}
class class3:class2
{
    public override void test(){Console.Write("class3");}
}
```

则以下语句的输出是(　　)(提示：从抽象类的规则进行分析)。

```
class1 x=new class3();x.test();
```

A．class3 class2　　　　　B．class3

C．class2 class3　　　　　D．class2

(7) 下列代码的运行结果是(　　)。

```
public class Student
{
     public int age;
     public string name;
     public Student(int age,string name)
     {
         this.age=age;
         this.name=name;
     }
}
public class Test
{
    static void Main(string[] args)
    {
        Student stu1= new Student(18,"小方");
        Student stu2= new Student(24,"小刚");
        stu2=stu1;
        stu1.age=30;
        stu1.name="小燕";
        Console.WriteLine(stu2.age);
        Console.WriteLine(stu2.name);
       Console.ReadLine();
    }
}
```

A．18 小方　　B．18 小燕　　C．30 小燕　　D．30 小方

(8) 下列代码的运行结果是(　　)。

```
    public class Student
    {
       public virtual void Exam()
       {
```

```
            Console.WriteLine("学生都要考试");
        }
    }
    public class Undergraduate : Student
    {
        public new void Exam()
        {
            base.Exam();
            Console.WriteLine("大学生有选择考试科目的权利");
        }
    }
    public class Test
    {
        static void Main()
        {
            Student stu = new Undergraduate();
            stu.Exam();
            Console.ReadLine();
        }
    }
```

A．学生都要考试

B．大学生有选择考试科目的权利

C．大学生都要考试
大学生有选择考试科目的权利

D．学生都要考试
学生都要考试

(9) 在开发某图书馆的图书信息管理系统的过程中，开始为教材类图书建立一个 TextBook 类；现在又增加了杂志类图书，于是需要改变设计，则下面最好的设计应该是(　　)。

A．建立一个新的杂志类 Journal

B．建立一个新的杂志类 Journal，并继承 TextBook 类

C．建立一个基类 Book 和一个新的杂志类 Journal，并让 Journal 类和 TextBoook 类都继承于 Book 类

D．不建立任何类，把杂志图书的某些特殊属性加到 TextBook 类中

(10) 以下关于 C#代码的说法正确的是(　　)。

```
Public abstract Animal
{
    Public abstract void Eat();
    Public void Sleep()
    {
    }
}
```

A．该段代码正确

B．代码错误，因为类中存在非抽象方法

C．代码错误，因为类中的方法没有实现

D．通过代码“Animal an = new Animal();”可以创建一个 Animal 对象

2. 简答题

(1) 父亲类的所有成员都由子类继承吗？试详细说明。

(2) 举例说明 new 关键字可用于哪些方面。

(3) sealed 关键字的作用是什么？在什么情况下需要使用 sealed 关键字？

(4) 哪些关键字可以用于版本控制？

3. 程序分析题

(1) 分析以下代码，写出输出结果。

```
//父亲类
public class FatherClass
{
    public FatherClass()
    {
         Console.WriteLine("FatherClass Constructor:FatherClass()");
    }
    public FatherClass(string from)
    {
         Console.WriteLine("FatherClass Constructor:FatherClass({0})", from);
    }
}
//小霸王类，我是小霸王，腰里别只鸡
public class MeClass : FatherClass
{
    public MeClass()
    {
        Console.WriteLine("MeClass Constructor:MeClass()");
    }
    public MeClass(string from): base(from)
    {
        Console.WriteLine("MeClass Constructor:MeClass({0})", from);
    }
}
public class Test
{
    static void Main(string[] args)
    {
        //类实例化，含参数
        string from = "tiana0";
        Console.WriteLine("类实例化,调用有参构造函数：");
        MeClass me1 = new MeClass(from);
        Console.ReadLine();
    }
}
```

(2) 去掉程序分析题第(1)题代码中的“: base(from)”，写出输出结果。

(3) 分析以下代码，写出输出结果。

```
//父亲类
public class FatherClass//:GrandfatherClass
{
```

```
    protected string strFather = "I'm your father,gay!";
    public virtual void ShowInfo()
    {
        Console.WriteLine("{0}", strFather);
    }
}
//小霸王类，我是小霸王，腰里别只鸡
public class MeClass : FatherClass
{
    private string strMe = "I'm your son,gay!";
    public override void ShowInfo()
    {
        Console.WriteLine("{0}", strMe);
    }
}
public class Test
{
    static void Main(string[] args)
    {
        //类实例化
        Console.WriteLine("类实例化,调用无参构造函数：");
        MeClass me = new MeClass();
        me.ShowInfo();
        Console.ReadLine();
    }
}
```

(4) 分析以下代码，写出输出结果。

```
//父亲类
public class FatherClass//:GrandfatherClass
{
    protected string strFather = "I'm your father,gay!";
    public virtual void ShowInfo()
    {
        Console.WriteLine("{0}", strFather);
    }
}
//小霸王类，我是小霸王，腰里别只鸡
public class MeClass : FatherClass
{
    private string strMe = "I'm your son,gay!";
    public override void ShowInfo()
    {
        Console.WriteLine("{0}", strMe);
    }
    public void ShowFatherInfo()
    {
        base.ShowInfo();
    }
}
public class Test
{
```

```
    static void Main(string[] args)
    {
        //类实例化
        Console.WriteLine("类实例化,调用无参构造函数：");
        MeClass me = new MeClass();
        //me.ShowInfo();
        me.ShowFatherInfo();
        Console.ReadLine();
    }
}
```

4．操作题

(1) 用 C#编写一个程序，使用 Animal 和 Mammal 两个类来说明一般动物和哺乳动物的继承关系。Animal 具有名称、所属门类等属性，需要提供方法实现以接收和显示这些属性的值。Mammal 类具有代表哺乳动物习性的属性，这些属性表明哺乳动物与其他类型动物的区别。同样地，需要提供方法实现以接收和显示这些属性的值。

(2) 创建一个 Boat(船)类，它有属性：RegistrattionNo(注册号)、Length(长)、Manufacture(制造商)、Year(年)。有一个方法 ToallString 用于返回类实例所有属性的值。帆船(Sailboat)和汽艇(Powerboat)是两种特殊船只，创建这两个类，并且继承 Boat 类。帆船具有龙骨深度(KeelDepth)、帆船编号和马达类型(none、inboard 或 outboard)。汽艇必须知道有多少个引擎(NumberEngines)及其燃料类型(FuelType，汽油或柴油)。分别为 Boat 类、Sailboat 类和 Powerboat 类定义构造函数。在 Sailboat 类和 Powerboat 类中，重写 Boat 类方法 ToallString，并编程测试。

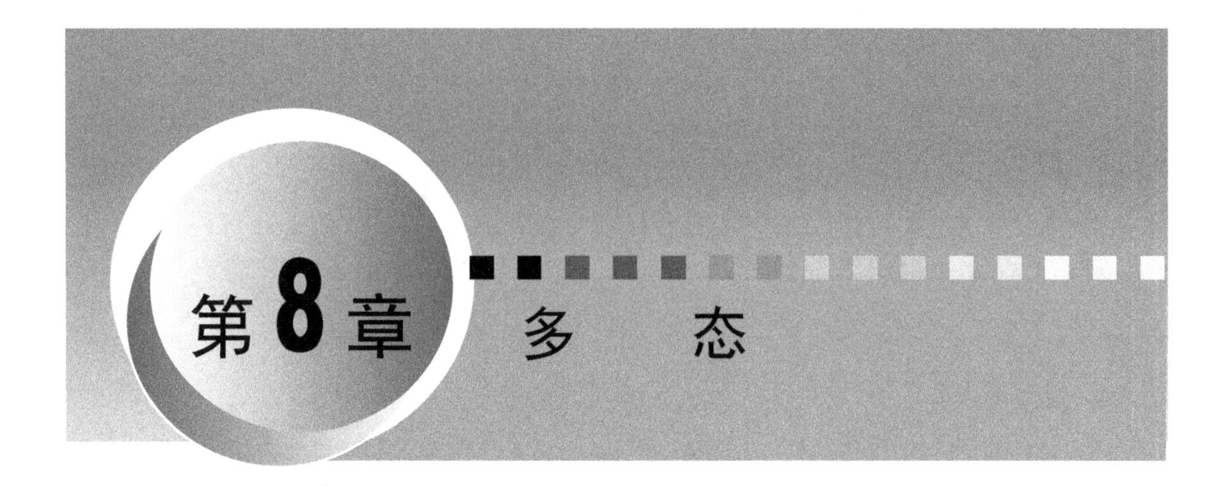

第8章 多态

教学目标

(1) 理解多态、重载、虚方法的概念。
(2) 理解多态性的含义和类型。
(3) 理解多态性是如何实现系统的可扩展性和可维护性的。
(4) 学会如何定义和实现重载方法。
(5) 学会如何定义和重载虚方法。
(6) 掌握编译时多态和运行时多态的原理和区别。

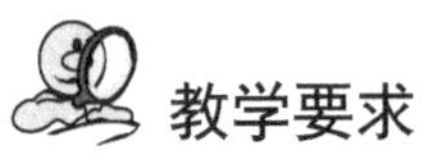

教学要求

知识要点	能力要求	相关知识
编译时多态	掌握	重载、方法重载
运行时多态	掌握	虚方法

8.1　编译时多态

8.1.1　案例说明

【案例简介】

本案例将创建代表学生的类 Student，在 Student 类中定义重载方法，在主方法 Main()中调用重载方法。

【案例目的】

(1) 学会如何定义重载方法。

(2) 掌握如何调用重载方法。

(3) 掌握如何实现编译时多态。

【技术要点】

(1) 创建一个空项目 p8_1，向该项目添加程序 Example8_1.cs。

(2) 按 Ctrl+F5 组合键编译并运行应用程序，输出结果如图 8.1 所示。

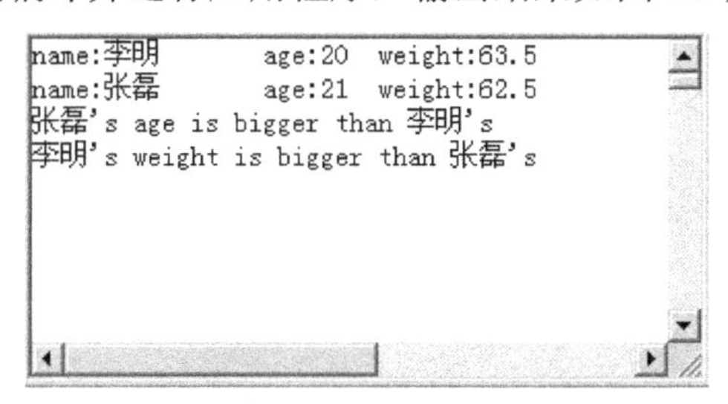

图 8.1　程序 Example8_1 运行结果

8.1.2　代码及分析

```
namespace Example8_1
{
    class Student      //定义学生类
    {
        public string name;    //姓名
        public int age;        //年龄
        public double weight; //体重
        public Student(string n,int a,double w)
        {
            name = n;
            age = a;
            weight = w;
        }
        static public int max(int m, int n)  //求年龄最大值
        {
            return m > n ? m : n;
        }
        static public double max(double x, double y)  //求体重最大值
        {
            return x > y ? x : y;
```

```
        }
        public void print()  //输出学生信息
        {
            Console.WriteLine("name:{0}\tage:{1}\tweight:{2}",
                 name,age,weight);
        }
    }
    class Test
    {
        static void Main(string[] args)
        {
            //创建学生类对象实例
            Student s1 = new Student("李明", 20, 63.5);
            Student s2 = new Student("张磊", 21, 62.5);
            s1.print();
            s2.print();
            //比较两个学生的年龄
            if (Student.max(s1.age, s2.age) == s1.age)
            {
                Console.WriteLine("{0}'s age is bigger than {1}'s",s1.name,
                    s2.name);
            }
            else
            {
                Console.WriteLine("{0}'s age is bigger than {1}'s", s2.name,
                    s1.name);
            }
            //比较两个学生的体重
            if (Student.max(s1.weight, s2.weight) == s1.weight)
            {
                Console.WriteLine("{0}'s weight is bigger than {1}'s",
                    s1.name, s2.name);
            }
            else
            {
                Console.WriteLine("{0}'s weight is bigger than {1}'s",
                    s2.name, s1.name);
            }
            Console.ReadLine();
        }
    }
}
```

程序分析：

(1) 定义学生类 Student，它包含 3 个数据成员，注意这 3 个数据成员的数据类型不一样。再在 Student 类中定义求年龄最大值函数和求体重最大值函数，这两个函数名称相同，均为 max，参数的个数相同，但是参数的类型却不相同，因此，这两个 max()方法构成方法重载。这两个重载的 max()方法均为静态方法，使用时不需通过类的对象实例调用，而直接通过类名调用就行了。

(2) 主函数 Main()中定义了两个 Student 类的对象实例 s1 和 s2，并且分别比较 s1 和 s2 的年龄和体重。由于年龄的数据类型为 int，而体重的数据类型为 double，所以需要调用 Student 类中不同的 max()方法，才能分别求出年龄和体重的最大值。程序在编译时，编译器根据所提供的实参类型或个数，自动调用构成重载的两个 max()方法中的一个，这体现了编译时的多态性。

8.1.3 相关知识及注意事项

多态是一个非常重要的概念，原指一种事物有多种形态。在 C#中，它的定义是：同一操作作用于不同的类的实例，不同的类将进行不同的解释，最后产生不同的执行结果。C#支持两种类型的多态：编译时的多态和运行时的多态。

编译时的多态是通过重载来实现的。对于非虚的成员来说，系统在编译时根据传递的参数来决定实现何种操作。

运行时的多态通过虚方法来实现。运行时的多态直到系统运行时才根据实际情况决定实现何种操作，本章 8.2 节将详细介绍运行时多态。

类中两个以上的方法(包括隐藏的继承而来的方法)名称相同，只要使用的参数类型或者参数个数不同，编译器便知道在何种情况下调用哪个方法，这就叫做方法的重载。方法重载不考虑返回值的类型。

8.2 运行时多态

8.2.1 案例说明

【案例简介】

本案例创建代表形状的基类 Shape、代表圆形的派生类 Circle 和代表长方形的派生类 Rectangle，在基类中声明虚方法，在派生类中重载虚方法，再通过基类引用分别调用重载方法，实现运行时多态。

【案例目的】

(1) 学会如何定义虚方法和如何实现虚方法。

(2) 掌握如何实现运行时多态。

(3) 掌握编译时多态和运行时多态的原理和区别。

【技术要点】

(1) 创建一个空项目 p8_2，向该项目添加程序 Example8_2.cs。

(2) 按 Ctrl+F5 组合键编译并运行应用程序，输出结果如图 8.2 所示。

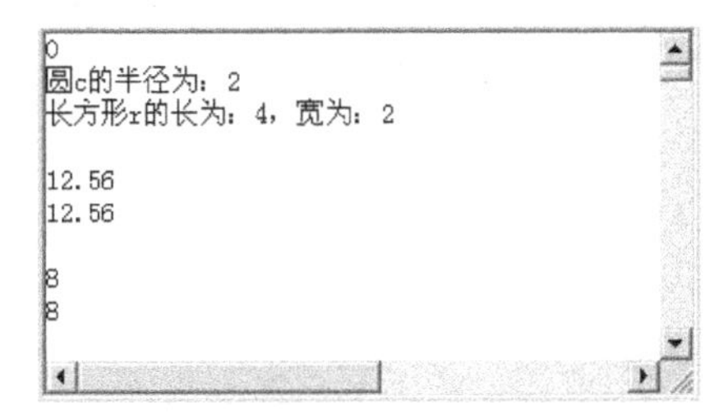

图 8.2 程序 Example8_2 运行结果

8.2.2 代码及分析

```
namespace Example8_2
{
    class Shape  //定义基类
    {
        protected double x, y;
        public Shape() //无参构造函数
        {
        }
        public Shape(double xx,double yy) //有参构造函数，形成重载
        {
            x = xx;
            y = yy;
        }
        public virtual double Area()  //虚方法：求面积
        {
            return 0;
        }
    }
    class Circle : Shape  //派生类 Circle 继承基类 Shape
    {
        public const double PI = 3.14;
        public Circle(double r) : base(r,r)
        {
        }
        public double R
        {
            get { return x; }
            set { x = value; }
        }
        public override double Area()  //覆盖基类虚方法
        {
            return PI * x * x;
        }
    }
    class Rectangle : Shape  //派生类 Rectangle 继承基类 Shape
    {
        public Rectangle(double w,double h):base(w,h)
        {
        }
        public double Width
        {
            get { return x; }
            set { x = value; }
        }
        public double Height
        {
            get { return y; }
            set { y = value; }
        }
        public override double Area() //覆盖基类虚方法
```

```
        {
            return x * y;
        }
    }
    class Test
    {
        public static void Main(string[] args)
        {
            Shape s=new Shape();
            Circle c=new Circle(2);
            Rectangle r=new Rectangle(4,2);
            Console.WriteLine(s.Area());
            Console.WriteLine("圆 c 的半径为：{0}",c.R);
            Console.WriteLine("长方形 r 的长为：{0}，宽为：{1}",r.Width,
                r.Height);
            Console.WriteLine();
            s = c;  //基类引用指向派生类 Circle 对象实例 c
            Console.WriteLine(s.Area()); //通过基类引用调用方法 Area()
            Console.WriteLine(c.Area());
            Console.WriteLine();
            s = r;  //基类引用指向派生类 Rectangle 对象实例 r
            Console.WriteLine(s.Area());   //通过基类引用调用方法 Area()
            Console.WriteLine(r.Area());
            Console.ReadLine();
        }
    }
}
```

程序分析：

(1) 在基类 Shape 中，定义无参构造函数 Shape()和有参构造函数 Shape(double xx,double yy)，形成重载。在测试类 Test 中使用语句“Shape s=new Shape();”，自动调用无参构造函数 Shape()创建对象实例 s，属于编译时多态。

(2) 在基类 Shape 中，使用关键字 virtual 将求面积的方法 Area()定义成虚方法，因为 Shape 类无具体形状，而且派生类所代表的各种形状求面积的方法也各不相同，所以基类 Area()方法体中无须定义具体求面积的公式，只需返回 0 就行了。

(3) 派生类 Circle 继承基类 Shape，代表圆形类。圆形有具体求面积的公式，所以从基类继承的方法 Area()在派生类 Circle 中需要重写，定义时使用关键字 override。派生类 Rectangle 代表矩形类，同样继承基类 Circle，方法 Area()也需要重写。

(4) 在主方法 Main()中，创建基类 Shape、派生类 Circle 和 Rectangle 对象，分别调用求面积的方法 Area()，输出结果为各自所在类中 Area()方法所定义的方法体返回值。然后将派生类的对象实例分别赋给基类引用 s，再通过 s 调用方法 Area()，此时输出的结果为基类引用所指向的对象实例所在类的方法体返回值。在执行过程中，s 先后指代不同的类的实例，从而调用不同的版本。这里 s 的 Area()方法实现了多态，并且 s.Area()究竟执行哪个版本，不是在程序编译时确定的，而是在程序的动态运行时，根据 s 某一时刻的指代类型来确定，体现了运行时动态的多态性。尽管都是通过同一个基类引用来调用方法，调用的方法名也相同，但是输出的结果却不一样，这就是多态。

8.2.3 相关知识及注意事项

C#支持两种类型的多态：编译时的多态和运行时的多态。

编译时的多态是通过重载来实现的。对于非虚的成员来说，系统在编译时根据传递的参数来决定实现何种操作。8.1 节已经学习了通过重载实现的编译时多态。

运行时的多态通过虚方法来实现。运行时的多态直到系统运行时才根据实际情况决定实现何种操作。

编译时多态具有运行速度快的特点，而运行时多态具有高度灵活的特点。

类的方法在声明时前面加上关键字 virtual，称为虚方法；反之，称为非虚方法。使用了 virtual 修饰符后，不允许再用 static、abstract、override 修饰符。

对于非虚方法，无论被其所在类的实例调用，还是被这个类的派生类的实例调用，方法的执行方式都不变。而对于虚方法，它的执行方式可以被派生类改变，这种改变是通过在派生类中对虚方法进行方法的重载来实现的。

编译时多态通过对普通方法(非虚方法)进行重载，而运行时多态通过在派生类中对基类中的虚方法进行重载。这两种重载是有区别的。

普通方法的重载是：类中两个以上的方法(包括隐藏的继承而来的方法)，取得名字相同，只要使用的参数个数或者参数类型不同，而不考虑方法返回值类型，编译器便知道在何种情况下应该调用哪个方法。对基类虚方法的重载是函数重载的另一种特殊形式。在派生类中重新定义此虚方法函数时，要求方法名称、方法返回值类型以及参数表中参数个数、类型和顺序都必须与基类中的虚函数(虚方法)完全一致。在派生类中声明对虚方法的重载时，要求在声明中加上关键字 override，而且不允许再用 static、abstract、override 修饰符。

抽象方法和抽象属性同时也是虚方法和虚属性，所以抽象方法也能实现运行时多态。尽管抽象方法和抽象属性同时隐含为虚方法和虚属性，但是它们不能有 virtual 修饰符，同样在抽象类的派生类中实现抽象方法和抽象属性时，必须要有 override 修饰符。

8.3 拓展知识及案例——重载、重写和隐藏

1. C#重载、重写(覆盖)和隐藏的定义和比较

此处重载指的是普通方法(非虚方法)的重载；重写指的是虚方法的重写(又称覆盖)。重载、重写和隐藏是很容易混淆的类似概念。虽然所有这 3 种技术都使我们得以创建同名的成员，但它们之间有一些重要的差别。

1) C#重载、重写和隐藏的定义

(1) C#重载：同一个作用域(比如一个类里面)内发生，定义一系列同名方法，但是方法的参数列表不同。这样才能通过传递不同的参数来决定到底调用哪一个。而返回值类型不同是不能构成重载的。

(2) C#重写：继承时发生，在子类中重新定义父类中的方法，子类中的方法和父类的方法是一样的。例如，基类方法声明为 virtual(虚方法)，派生类中使用 override 申明此方法的重写。

(3) C#隐藏：基类方法不做申明(默认为非虚方法)，在派生类中使用 new 声明此方法的隐藏。

2) 重载、重写和隐藏的比较

(1) 重载的成员用于提供属性或方法的不同版本，这些版本具有相同名称但是接受不同数量的参数或者接受不同数据类型的参数。

(2) 重写的属性和方法用于替换在派生类中不适合继承基类的属性或方法，有以下几点特点。

① 重写的成员必须接受同一数据类型(如方法返回值类型相同)和参数数量。

② 因派生类继承基类需重写的成员，所以重写(覆盖)的方法访问控制属性不能为 private。

③ 派生类中重写的属性和方法要求在基类有 virtual 修饰符；在派生类中要求有 override 修饰符。

④ 不能扩展被访问元素的可访问性(例如，无法用 public 重写 protected)。

⑤ 不能更改被重写属性的可读性或可写性。

⑥ 不能用属性重写方法，或用方法重写属性。

⑦ 不能用一个 void 方法重写一个有返回值的方法，反之亦然。

⑧ 重写的元素类型(无返回值方法、有返回值方法或属性)、名称、参数列表和返回类型必须相同。

⑨ 重写的用途主要是为了实现多态性。

(3) 隐藏的成员用于局部替换具有更广泛范围的成员。任何类型成员都可以隐藏任何其他类型成员，例如，一个 int 变量可以隐藏一个方法。如果用另外一个方法隐藏某一方法，可以使用一个不同的参数列表以及一个不同的返回类型。若隐藏元素在后来的派生类中不可访问，则没有继承隐藏。例如，如果声明隐藏元素为 private，则派生类的继承类就会继承原始元素，而不是隐藏元素。隐藏的用途主要是为了防止后面的基类修改已在派生类中声明的成员。隐藏不能实现多态性。

2. 重载、重写和隐藏的案例及分析

(1) 重载案例。

```
class A
{
    public void F()
    {
        Console.WriteLine("A.F");
    }
    public int F(int a, int b)
    {
        int c;
        c = a + b;
        Console.WriteLine("{0}+{1}={2}", a, b, c);
        return c;
    }
}
class Test
{
    static void Main(string[] args)
    {
        A a = new A();
```

```
            a.F(2, 3);
            Console.Read();
        }
    }
```

输出结果：

```
2+3=5
```

(2) 重写案例。

```
    class A
    {
        public virtual void F()
        {
            Console.WriteLine("A.F");
        }
    }
    class B : A
    {
        public override void F()
        {
            Console.WriteLine("B.F");
        }
    }
    class Test
    {
        static void Main(string[] args)
        {
            A a = new A();
            a.F();
            B b = new B();
            b.F();
            a = b;
            a.F();
            Console.Read();
        }
    }
```

输出结果：

```
A.F
B.F
B.F
```

(3) 隐藏案例。

```
    class A
    {
        public void F()
        {
            Console.WriteLine("A.F");
        }
    }
    class B : A
```

```
    {
        new public void F()
        {
            Console.WriteLine("B.F");
        }
    }
    class Test
    {
        static void Main(string[] args)
        {
            A a = new A();
            a.F();
            B b = new B();
            b.F();
            a = b;
            a.F();
            Console.Read();
        }
    }
```

输出结果：

```
A.F
B.F
A.F
```

(4) 重载、重写和隐藏的案例分析。

① C#重载时，根据参数选择调用的方法。

② C#重写时，访问父类和子类皆调用子类的重写方法。

③ C#隐藏时，访问父类则调用父类的方法，访问子类则调用子类的方法。

8.4 本章小结

多态是一个非常重要的概念，原指一种事物有多种形态。在C#中，它的定义是：同一操作作用于不同的类的实例，不同的类将进行不同的解释，最后产生不同的执行结果。C#支持两种类型的多态：编译时的多态和运行时的多态。

编译时的多态是通过方法重载来实现的。对于非虚的成员来说，系统在编译时根据传递的参数来决定实现何种操作。运行时的多态通过虚方法来实现。运行时的多态直到系统运行时才根据实际情况决定实现何种操作。

类中两个以上的方法(包括隐藏的继承而来的方法)名称相同，只要使用的参数类型或参数个数不同，编译器便知道在何种情况下调用哪个方法，这就叫做方法的重载。方法重载不考虑返回值的类型。

类的方法在声明时前面加上关键字 virtual，称为虚方法；反之，称为非虚方法。使用了 virtual 修饰符后，不允许再用 static、abstract、override 修饰符。

编译时多态具有运行速度快的特点，而运行时多态具有高度灵活的特点。

8.5 习　　题

1. 选择题

(1) 虚方法的执行方式可以被派生类改变，这种改变通常通过(　　)实现。

A. 方法重载　　B. 构造方法　　C. 值方法　　D. 引用型方法

(2) 在定义类时，如果希望类的某个方法能够在派生类中进一步进行改进，以处理不同派生类的需要，则应将该方法声明成(　　)。

A. sealed 方法　　B. public 方法　　C. virtual 方法　　D. override 方法

(3) 类中两个以上的同名方法，只要(　　)不同，编译器就知道调用哪个方法。

A. 参数类型　　B. 参数类型或参数个数

C. 参数个数与顺序　　D. 返回类型

(4) C#中的方法重写使用关键字(　　)。

A. override　　B. overload　　C. static　　D. inherit

(5) 下列代码输出为(　　)。

```
class Father
{
   public void F() { Console.WriteLine("A.F"); }
   public virtual void G() { Console.WriteLine("A.G"); }
}
class Son : Father
{
   new public void F() { Console.WriteLine("B.F"); }
   public override void G() { Console.WriteLine("B.G"); }
}
class override_new
{
   static void Main()
   {
      Son b = new Son();
      Father a = b;
      a.F();
      b.F();
      a.G();
      b.G();
      Console.ReadLine();
   }
}
```

A. A.F　B.F　A.G　B.G　　B. A.F　B.F　B.G　B.G

C. A.F　A.F　B.G　B.G　　D. B.F　B.F　B.G　B.G

(6) 关于以下 C#代码的说法正确的是(　　)。

```
Public abstract class Animal{
    Public abstract void Eat();}
Public class Tiger:Animal{
    Public override void Eat(){
```

```
    Console.WriteLine("老虎吃动物");}}
Public class Tigress:Tiger{
    Static void main(){
        Tigress tiger=new Tigress();
       Tiger.Eat();}
}
```

A．代码正确，但没有输出

B．代码正确，并且输出为“老虎吃动物”

C．代码错误，因为 Tigress 类没有实现抽象基类 Animal 中的抽象方法

D．代码错误，因为抽象基类 Animal 的 Eat 方法没有实现

(7) 在 C#中，已知下列代码的运行结果是“老虎吃动物”，请问在空白处 1 和空白处 2 分别应该填写的代码是(　　)。

```
    Public class Animal
    {
        Public 空白处1 void Eat()
        {
            Consone.WriteLine("我要吃");
        }
}
Public class Tiger:Animal
    {
        Public 空白处2 void Eat()
        {
            Consone.WriteLine("老虎吃动物");
        }
}
Public calssTest
{
        Static void Main()
        {
           Animal an = new Tiger();
           an.Eat;
        }
}
```

A．Virtual , new　　　　B．override , virtual

C．virtual , override　　　　D．new , virtual

(8) 此程序输出结果是(　　)。

```
public abstract class A { public A() { Console.WriteLine('A'); }
public virtual void Fun() { Console.WriteLine("A.Fun()"); } }
public class B: A { public B() { Console.WriteLine('B'); }
public new void Fun() { Console.WriteLine("B.Fun()"); }
public static void Main() { A a = new B();a.Fun(); } }
```

A．A　B　A.Fun()　　　　B．A　B　B.Fun()

C．B　A　A.Fun()　　　　D．B　A　B.Fun()

(9) 此程序输出结果是(　　)。

```
abstract class BaseClass
{
   public virtual void MethodA(){Console.WriteLine("BaseClass");}
   public virtual void MethodB(){}
}
class Class1: BaseClass
{
   public void MethodA(){Console.WriteLine("Class1");}
   public override void MethodB(){}
}
class Class2: Class1
{
   new public void MethodB(){}
}
class MainClass
{
   public static void Main(string[] args)
   {
      Class2 o = new Class2();
      o.MethodA();
   }
}
```

A．BaseClass　　B．BaseClass Class1　　C．Class1　　D．　Class1 BaseClass

(10) 阅读以下 C#代码：

```
class A
    {
        public abstract void printStr(string str)
        {
            Console.WriteLine(str);
        }
    }
    class B:A
    {
        public override void printStr(string str)
        {
            str=str+"(重写的方法)";
            Console.WriteLine(str);
        }
    }
    class DefaultInitializerApp
    {
        public static void Main()
        {
            B b=new B();
            A a=b;
            a.printStr("打印");
            b.printStr("打印");
            Console.ReadLine();
```

```
        }
    }
```

运行程序后将在控制台窗口打印(　　)。

A. 打印 重写的方法　　　B. 打印 打印 重写的方法

C. 打印　　　　　　　　D. 程序有误，不能运行

2. 简答题

(1) 重载的方法怎样互相区分？

(2) 举例说明派生类对基类成员方法的覆盖和重载有什么区别。

(3) 多态性的含义是什么？C#提供了哪两种多态性？它们之间有什么区别？

(4) 用虚方法实现面向对象系统的多态性会带来什么好处?

(5) 虚成员和抽象成员有什么区别?

3. 改错题

指出下列代码中的错误。

```
abstract class A
{
int y;
public virtual int X
{
get { return 0; }
}
public virtual int Y
{
get { return y; }
set { y = value; }
}
public abstract int Z { get;set;}
}
class B:A
{
int z;
public override int  X
{
get
{
return base.X+1;
}
}
public override int  Y
{
set
{
base.Y = value<0?0:value;
}
}
public abstract override int  Z
{
get
```

```
{
return z;
}
set
{
z=value;
}
}
```

4．代码分析题

分析下面的代码，并写出输出结果。

```
public class A
{
    public virtual void Fun1(int i)
    {
        Console.WriteLine(i);
    }
    public void Fun2(A a)
    {
        a.Fun1(1);
        Fun1(5);
    }
}
public class B : A
{
    public override void Fun1(int i)
    {
        base.Fun1(i + 1);
    }
    public static void Main()
    {
        B b = new B();
        A a = new A();
        a.Fun2(b);
        b.Fun2(a);
        Console.ReadLine();
    }
}
```

5．操作题

(1) 编写 C#应用程序，用函数重载实现求 3 个整数和求 4 个整数的平均值。

(2) 编写一个 C#应用程序，定义学生类 Student 及其派生类 Undergraduate 和 Graduate，实现方法的重载和多态性。

(3) 设计一个信用卡通用付账系统。系统可以使用 3 个银行的信用卡，其中两个是跨地区的银行，一个是本地银行。跨地区的银行提供的信用卡又分为 3 种：本地卡、外地卡、通存通兑卡。系统不处理外地卡付账。实现的功能有付账、查询、转账、取款。利用抽象类和虚方法的概念实现本系统。

(4) 设计基本的几何图形的层级结构，并编程实现其中的主要类型(圆形、三角形、矩形)，要求通过抽象方法、虚拟方法和重载方法来计算各种图形的面积和周长。

步骤一，定义抽象基类 shape，类成员包括两个保护字段/属性：*x*, *y*、构造函数(有参、无参，形成编译时多态)、抽象方法求面积 mianji()、虚方法求周长 zhouchang()。

步骤二，定义派生类三角形 tangle，类成员包括：字段/属性 z、构造函数(使用 base 关键字调用基类构造函数)、重载+密封方法求面积 mianji()［注意使用 sealed 关键字］、重载虚方法求周长 zhouchang()。

提示：三角形面积=$p=(a+b+c)/2$，a、b、c 为三角形的 3 条边，开方函数使用 math.sqrt()

步骤三，定义派生类圆形 circle，类成员包括：字段常量 pi=3.14;属性 R，对半径 x 进行间接读写操作。

构造函数(使用 base 关键字调用基类构造函数)：重载虚方法求面积 mianji()、重载虚方法求周长 zhouchang()。

步骤四，定义派生类矩形 rectangle，类成员包括：属性 width，对 x 进行间接读写操作。属性 height，对 y 进行间接读写操作。

步骤五，定义方法，生成一个存放 shape 类型的数组 arr，将 shape 派生类的对象放入该数组中，并将数组 arr 返回。

步骤六，使用 foreach 语句，将数组中的对象信息(面积、周长、类型)输出。

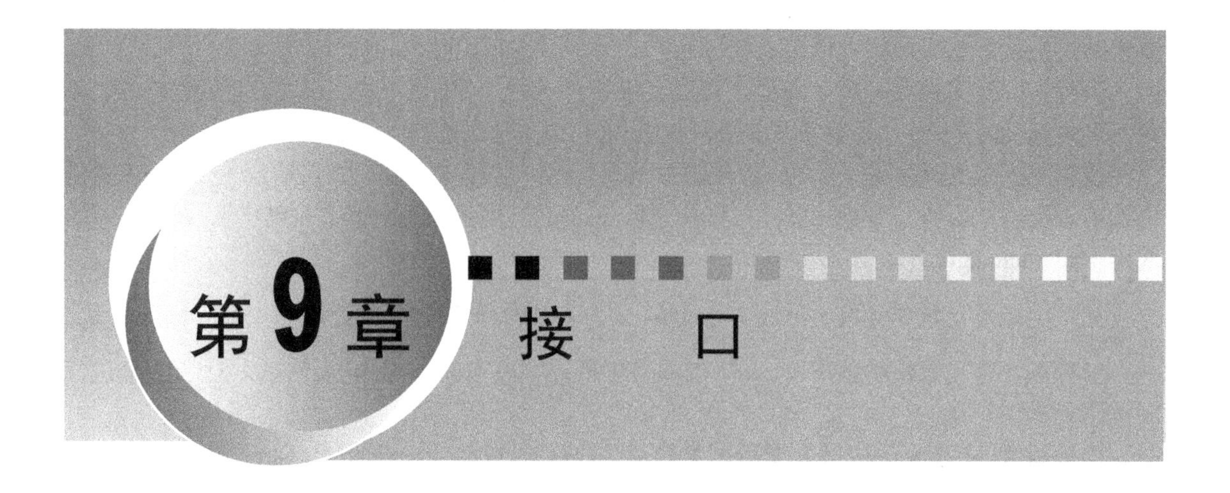

第9章 接　口

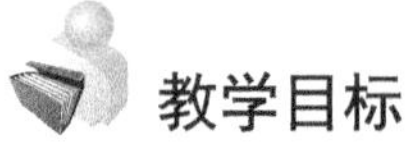

教学目标

(1) 理解接口的概念。

(2) 领会接口与抽象类的异同之处。

(3) 掌握接口的声明方法。

(4) 掌握接口的实现方法。

(5) 掌握接口成员的显式实现环境和方法。

(6) 掌握继承在接口中的应用。

教学要求

知 识 要 点	能 力 要 求	相 关 知 识
接口的声明与实现	掌握	接口的定义、接口的实现
接口成员的显式实现	掌握	接口成员的显式实现方法
接口与继承	掌握	接口间的继承、类继承接口
接口与抽象类	理解	接口与抽象类的异同

9.1　接口的声明与实现

9.1.1　案例说明

【案例简介】

本案例声明代表形状的接口 IShape，定义代表长方形的类 Rectangle、代表三角形的类 Triangle 并分别实现接口 IShape。

【案例目的】

(1) 理解接口和类的区别。

(2) 掌握如何声明接口。

(3) 掌握如何实现接口。

【技术要点】

(1) 创建一个空项目 p9_1，向该项目添加程序 Example9_1.cs。

(2) 按 Ctrl+F5 组合键编译并运行应用程序，输出结果如图 9.1 所示。

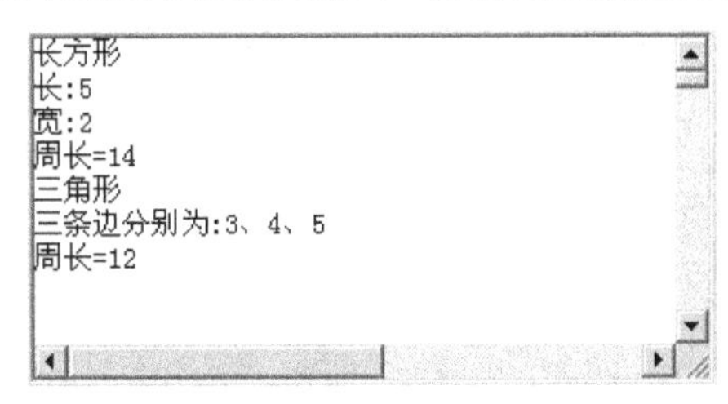

长方形
长:5
宽:2
周长=14
三角形
三条边分别为:3、4、5
周长=12

图 9.1　程序 Example9_1 运行结果

9.1.2　代码及分析

```
namespace Example9_1
{
   public interface IShape  //接口的声明
   {
      string Type  //属性，表示形状类型
      {
         get;
      }
      double Perimeter(); //方法，表示求周长
   }
   public class Rectangle : IShape  //接口的实现
   {
      private double width, height;
      public Rectangle(double x, double y) //构造函数
      {
         width = x;
         height=y;
      }
      public double Width
      {
         get { return width; }
```

```
        set { width = value; }
    }
    public double Height
    {
        get { return height; }
        set { height = value; }
    }
    public string Type  //接口属性的实现
    {
        get{return "长方形";}
    }
    public double Perimeter()  //接口方法的实现
    {
        return 2 * (Width + Height);
    }
}
public class Triangle : IShape  //接口的实现
{
    private double a,b,c;
    public Triangle(double x, double y, double z) //构造函数
    {
        a = x;
        b = y;
        c = z;
    }
    public double A
    {
        get { return a; }
        set { a = value; }
    }
    public double B
    {
        get { return b; }
        set { b = value; }
    }
    public double C
    {
        get { return c; }
        set { c = value; }
    }
    public string Type  //接口属性的实现
    {
        get { return "三角形"; }
    }
    public double Perimeter()  //接口方法的实现
    {
        return A + B + C;
    }
}
class Test
{
    public static void Main(string[] args)
```

```
        {
            Rectangle r = new Rectangle(5, 2);
            Console.WriteLine(r.Type);
            Console.WriteLine("长:{0}",r.Width);
            Console.WriteLine("宽:{0}", r.Height);
            Console.WriteLine("周长={0}", r.Perimeter());
            Triangle t=new Triangle(3,4,5);
            Console.WriteLine(t.Type);
            Console.WriteLine("三条边分别为:{0}、{1}、{2}",t.A,t.B,t.C);
            Console.WriteLine("周长={0}", t.Perimeter());
            Console.ReadLine();
        }
    }
}
```

程序分析：

(1) 声明接口 IShape 代表形状，在接口 IShape 中声明一个属性成员 Type 代表形状的类型和一个方法成员 Perimeter()代表求形状的周长。

(2) 定义长方形类 Rectangle，用于实现接口 IShape，在类 Rectangle 中分别实现接口 IShape 中的全部成员。

(3) 定义三角形类 Triangle，用于实现接口 IShape，在类 Triangle 中分别实现接口 IShape 中的全部成员。

9.1.3 相关知识及注意事项

类是具有属性和作用在这些属性上的方法的对象的抽象，除了抽象类中的抽象成员以外，类中的成员不仅有定义，而且有实现。接口是定义行为特性或能力，并在类中应用这些行为的数据结构。接口必须通过类来实现。类和接口的最大区别在于：类可以定义对象(抽象类除外)，类不可以多重继承；而接口不能定义对象，接口可以实现多重继承。

接口的声明形式为：

```
[属性信息]  [修饰符]  interface  接口名称  [: 基接口列表]
{
    接口体;
}
```

其中相关注意事项如下。

(1) 属性信息为附加的声明信息。

(2) 修饰符只能用 new、public、protected、internal、private，在一个接口定义中同一修饰符不允许出现多次，new 修饰符只能出现在嵌套接口中，表示覆盖了继承而来的同名成员。

(3) 基接口列表可以包含一个或多个基接口，接口之间用逗号分隔。

(4) 接口体可以是定义接口的成员，其成员必须是方法、属性、事件或索引器，接口成员不能包含常数、字段、运算符、实例构造函数、析构函数或类型，也不能包含任何类的静态成员。

接口本身不提供它所定义的成员的实现，因此，成员的声明总是以分号结尾。接口属性声明的访问器与类属性声明的访问器相对应，不同之处在于接口属性声明的访问器必须始终是一个分号，因此，接口属性访问器只指示属性为只读、只写或读写，而没有具体操作。接口方法的声明直接在方法头部后面使用分号结束，标识方法体的大括号也不能使用。

所有接口成员都隐式地具有 public 访问权限。接口成员包含任何访问修饰符都将导致编译时错误。具体地说，接口成员包含以下任何修饰符时都会出现编译时错误：abstract、public、protected、internal、private、virtual、override、static。

接口只是由属性、方法、事件或索引器组成的框架，并没有描述任何对象的实例代码，所以要想使用一个接口，必须通过类来实现。类使用接口必须要实现该接口，其实也是类继承该接口，方法是在类名之后紧接着包含“：”和接口名称，同一个类可以同时实现(继承)多个接口，方法是在接口名后用逗号分开列出。一个类如果要实现(继承)某个接口，必须实现该接口所定义的所有成员。

接口的属性在类中的实现：类若实现了接口属性，则属性的数据类型和参数的数据类型必须完全匹配接口中对该属性的描述；属性定义所采用的格式必须与接口定义的格式完全相同，但属性名称可以不同。在程序 Example9_1 中，接口 IShape 定义了属性 Type，以下代码实现此属性是非法的，因为属性的数据类型不一致。

```
public  double   Type
{
  get{return "长方形";}
}
```

以下代码对此属性的实现也是非法的，因为实现时将属性声明为可读写而不是只读。

```
public  double   Type
{
  get{return "长方形";}
  set{ }
}
```

接口的方法在类中的实现：类若实现了接口方法，则方法的返回数据类型、参数个数和参数数据类型必须与接口中定义的完全相同。

接口不是类，不能使用 new 操作符实例化接口。例如，在程序 Example9_1 中，出现下列语句将是错误的。

```
IShape  shape1=new  IShape(); //错误
```

尽管不能创建接口对象，但可以声明接口变量引用，并且接口变量引用必须指向一个实现了该接口的类的对象，语句如下：

```
IShape[] shape= new  IShape[2];  //声明接口类型数组，数组长度为 2
Rectangle r = new Rectangle(5, 2);  //创建对象实例
Triangle t=new Triangle(3,4,5);  //创建对象实例
shape[0]=r;   //将接口类型引用指向实现该接口的类对象实例
//下面通过接口变量的引用访问其所指类对象实例成员
Console.WriteLine("周长={0}", shape[0].Perimeter());
shape[1]=t;   //将接口类型引用指向实现该接口的类对象实例
//下面通过接口变量的引用访问其所指类对象实例成员
Console.WriteLine("周长={0}", shape[1].Perimeter());
```

以上语句首先声明一个接口类型的数组，它包含两个接口类型的变量(数组元素即变量)，然后再将两个实现了该接口的类的对象实例分别赋给这两个接口变量(两个接口型数组元素)，

接下来就可以通过接口变量的引用访问其所指类对象实例成员(此处分别通过两个接口型数组元素访问实现该接口的类对象方法)。

9.2　接口的隐式实现与显式实现

9.2.1　案例说明

【案例简介】

本案例声明两个接口 ICtemperature 和 IFtemperature，分别代表摄氏温度和华氏温度。定义类 Temperature 分别实现接口 ICtemperature 和 IFtemperature。其中，类 Temperature 实现接口 ICtemperature 的成员时使用了隐式声明，在实现接口 IFtemperature 的成员时使用了显式声明。

【案例目的】

(1) 掌握接口成员的隐式实现和显式实现的区别。

(2) 学会在什么情况下使用接口成员的显式实现。

(3) 掌握接口成员的显式实现方法。

(4) 掌握显式接口成员的访问方法。

【技术要点】

(1) 创建一个空项目 p9_2，向该项目添加程序 Example9_2.cs。

(2) 按 Ctrl+F5 组合键编译并运行应用程序，输出结果如图 9.2 所示。

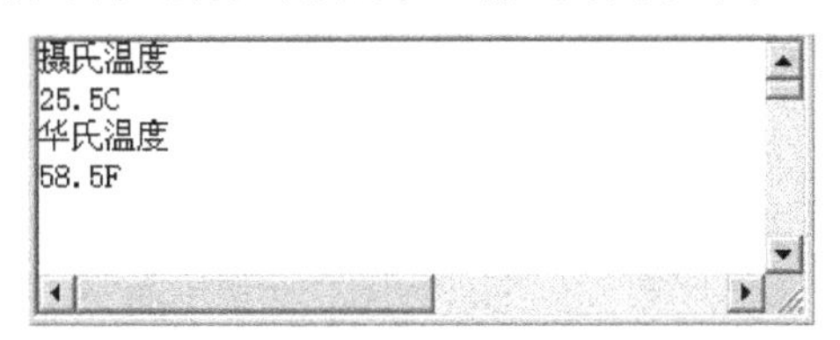

图 9.2　程序 Example9_2 运行结果

9.2.2　代码及分析

```
namespace Example9_2
{
   public interface ICtemperature   //接口的声明:摄氏温度
   {
      string Type  //属性
      {
         get;
      }
      double values(); //方法
   }
   public interface IFtemperature   //接口的声明:华氏温度
   {
      string Type  //属性
      {
         get;
      }
```

```
        double values(); //方法
    }
    class Temperature: ICtemperature, IFtemperature
                                        //类的定义，实现两个接口
    {
        private string type;
        private double t;
        public Temperature(double tt)
        {
            t=tt;
        }
        public string Type  //接口属性的实现(隐式实现)
        {
            get {return "摄氏温度";}
        }
        public double values()  //接口方法的实现(隐式实现)
        {
            return t;
        }
        string IFtemperature.Type  //接口属性的显式实现
        {
            get {return "华氏温度"; }
        }
        double IFtemperature.values()  //接口方法的显式实现
        {
            return (9 / 5 + t) + 32;
        }
    }
    class Test
    {
        public static void Main(string[] args)
        {
            Temperature tempe1 = new Temperature(25.5);
            Console.WriteLine(tempe1.Type);
            Console.WriteLine("{0}C",tempe1.values());
            IFtemperature ftempe1 = (IFtemperature)tempe1;
            Console.WriteLine(ftempe1.Type);
            Console.WriteLine("{0}F",ftempe1.values());
            Console.ReadLine();
        }
    }
}
```

程序分析：

声明两个接口 ICtemperature 和 IFtemperature，分别代表摄氏温度和华氏温度。它们有相同的属性 Type 和相同的方法 values()。Type 属性表示温度系统的名称，values()方法用来计算温度值。定义类 Temperature 用来实现接口 ICtemperature 和 IFtemperature，它有一个字段 t 用来存储温度的值。类 Temperature 在实现接口 ICtemperature 和 IFtemperature 时，其属性 Type 的值分别为“摄氏温度”和“华氏温度”，其 values()计算温度值的方法也不一样。类 Temperature 实现接口 ICtemperature 的成员时使用了隐式声明，在实现接口 IFtemperature 的成员时使用了显式声明。在主方法 Main()中，创建类 Temperature 的对象实例，在调用摄氏温度和华氏温度的属性 Type 和方法 values()时，方式也不一样。摄氏温度的属性 Type 和方法 values()可以通过类实例访问，而华氏温度的属性 Type 和方法 values()必须通过接口引用访问。

9.2.3　相关知识及注意事项

接口的实现分为隐式实现和显式实现。如果类或者结构要实现的是单个接口，可以使用隐式实现。隐式实现也是 C#默认实现接口方式，类中隐式实现接口成员时，不用在接口成员名前加上接口名以限定。如果类或者结构继承了多个接口，并且多个接口包含具有相同签名的成员，类中隐式实现该成员将导致多个接口都使用该成员作为它们的实现，这时接口中相同名称成员就要显式实现。接口成员的显式实现是指实现接口成员时，成员名称使用完全限定接口成员名。完全限定接口成员名包括声明该成员的接口名称，后跟一个点，再后跟该成员的名称。如本案例中的 IFtemperature.Type 和 IFtemperature.values()，分别为接口属性成员的显式实现和接口方法成员的显式实现。

在程序 Example9_2 中，希望默认采用摄氏温度，因此，从接口 ICtemperature 隐式实现属性 Type 和方法 values()，没有在属性和方法名前加上接口名。

在访问默认的隐式实现的接口成员时，既可以通过实现该接口的类实例来访问，也可以通过该接口的引用来访问。而在访问显式实现的接口成员时，只能通过该接口的引用来访问，而不能通过实现该接口的类对象实例来访问，如程序 Example9_2 中的访问方法：

```
Temperature tempe1 = new Temperature(25.5);
IFtemperature ftempe1 = (IFtemperature)tempe1;
Console.WriteLine(ftempe1.Type);
Console.WriteLine("{0}F",ftempe1.values());
```

(1) 接口的隐式实现示例。

```
    public interface IReview
    {
        void GetReviews();
    }
    public class ShopReview : IReview
    {
        public void GetReviews()
        {
            Console.WriteLine("接口的隐式实现");
        }
    }
    public class Test
    {
        static void Main(string[] args)
        {
            IReview rv1 = new ShopReview();
            rv1.GetReviews();
            ShopReview rv2 = new ShopReview();
            rv2.GetReviews();
            Console.ReadLine();
        }
```

```
    }
```

输出结果：

```
接口的隐式实现
接口的隐式实现
```

在上面接口隐式实现代码中，接口引用和实现接口的类实例都可以调用 GetReviews()这个方法：

```
IReview rv1 = new ShopReview();
rv1.GetReviews();
ShopReview rv2 = new ShopReview();
rv2.GetReviews();
```

(2) 接口的显式实现示例。

```
    public interface IReview
    {
        void GetReviews();
    }
    public class ShopReview : IReview
    {
        void IReview.GetReviews()
        {
            Console.WriteLine("接口的显式实现");
        }
    }
    public class Test
    {
        static void Main(string[] args)
        {
            IReview rv = new ShopReview();
            rv.GetReviews();
            Console.ReadLine();
        }
    }
```

输出结果：

```
接口的显式实现
```

在上面显式接口实现代码中，GetReviews()就只能通过接口来调用。

```
IReview rv = new ShopReview();
rv.GetReviews();
```

而不能通过实现接口的类实例调用，如添加下面这种方式将会编译错误。

```
ShopReview rv = new ShopReview();
rv.GetReviews();
```

显式接口成员执行体避免了成员之间因为同名而发生混淆。如果一个类希望对名称和返回值类型相同的接口成员采用不同的实现方式，这就必须使用显式接口成员执行体；如果没有显式接口成员执行体，对于名称和返回值类型相同的接口成员，类将无法实现。

9.3　接口与继承

9.3.1　案例说明

【案例简介】

本案例声明接口 ILife、IPerson、IStudent，分别代表生命、人、学生，接口 IStudent 继承接口 ILife 和接口 IPerson，实现接口的多继承。定义类 Academician 代表大学生，继承接口 IStudent。

【案例目的】

(1) 掌握继承接口的方法。

(2) 掌握类继承接口的方法。

(3) 掌握接口多继承时，类怎样实现接口。

(4) 掌握类继承和接口继承的区别。

【技术要点】

(1) 创建一个空项目 p9_3，向该项目添加程序 Example9_3.cs。

(2) 按 Ctrl+F5 组合键编译并运行应用程序，输出结果如图 9.3 所示。

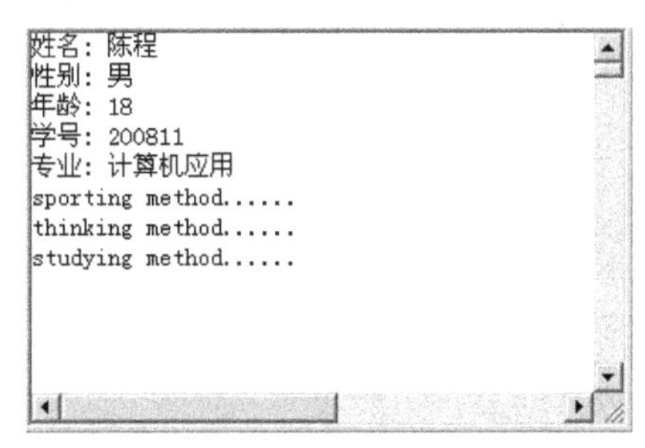

图 9.3　程序 Example9_3 运行结果

9.3.2　代码及分析

```
namespace Example9_3
{
    interface ILife  //定义 ILife 接口：代表生命
    {
        void sport();  //方法：运动行为
    }
    interface IPerson  //定义 IPerson 接口：代表人
    {
        string Name  //属性：姓名
        {
            get;
            set;
        }
        string Sex  //属性：性别
        {
            get;
```

```
        set;
    }
    int Age  //属性：年龄
    {
        get;
        set;
    }
    void think();  //方法：思考行为
}
//定义 IStudent 接口从 ILife 接口和 IPerson 接口多重继承：代表学生
interface IStudent : ILife, IPerson
{
    string Sno  //属性：学号
    {
        get;
        set;
    }
    void study();  //方法：学习行为
}
//定义 Academician 类实现 IStudent 接口：代表大学生
class Academician : IStudent
 {
    private string speciality;  //字段：专业
    private string name;
    private string sex;
    private int age;
    private string sno;
    public Academician(string xm, string xb, int nl, string xh, string zy)
    {
        name = xm;
        sex = xb;
        age = nl;
        sno = xh;
        speciality = zy;
    }
    public string Speciality
    {
        get { return speciality; }
        set { speciality = value; }
    }
    public string Name
    {
        get { return name; }
        set { name = value; }
    }
    public string Sex
    {
        get { return sex; }
        set { sex = value; }
    }
    public int Age
    {
```

```
            get { return age; }
            set { age=value; }
        }
        public string Sno
        {
            get { return sno; }
            set { sno = value; }
        }
        public void sport()
        {
            Console.WriteLine("sporting method……");
        }
        public void think()
        {
            Console.WriteLine("thinking method……");
        }
        public void study()
        {
            Console.WriteLine("studying method……");
        }
    }
    class Test
    {
        public static void Main(string[] args)
        {
            Academician academician = new Academician("陈程","男",18,
                "200811","计算机应用");
            Console.WriteLine("姓名: {0}", academician.Name);
            Console.WriteLine("性别: {0}", academician.Sex);
            Console.WriteLine("年龄: {0}", academician.Age);
            Console.WriteLine("学号: {0}", academician.Sno);
            Console.WriteLine("专业: {0}", academician.Speciality);
            academician.sport();
            academician.think();
            academician.study();
            Console.ReadLine();
        }
    }
}
```

程序分析：

(1) 声明接口 ILife 代表生命，其中定义方法 sport()描述运动行为。

(2) 声明接口 IPerson 代表人，其中定义属性 Name 描述姓名、属性 Sex 描述性别、属性 Age 描述年龄、方法 think()描述思考行为。

(3) 声明接口 IStudent 代表学生，其中定义属性 Sno 描述学号、方法 study()描述学习行为，同时接口 IStudent 继承接口 ILife 和接口 IPerson，因此学生接口 IStudent 具有生命接口 ILife 和人接口 IPerson 的所有属性和方法。

(4) 定义类 Academician 代表大学生，继承接口 IStudent，其中定义字段变量 Speciality 描述专业。

(5) 类 Academician 不仅实现其基接口 IStudent 中定义的所有成员，而且还实现了接口 IStudent 的基接口 ILife 和 IPerson 的所有成员。

(6) 在主方法 Main()中定义类 Academician 的对象实例，然后通过这个对象实例来访问类 Academician 继承并实现的所有成员。

9.3.3 相关知识及注意事项

接口虽然只是定义属性、方法、事件或索引器的说明，不提供其成员的实现，但是接口间可以继承，如同类的继承一样。C#中的接口与类不同，可以使用多继承，即一个子接口可以有多个父接口。类在实现一个接口时，不仅要实现这个接口的全部成员，而且还要实现该接口所继承的所有接口的全部成员。但如果两个父成员具有同名的成员，就产生了二义性(这也正是 C#类中取消了多继承的原因之一)，这时在实现时最好使用显式成员实现。

一个类虽然只能继承一个父亲类，但却可以在单继承类的同时，多继承不同接口，同时必须实现这些接口及其父接口的所有成员。

9.4 接口与抽象类

9.4.1 案例说明

【案例简介】

本案例声明接口 IPerson 代表人，定义抽象类 Student 代表学生，定义类 Academician 代表大学生。类 Academician 继承接口 IStudent 和抽象类 Student。类 Academician 不仅实现其基接口 IPerson 中定义的所有成员，而且还要重写抽象基类 Student 的所有抽象成员。

【案例目的】

(1) 掌握接口与抽象类的异同点。

(2) 掌握派生类如何实现基接口和抽象基类。

(3) 领会类如何实现多重继承。

【技术要点】

(1) 创建一个空项目 p9_4，向该项目添加程序 Example9_4.cs。

(2) 按 Ctrl+F5 组合键编译并运行应用程序，输出结果如图 9.4 所示。

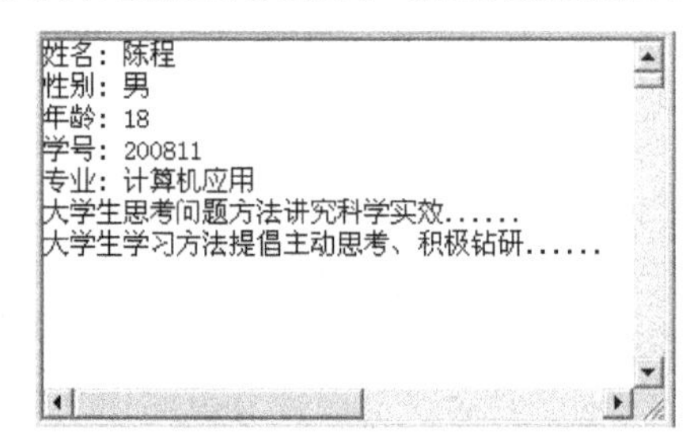

图 9.4 程序 Example9_4 运行结果

9.4.2 代码及分析

```
namespace Example9_4
```

```
{
    interface IPerson  //定义 IPerson 接口：代表人
    {
        string Name  //属性：姓名
        {
            get;
            set;
        }
        string Sex  //属性：性别
        {
            get;
            set;
        }
        int Age  //属性：年龄
        {
            get;
            set;
        }
        void think();  //方法：思考行为
    }
    abstract class Student   //定义抽象类 Student：代表学生
    {
        private string sno;  //字段变量：学号
        private string className;  //字段变量：班级名称
        public Student(string xh, string bj)
        {
            sno = xh;
            className = bj;
        }
        public string Sno  //非抽象属性：学号
        {
            get { return sno; }
            set { sno = value; }
        }
        public string ClassName  //非抽象属性：班级名称
        {
            get { return className; }
            set { className = value; }
        }
        public abstract void study();  //抽象方法：学习行为
    }
    //定义类 Academician 实现抽象类 Studen 和接口 IStudent：代表大学生
    class Academician : Student, IPerson
     {
        private string speciality;  //字段变量：专业
        private string name;
        private string sex;
        private int age;
        public Academician(string xh, string bj, string xm,
                           string xb, int nl, string zy)
                           : base(xh, bj)
        {
```

```
            name = xm;
            sex = xb;
            age = nl;
            speciality = zy;
        }
        public string Speciality  //定义属性
        {
            get { return speciality; }
            set { speciality = value; }
        }
        public string Name  //实现接口属性
        {
            get { return name; }
            set { name = value; }
        }
        public string Sex
        {
            get { return sex; }
            set { sex = value; }
        }
        public int Age
        {
            get { return age; }
            set { age=value; }
        }
        public void think()  //实现接口方法
        {
            Console.WriteLine("大学生思考问题方法讲究科学实效……");
        }
        public override void study()  //重写抽象基类抽象方法
        {
            Console.WriteLine("大学生学习方法提倡主动思考、积极钻研……");
        }
     }
    class Test
    {
        public static void Main(string[] args)
        {
            Academician academician = new Academician("200811",
               "08软件.NET班","陈程", "男", 18, "计算机应用");
            Console.WriteLine("姓名: {0}", academician.Name);
            Console.WriteLine("性别: {0}", academician.Sex);
            Console.WriteLine("年龄: {0}", academician.Age);
            Console.WriteLine("学号: {0}", academician.Sno);
            Console.WriteLine("班级: {0}", academician.ClassName);
            Console.WriteLine("专业: {0}", academician.Speciality);
            academician.think();
            academician.study();
            Console.ReadLine();
        }
    }
}
```

程序分析：

(1) 声明接口 IPerson 代表人，其中定义属性 Name 描述姓名、属性 Sex 描述性别、属性 Age 描述年龄、方法 think()描述思考行为。

(2) 声明抽象类 Student 代表学生，其中定义字段变量 sno 描述学号、字段变量 className 描述班级名称、抽象方法 study()描述学习行为。

(3) 定义类 Academician 代表大学生，继承接口 IPerson 和抽象类 Student，其中定义字段变量 speciality 描述专业。

(4) 类 Academician 不仅实现其基接口 IPerson 中定义的所有成员，包括属性 Name、属性 Sex、属性 Age 和方法 think()，而且还要重写其抽象基类 Student 的所有抽象成员，包括方法 study()。

(5) 在主方法 Main()中定义类 Academician 的对象实例，然后通过这个对象实例来访问类 Academician 继承并实现的接口 IPerson 所有成员和继承并重写的抽象类 Student 所有成员，以及 Academician 自身成员。

9.4.3 相关知识及注意事项

有时开发人员面临着选择将功能设计为接口还是抽象类的问题。抽象类是一种不能实例化而必须从其继承的类。抽象类可以完全实现，但更常见的是部分实现或根本不实现。因此，抽象类可封装继承类的通用不变的功能，也可以通过实现抽象类的抽象属性和抽象方法为继承类提供其不同的功能；相反，接口是完全抽象的成员集合，可以被看作是操作定义合同，接口的实现完全留给开发者去做。

一个接口可以看成一个类定义，即定义一组方法、属性，但并不实现它们。因此，接口定义只包括成员的定义，而没有成员的实现代码。接口成员只能包含属性、方法、事件和索引器，不能包含常量、域(私有数据成员)、构造方法和析构方法，或者任何类型的静态成员。一个接口非常类似于只包含抽象方法和抽象属性的抽象类。

接口不能定义任何成员的实现，而抽象类既可以包含非抽象成员，即实现的成员，也可以包含抽象成员，即没有实现的成员。类可以实现许多接口，但是一个类只有一个直接基类。一个接口的所有成员都是隐含为公有的，如果试图在接口成员中指定任何其他修饰符，编译时将出错。而抽象类成员在声明时可以有相关修饰符，抽象成员在类中实现时必须使用 override 关键字。

抽象类主要用于关系密切的对象，而接口最适合为不相关的类提供通用功能。虽然接口实现可以进化，但接口本身一旦被发布就不能更改。对已发布的接口进行更改会破坏现有代码。若把接口视为约定，很明显约定双方都有其承担的义务。接口的发布者同意不再更改该接口，接口的实现者则同意严格按照设计来实现接口。

9.5 拓展知识及案例——抽象类、接口与多态

1. C#抽象类与接口的比较

(1) 抽象类和接口的相似之处表现在以下几点。

① 两者都包含可以由子类继承的抽象成员。

② 两者都不能直接实例化。

③ 两者都能实现多态。

(2) 抽象类和接口的区别表现在以下几点。

① 抽象类除拥有抽象成员之外，还可以拥有非抽象成员，而接口所有的成员都是抽象的。

② 抽象成员可以是私有的，而接口的成员一般是公有的。

③ 接口中不能含有构造函数、析构函数、静态成员和常量。

④ C#只支持单继承，即子类只能继承一个父类，而一个子类却能继承多个接口。

2. C#多态

父类(或父接口)定义的抽象方法，在子类对其进行实现之后，C#允许将子类赋值给父类(父接口)，然后在父类(父接口)中，通过调用抽象方法来实现子类具体的功能。

运行时多态，只有等到方法调用的那一刻，编译器才会确定所要调用的具体方法，这称为“晚绑定”或“动态绑定”。

3. C#抽象类实现多态

```
    public abstract class Player
    {
        private string type;  //抽象类可以有非抽象、非公有成员
        public Player()  //抽象类可以有构造函数
        {
        }
        public abstract string Type
//因为不同运动员有不同的运动类型，所以 Type 是一个“虚属性”
        {
            get;
        }
        public abstract void Train();
//因为不同运动员有不同的训练方法，所以 Train()是一个“虚方法”
    }
    public class FootballPlayer : Player
    {
        public override string Type
        {
            get { return "足球运动员"; }
        }
        public override void Train()
        {
            Console.WriteLine("{0}运动员的训练方法是……", Type);
        }
    }
    public class SwimPlayer : Player
    {
        public override string Type
        {
            get { return "游泳运动员"; }
        }
        public override void Train()
        {
```

```
            Console.WriteLine("{0}运动员的训练方法是……", Type);
        }
    }
    public class TabletennisPlayer : Player
    {
        public override string Type
        {
            get { return "乒乓球运动员"; }
        }
        public override void Train()
        {
            Console.WriteLine("{0}运动员的训练方法是……", Type);
        }
    }
    class Test
    {
        static void Main(string[] args)
        {
            Player p1;  //定义抽象类引用
            p1 = new FootballPlayer();
            p1.Train();
             p1 = new SwimPlayer();
            p1.Train();
            p1 = new TabletennisPlayer();
            p1.Train();
            Console.ReadLine();
        }
    }
```

运行结果如图 9.5 所示。

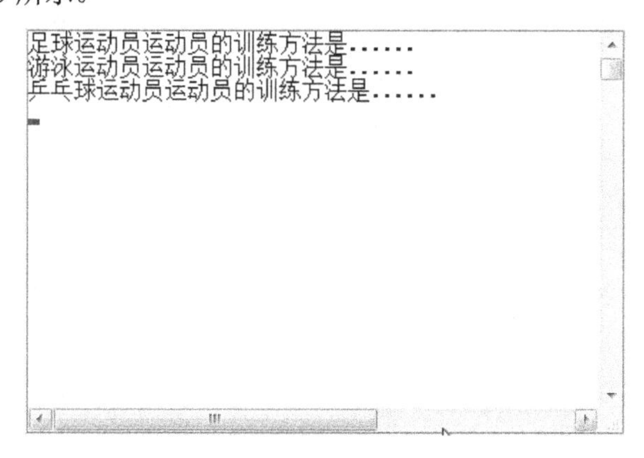

图 9.5　C#抽象类实现多态代码运行结果

程序中首先定义一个抽象类 Player，其中定义抽象属性 Type 和抽象方法 Train()，然后分别定义足球运动员类 FootballPlayer、游泳运动员类 SwimPlayer 和乒乓球运动员类 TabletennisPlayer，这 3 个类都继承抽象类 Player，类中分别实现抽象属性 Type 和抽象方法 Train()。测试类中，首先声明一个抽象类的引用 p1，然后用 p1 分别指向 FootballPlayer 类、SwimPlayer 类和 TabletennisPlayer 类对象实例，最后通过抽象类引用 p1 调用同名方法 Train()，输出不同结果，这就是“多态”。因为是在运行时绑定不同类中的同名方法实现的多态，所以又称为“运行时多态”。

4. C#接口实现多态

```
        public interface IShape
        {
            double Area();
            void SetData();
        }
        public class Trianle : IShape
        {
            double dblEdge1, dblEdge2, dblEdge3;
            public Trianle(double e1, double e2, double e3)
            {
                dblEdge1 = e1;
                dblEdge2 = e2;
                dblEdge3 = e3;
            }
            public double Area()
            {
                double p = (this.dblEdge1 + this.dblEdge2 + this.dblEdge3) / 2.0;
                double  area  =  System.Math.Sqrt(p  *  (p  -  this.dblEdge1)  *  (p  -
this.dblEdge2) * (p - this.dblEdge3));
                return area;
            }
            public void SetData()
            {
                Console.WriteLine("The shape is a Triangle");
            }
        }
        public class Rect : IShape
        {
            double dblWidth, dblHeight;
            public Rect(double wid, double hei)
            {
                dblWidth = wid;
                dblHeight = hei;
            }
            public double Area()
            {
                double area = dblWidth * dblHeight;
                return area;
            }
            public void SetData()
            {
                Console.WriteLine("The shape is a Rect");
            }
        }
        public class Circle : IShape
        {
            double dblRadius;
            public Circle(double r)
```

```
        {
            dblRadius = r;
        }
        public double Area()
        {
            double area = Math.PI * dblRadius * dblRadius;
            return area;
        }
        public void SetData()
        {
            Console.WriteLine("The shape is a Circle");
        }
    }
    class Area
    {
        static void Main(string[] args)
        {
            //接口多态
            IShape shape;  //定义接口引用
            shape = new Trianle(6, 8, 10);
            shape.SetData();
            Console.WriteLine("三角形的面积为：{0}", shape.Area());
            shape = new Rect(6, 10);
            shape.SetData();
            Console.WriteLine("矩形的面积为：{0}", shape.Area());
            shape = new Circle(5);
            shape.SetData();
            Console.WriteLine("圆形的面积为：{0}", shape.Area());
            Console.Read();
        }
    }
```

运行结果如图 9.6 所示。

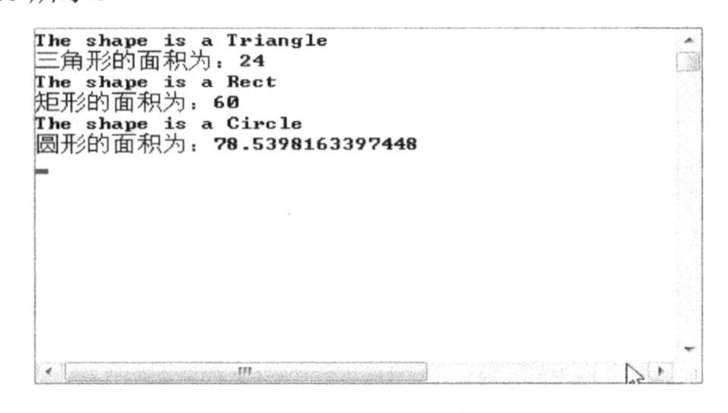

图 9.6　C#接口实现多态代码运行结果

主函数代码中首先声明一个形状接口引用 shape，然后对其赋值为矩形实例，并调用 Area()方法得到其面积；接着使接口引用指向一个三角形实例，调用 Area()方法得到其面积；圆形也是一样。同样的接口引用 shape，调用名称相同的方法 Area()，得到不同结果，实现“运行时多态”。

9.6 本章小结

接口在 C#开发中起着一种特殊的作用。接口是定义行为特性或能力，并在类中应用这些行为的数据结构。接口本身不提供它所定义的成员的实现，只提供成员的说明。接口必须通过类来实现。如果一个类实现了某个接口，则这个类必须提供对该接口所有成员的实现。

如果两个接口具有相同的成员名称，实现两个接口的类为每个接口成员提供一个单独的实现，这时必须采用接口成员的显式实现。接口成员的显式实现是指实现接口成员时，成员名称使用完全限定名。完全限定接口成员名包括声明该成员的接口名称，后跟一个点，再后跟该成员的名称。

接口虽然只是定义属性、方法、事件或索引器的说明，不提供其成员的实现，但是接口间可以继承，如同类的继承一样。C#中的接口与类不同，可以使用多继承，即一个子接口可以有多个父接口。

接口不能定义任何成员的实现，而抽象类既可以包含非抽象成员，即实现的成员，也可以包含抽象成员，即没有实现的成员。类可以实现许多接口，但是一个类只有一个直接基类。一个接口的所有成员都是隐含为公有的，如果试图在接口成员中指定任何其他修饰符，编译时将出错。而抽象类成员在声明时可以有相关修饰符，抽象成员在类中实现时必须使用 override 关键字。

9.7 习　题

1. 选择题

(1) 在 C#中，多继承通过(　　)来实现。

A. 属性　　B. 接口　　C. 索引器　　D. 方法

(2) 以下的 C#代码，试图用来定义一个接口。

```
public interface IFile
{
  int A;
  int delFile()
  { A = 3; }
  void disFile();
}
```

关于以上代码，以下描述错误的是(　　)。

A. 以上代码中存在的错误包括：不能在接口中定义变量，所以 int A 代码行将出现错误

B. 以上代码中存在的错误包括：接口方法 delFile()是不允许实现的，所以不能编写具体的实现函数

C. 代码“void disFile();”声明无错误，接口可以没有返回值

D. 代码“void disFile();”应该编写为“void disFile(){}”

(3) 接口 MyInterface 的定义如下：

```
public interface MyInterface
{
  string Name {get;}
}
```

类 MyClass 定义如下：

```
class MyClass:MyInterface
{
  string Name
  {  get {return "only a test!";}  }
}
```

则下列语句的编译、运行结果为(　　)。

```
MyInterface x=new MyClass();
Console.WriteLine(x.Name);
```

A．运行正常，输出字符串“only a test!”　　B．可以编译通过，但运行出现异常
C．编译出错　　D．以上都不是

(4) 以下描述错误的是(　　)。

A．类不可以多重继承而接口可以　　B．抽象类自身可以定义成员而接口不可以
C．抽象类和接口都不能被实例化　　D．一个类可以有多个基类和多个基接口

(5) 接口是一种引用类型，在接口中可以声明(　　)，但不可以声明公有的域或私有的成员变量。

A．方法、属性、索引器和事件　　B．方法、属性信息、属性
C．索引器和字段　　D．事件和字段

(6) 以下叙述正确的是(　　)。

A．接口中可以有虚方法　　B．一个类可以实现多个接口
C．接口不能被实例化　　D．接口中可以包含已实现的方法

(7) 接口 Animal 定义如下：

```
public interface Animal
{void Move();}
```

则下列抽象类的定义中，不合法的有(　　)。

A．abstract class Cat: Animal
{abstract public void Move();}

B．abstract class Cat: Animal
{virtual public void Move(){Console.Write("Move!");}}

C．abstract class Cat: Animal
{public void Move(){Console.Write("Move!");}}

D．abstract class Cat: Animal
{public void Eat(){Console.Write("Eat!");}}

(8) 在 C#中，接口与抽象基类的区别在于(　　)。

A．抽象基类可以包含非抽象方法，而接口只能包含抽象方法

B．抽象基类可以被实例化，而接口不能被实例化

C．抽象基类不能被实例化，而接口可以被实例化

D．抽象基类就是接口，它们之间无差别

(9) 在 C#中，下列关于抽象类和接口的说法，正确的是(　　)。

A．在抽象类中，所有的方法都是抽象方法

B．继承自抽象类的子类必须实现起父类(抽象类)中的所有抽象方法

C．在接口中，可以有方法实现，在抽象类中不能有方法实现

D．一个类可以从多个接口继承，也可以从多个抽象类继承

(10) 多态性允许对类的某个方法进行调用而无须考虑该方法所提供的特定实现，例如，可能有名为了 Road 的类，它调用另一个类的 Drive 方法，另一个类可能是 SportsCar 或 SmallCar，但二者都提供 Drive 方法，虽然 Drive 方法的实现因类的不同而异，但 Road 类仍可以调用它，并且它提供的结果可由 Road 类使用和解释。在 C#中，可以由以下的方式来实现组件中多态性，除了(　　)。

A．通过接口实现多态性　　　B．通过多个不同的子类从单个基类继承实现多态

C．通过抽象类实现多态性　　D．通过受保护的成员函数来实现多态性

2．简答题

(1) 简要回答抽象类和接口的主要区别。

(2) 显式接口成员执行体与类中其他成员之间有什么区别？在哪种情况下需要使用显式接口成员执行体？

3．操作题

(1) 设计一个接口(称为 Priority)，它包括两个方法：SetPriority()和 GetPriority()。接口应该定义一种方式来在一组对象之间建立数值优先级。设计和实现一个类叫做 Task，表示一个任务(如一个要做的事情列表)，它实现了 Priority 接口。创建一个驱动类来实验一些 Task 对象。

(2) 设计一个接口(称为 Lockable)，包括下列方法：SetKey()、Lock()、Unlock()和 Locked()。SetKey()、Lock()和 Unlock()方法接受一个整型参数代表 key。SetKey()方法建立了 key；Lock()和 Unlock()方法对对象锁定和解锁，但是只有在传入的 key 正确时才这样做；Locked()方法返回一个布尔型，指出对象是否锁住。一个 Lockable 接口代表了常规方法受保护的对象：如果对象锁住，方法不能触发；如果未锁住，方法可以触发。设计类 Coin 来实现接口 Lockable。

第10章 异常处理

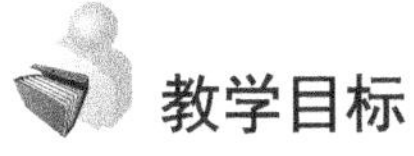

教学目标

(1) 理解异常的概念。

(2) 掌握异常处理基本语法。

(3) 掌握异常的抛出和捕获。

(4) 掌握 try…catch…finally 结构。

(5) 掌握 System.Exception 类的使用。

教学要求

知识要点	能力要求	相关知识
异常处理的基本语法	熟练掌握	try…catch…finally
异常的抛出	熟练掌握	throw
System.Exception 类的使用	掌握并会使用	生成自己的异常类

10.1 异常处理的结构

10.1.1 案例说明

【案例简介】

本案例通过 Console.ReadLine()从键盘读入两个数，求这两个数的商。输入的除数为“0”和非数值型数据时，对异常进行处理。

【案例目的】

(1) 输入程序无法接受的数据，引发异常，由此引入异常处理的概念。

(2) 掌握异常处理的语法及结构。

【技术要点】

(1) 新建项目文件，添加代码。

(2) 分别输入不同的内容，检查程序的处理能力。

(3) 按 Ctrl+F5 组合键编译并运行应用程序。

10.1.2 代码及分析

```
namespace division1
{
    class Program
    {
        static void Main(string[] args)
        {
            int x1, x2;
            Console.WriteLine("请输入两个整数分别作为被除数和除数:");
            Console.Write("请输入被除数：");
            x1 = Convert.ToInt32(Console.ReadLine());
            Console.Write("请输入除数：");
            x2 = Convert.ToInt32(Console.ReadLine());
            Console.WriteLine("两数相除的结果为：{0}", x1/x2);
            Console.ReadKey();
        }
    }
}
```

针对上述程序，输入不同内容会有不同情况。

情况一：如输入“98”和“49”，结果如图 10.1 所示。

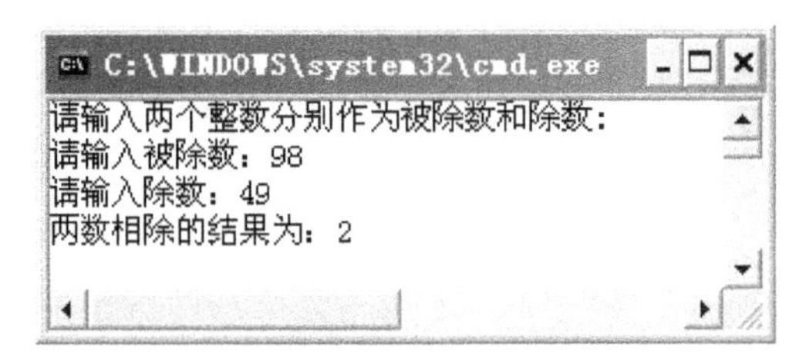

图 10.1 程序 Example10_1 运行结果

情况二：输入的内容不是由数字字符组成的，如“abc”，结果如图 10.2 所示。

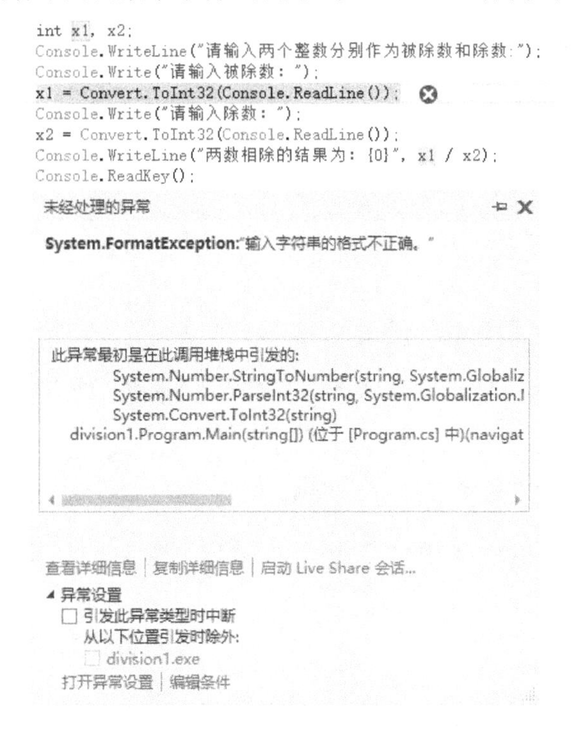

图 10.2 参数格式错误

情况三：输入的除数为零，如输入“15”和“0”，结果如图 10.3 所示。

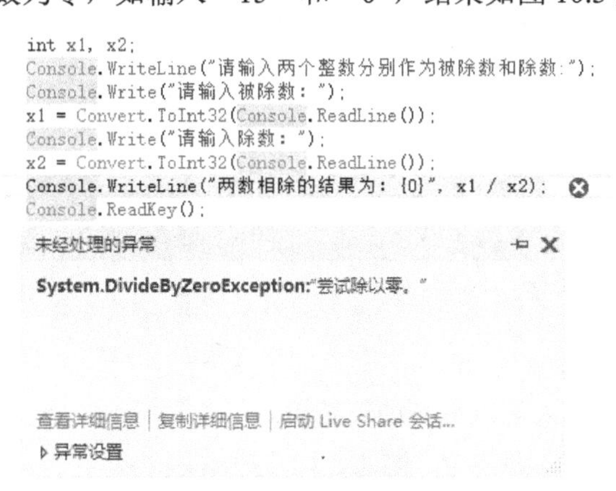

图 10.3 除数为零错误

从上述例子中可以看出，一个程序写好后，如果按照要求正确地输入数据可以正确显示结果，但在使用时常常会出现输入不合法的数据等误操作，这时程序就出现了程序员没有预料到的问题，迫使程序中断，这就是异常。对于这种异常如果不加以处理，程序就会中断，如果对其进行处理就可以使程序友好地提示错误，可以继续运行下去。

异常处理是处理程序中发生意外情况的机制，可以防止程序进入非正常状态，并可根据不同类型的错误来执行不同的处理方法。

对上例加入异常处理功能，代码如下：

```
namespace division1
{
    class Program
    {
        static void Main(string[] args)
        {
            int x1, x2;
            while (true)
            {
                try //可能会出现异常的代码都放在 try 块中
                {
                    Console.WriteLine("请输入两个整数分别作为被除数和除数:");
                    Console.Write("请输入被除数: ");
                    x1 = Convert.ToInt32(Console.ReadLine());
                    Console.Write("请输入除数: ");
                    x2 = Convert.ToInt32(Console.ReadLine());
                    Console.WriteLine("两数相除的结果为: {0}", x1 / x2);
                }
                catch (DivideByZeroException e) //若是 DivideByZeroException
                                                //类型的异常
                {
                    Console.WriteLine(e);
                }
                catch (FormatException e)  //若是 FormatException 类型的异常
                {
                    Console.WriteLine(e);
                }
                Console.WriteLine("您想继续运行程序吗? (Y/N)");
                if (!Console.ReadLine().ToUpper().Equals("Y"))
                    break;
            }
        }
    }
}
```

程序分析：

针对以上 3 种情况的输入可以得到如下结果。

情况一：输入“98”和“49”，结果如图 10.4 所示。

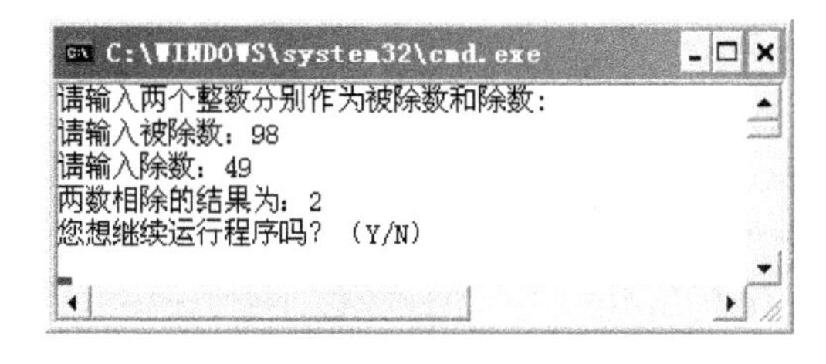

图 10.4　程序 Example10_1 正确结果

情况二：输入的内容不是由数字字符组成的，如“abc”，结果如图 10.5 所示。

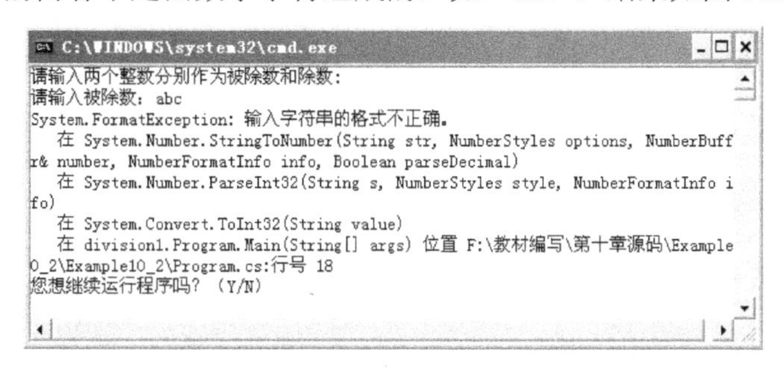

图 10.5　加入异常处理后参数格式错误

情况三：输入的除数为零，如输入“15”和“0”，结果如图 10.6 所示。

```
C:\WINDOWS\system32\cmd.exe
请输入两个整数分别作为被除数和除数:
请输入被除数: 15
请输入除数: 0
System.DivideByZeroException: 试图除以零。
   在 division1.Program.Main(String[] args) 位置 F:\教材编写\第十章源码\Example1
0_2\Example10_2\Program.cs:行号 21
您想继续运行程序吗? (Y/N)
```

图 10.6　加入异常处理后除数为零错误

可以看到，情况二和情况三都提示了错误类型，分别为“System.FormatException：输入字符串的格式不正确”和“System.DivideByZeroException：试图除以零”，并提示了异常出现的具体位置。

10.1.3　相关知识及注意事项

异常是指应用程序运行时遇到的错误或程序意外的行为。例如，上例中在运算中除以 0 的操作，或调用代码或程序代码中有错误、操作系统资源不可用等。异常处理则是指在应用程序发生异常情况时，采取什么样的操作，是继续程序的执行，还是中断用户的操作。为了捕捉和处理异常，C#提供了 4 个关键字：try、catch、throw 和 finally，其含义见表 10-1。

表 10-1　异常处理的 4 个关键字的含义

关键字	说　明
try	try 区域是放置可能引起异常的代码的地方，可以将过程的所有代码都放在 try 区域内，也可以只放几行代码
catch	catch 区域内的代码只在异常发生时执行，它用于捕获异常
throw	throw 用于抛出异常，常见的异常系统已定义了，用户可以用 throw 抛出自己定义的异常
finally	finally 区域内的代码在 try 和 catch 区域内的代码执行完之后才执行，在这一部分内放的是清理代码——不管是否发生异常都要执行的代码

当一个方法发现一个异常而不能继续时，它就通过使用 throw 关键字抛出一个调用方法的异常，然后通过 catch 关键字接收这个异常，并采取处理手段。

捕获异常语句 try...catch 的基本形式：

```
try
{
```

```
        //可能产生异常的语句
    }
    catch(someException e)
    {
        //处理异常的语句
    }
    catch(someException e)
    {
        //处理异常的语句
    }
    …
    finally
    {
        //不管有无异常都将执行的部分
    }
```

其中，可能产生异常的语句是指由用户输入错误、外围设备错误、物理限制、代码逻辑错误这 4 种情况所引起异常的语句，只要发生异常就会被 try 所捕捉。

捕捉异常之后，try 将按顺序检查后面的 catch 模块，如果 catch 括号中的异常类型与已捕捉到的异常类型匹配，就执行这个 catch 模块中的语句，而不执行 try 块中出现异常的语句后面的语句。若不产生任何异常，则 catch 块不运行。

finally 块一般被认为是“清理”块，不管是否发生异常，都将执行 finally 块，所以 finally 块非常便于完成各种清理操作，如关闭文件或数据库连接等。在异常处理中如果没有 catch 块，则必须包含 finally 块；如有 catch 块，finally 块是可选的。其作用是在方法退出之前完成一些必要的维护工作。

try 语句提供了一种机制来捕捉执行过程中发生的异常。当一个异常被抛出以后，程序将控制权转移给 try 语句后第一个能够处理该异常的 catch 子句。这个从异常抛出到控制转移给合适的异常处理语句的过程就叫做异常传播。

使用异常处理是使代码在发生非预期情况的条件下仍保持稳定的关键。但是，成功的异常处理除了要求用 try 和 catch 块包围代码外，还有其他要求。必须认真考虑将捕获哪些异常，如何处理捕获到的异常。下面给出一些通用的规则供读者参考。

(1) 如果要完成的任务是进行恢复、清理、记录日志信息、提供额外的调试信息，只捕获异常即可。

(2) 不要捕获或抛出基异常类型。系统提供的 System.Exception 是一种包含所有异常类型的基类型，不能针对不同异常做不同处理。异常处理的目的是标识特定的异常，并用适当的代码进行处理。常见的异常类型参见表 10-3。

(3) 充分利用 finally 块。

10.2 System.Exception 类的使用

10.2.1 案例说明

【案例简介】

对于系统提供的一些异常状况有时并不能满足要求，但是系统允许用户定义自己的异常类。例如在进行成绩处理时，一般情况下分数都在 0～100 分，如果输入的分数不在这个范围内就出现无效分数，这时可以定义自己的异常类来处理。

【案例目的】

(1) 如何派生用户异常类。

(2) 在用户异常类中如何抛出异常信息。

【技术要点】

(1) 如何正确使用用户异常类。

(2) 异常信息的定义、抛出和处理。

(3) 多重 catch 的使用。

(4) 新建项目并添加代码，按 Ctrl+F5 组合键编译并运行程序，结果如图 10.7 所示。

```
C:\WINDOWS\system32\cmd.exe
请输入第1个学生的成绩：98
请输入第2个学生的成绩：89
请输入第3个学生的成绩：76
请输入第4个学生的成绩：120
Example10_3.ScoreException: 分数不在正确范围。请输入0-100之间的分数!
   在 Example10_3.Score..ctor(Int32 n) 位置 F:\教材编写\第十章源码\Example10_3\E
xample10_3\Program.cs:行号 28
成绩分别为:     98    89    76    0    0
```

图 10.7　程序 Example10_3 运行结果

10.2.2　代码及分析

```
//程序 Example10_3.cs
using System;
using System.Collections.Generic;
using System.Text;
namespace Example10_3
{
    class ScoreException : Exception  //派生用户自己异常类
    {  //3 个构造函数直接调用基类构造函数
        public ScoreException() : base() { }
        public ScoreException(string message) : base(message) { }
        public ScoreException(string message, Exception innerEX):
            base(message, innerEX) { }
    }
    class Score
    {
        public int[] a;
        int i, temp;
        public Score(int n)
        {
            try
            {
                a = new int[n];
                for (i = 0; i < n; i++)
                {
                    Console.Write("请输入第{0}个学生的成绩：", i + 1);
                    temp = int.Parse(Console.ReadLine());
                    if (temp > 100 || temp < 0)
```

```
                    //抛出异常信息
                    throw new ScoreException("分数不在正确范围。请输入0-100
                                                    之间的分数！");
                else
                    a[i] = temp;
            }
        }
        catch (ScoreException e)//捕获自定义的异常类型
        {
            Console.WriteLine(e);
        }
        catch (Exception e)//捕获所有异常
        {
            Console.WriteLine(e);
        }
    }
    public void print() //输出存放在数组中的成绩
    {
        Console.Write("成绩分别为：");
        for (i = 0; i < a.GetLength(0); i++)
            Console.Write("  {0}", a[i]);
    }
}
class Program
{
    static void Main(string[] args)
    {
        Score sc = new Score(5);
        sc.print();
        Console.ReadKey();
    }
}
}
```

程序分析：

在上例中定义了用户自己的异常类ScoreException，该类从Exception类派生，用throw抛出一个异常对象，并利用try...catch来处理异常。

10.2.3 相关知识及注意事项

定义用户异常类的形式如下：

```
[public] class 异常类名：Exception
{
    //定义这个自定义异常类的构造方法
}
```

派生类内应包含3个公共构造函数，如下所示。

(1) 默认无参数构造函数。

(2) 带一个字符串参数(通常是消息)的构造函数。

(3) 带一个字符串参数和一个Exception对象参数的构造函数，处理前一个异常时又发生异常，就会使用第二参数。

从以下案例中可以看出 ScoreException 和 Exception 两个异常类的关系，前者是后者的派生类。案例中运用了两个 catch，如果把两个位置调换情况会怎样？调换位置后按 Ctrl+F5 组合键调试，提示如图 10.8 所示，说明在使用多重 catch 时，前面的 catch 不能把后面的异常类型包含在内，多个 catch 是同一级的，没有包含关系。前面直接使用“Console.WriteLine(e);”语句输出异常的所有属性，也可以根据需要输出部分属性。System.Exception 类的属性见表 10-2。

	说明
1	上一个 catch 子句已经捕获了此类型或超类型（“System.Exception”）的所有异常

图 10.8　两个 catch 调换位置后的结果

表 10-2　System.Exception 类的属性

属　　性	说　　明
Data	获取一个提供用户定义的其他异常信息的键/值对的集合
HelpLink	获取或设置指向此异常所关联帮助文件的链接
HResult	获取或设置 HRESULT，它是分配给特定异常的编码数值
InnerException	获取导致当前异常的 Exception 实例
Message	获取描述当前异常的消息
Source	获取或设置导致错误的应用程序或对象的名称
StackTrace	获取当前异常发生时调用堆栈上的帧的字符串表示形式
TargetSite	获取引发当前异常的方法

System.Exception 类是能在 C#代码中使用的异常类的基类，所有抛出的异常必须是 System.Exception(或从其派生的类)类型，从 System.Exception 继承的大部分类不能添加任何功能到基类。在 C#中提供了很多异常类，其中所有的异常类都是从 System.Exception 类继承的，编写应用程序代码时，可以使用这些类型来捕捉相应的异常。System 命名空间中常用的异常类见表 10-3。

表 10-3　常用异常类

异　常　类	说　　明
ArgumentOutOfRangeException	参数值越界
ArgumentException	方法的参数非法
ArithmeticException	出现算术上溢或下溢
DivideByZeroException	试图除以零
FormatException	参数格式错误
IndexOutOfRangeException	数组下标出界
InvalidOperationException	试图强制转换到一个非法类
NotFiniteNumberException	成员不合法
NullReferenceException	试图使用一个无赋值的引用

续表

异　常　类	说　　明
OutOfMemoryException	无足够的内存继续执行
OverFlowException	数据溢出
RankException	数组的维数出错
StackOverFlowException	堆栈上溢
TypeInitializationException	初始化类时出错

10.3　本 章 小 结

本章详细介绍了C#的异常处理功能，讲解异常的概念、异常处理的原则、异常的传播及定义用户异常类等。.NET CLR的主要目标是通过一个强大的类型系统帮助避免运行期错误，并根据异常类型的不同做出相应的处理。在应用程序中使用异常处理代码将使得它们更健壮、更可靠且更易于维护。

10.4　习　　题

1. 填空题

(1) 用于异常抛出的关键字是__________。

(2) 获取引发当前异常的方法的属性是__________。

(3) __________一般被认为是“清理”块，不管是否发生异常，都将被执行。

2. 选择题

(1) 异常类对象均为(　　)类的对象。

　A. System.Exception　　B. System.Attribute
　C. System.Const　　D. System.Reflection

(2) 抛出异常用(　　)语句。

　A. finally　　B. throw　　C. try　　D. catch

(3) 异常可以被(　　)定义的块捕捉，并被相应的(　　)定义的块所控制和处理。

　A. finally　　B. throw　　C. try　　D. catch

(4) 在try…catch…finally语句中，若产生异常，执行finally语句后会(　　)；若未产生异常，finally块得到执行后(　　)。

　A. 退出程序；退出程序
　B. 都会执行程序中剩下的语句
　C. 退出程序；执行程序中剩下语句
　D. 执行程序中剩下的语句；退出程序

(5) (　　)类型的异常可匹配catch(Exception e)语句。

　A. DivideByZeroException　　B. FormatException

C．任何　　　　　　　　　　D．AccessException

(6) 异常就是(　　)的错误，导致程序非正常退出，通常是由于编程人员对程序所遇到的情况没有充分估计造成的。

A．程序中出现不可控制　　　B．人为造成

C．不可预测　　　　　　　　D．可以控制

(7) 异常的种类有(　　)等。

A．逻辑错误、物理错误、设备错误、人为错误

B．用户错误输入、外围设备错误、物理限制、语法错误

C．操作错误、外设错误、地址错误、语法错误

D．上溢错误、数组出界、零除错误、访问错误

(8) 打印机无纸不能工作属于(　　)异常。

A．外围设备错误　　　　　　B．代码逻辑错误

C．用户输入错误　　　　　　D．物理限制

(9) 下列关于异常处理的表述中哪些是正确的？(　　)

A．try、catch、finally 3 个子句必须同时出现，才能正确处理异常

B．catch 子句能且只能出现一次

C．try 子句中所抛出的异常一定能被 catch 子句捕获

D．无论异常是否抛出，finally 子句中的内容都会被执行

3．判断题

(1) 异常处理语句中 try…catch…finally 这 3 个部分缺一不可。　(　　)

(2) 异常处理就是对错误进行处理。　(　　)

(3) catch 是异常捕获的语句。　(　　)

(4) IndexOutOfRangeException 是数组下标出界。　(　　)

(5) 异常处理结构中可以包含多个 catch 语句或多个 finally 语句。　(　　)

(6) 异常处理就是用来避免异常发生的。　(　　)

(7) 异常处理结构中 try 是必不可少的部分，其内部是可能发生异常的语句。　(　　)

(8) try 和 catch 块之间可以写一条语句。　(　　)

4．简答题

(1) 简述异常处理的概念。

(2) 简述异常处理的一些通用规则。

(3) Exception 异常类的常用属性有哪些？分别表示什么意思？

5．操作题

(1) 设计程序，实现多 catch 语句异常分类处理。要求至少使用 2 种表 10-3 所列常用异常类。

(2) 设计程序，定义自己的异常类，用于控制输入年龄数据在 0～150 岁，抛出、捕获并处理该异常。

(3) 设计程序，定义异常类 A 继承与基类，定义异常类 B 继承与 A 类，调试程序并体会 catch 的顺序对于异常处理的影响。

第11章 委托和事件

教学目标

(1) 掌握在C#程序设计中如何实现委托和事件。

(2) 了解委托和事件的应用场合。

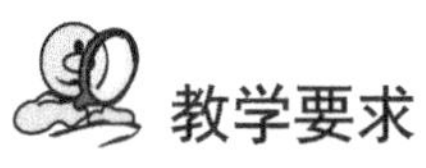

教学要求

知识要点	能力要求	相关知识
委托的定义	掌握	数据类型，函数指针
委托的使用	掌握	类的定义与使用
事件的定义	掌握	数据类型
事件的使用	掌握	数据类型

11.1 委　托

11.1.1 案例说明

【案例简介】

本案例创建一个委托 Tick，其中封装 RefreshTime()方法，该方法在输出窗口中显示系统的当前时间。

【案例目的】

(1) 学会如何定义委托。

(2) 掌握创建委托的实例的方法。

(3) 掌握如何用委托来封装方法。

【技术要点】

(1) 创建一个控制台应用程序 p11_1，在 Program.cs 中添加代码。

(2) 按 Ctrl+F5 组合键编译并运行应用程序，输出结果如图 11.1 所示。

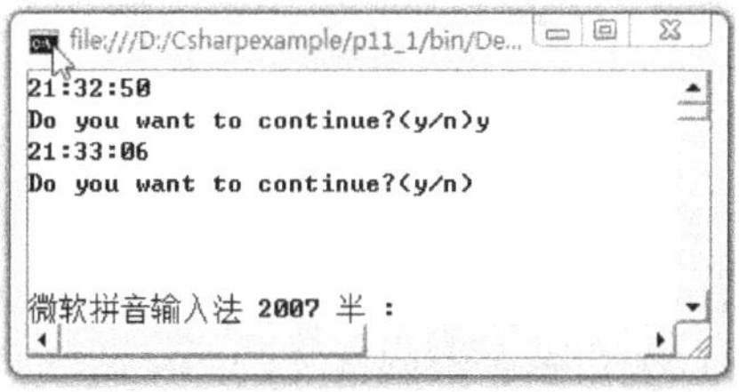

图 11.1　程序 p11_1 运行结果

11.1.2 代码及分析

```
namespace p11_1
{
   class Program
   {
      //使用关键字 delegate 定义委托
      public delegate void Tick(int hh, int mm, int ss);
      static void RefreshTime(int hh, int mm, int ss)
      {
         Console.WriteLine("{0:D2}:{1:D2}:{2:D2}", hh, mm, ss);
      }
      static void Main(string[] args)
      {
         while (true)
         {
            //获取系统的当前时间
            int hours = DateTime.Now.Hour;
            int minutes = DateTime.Now.Minute;
            int seconds = DateTime.Now.Second;
            //实例化委托，并封装 RefreshTime 方法
            Tick tickers = new Tick(RefreshTime);
            //调用委托实例，显示时间
```

```
                tickers(hours, minutes, seconds);
                Console.Write("Do you want to continue?(y/n)");
                string str = Console.ReadLine();
                if (str.Equals("n"))
                    break;
            }
        }
    }
}
```

程序分析：

(1) 定义委托 Tick，它带有 3 个 int 型参数 hh、mm、ss 分别对应时间的时、分、秒。

(2) 实例化委托为 tickers 实例，并将 RefreshTime()方法分配给该实例。

(3) 传入 hours、minutes、seconds 共 3 个参数调用委托实例，显示系统的当前时间。

11.1.3 相关知识及注意事项

1. 委托的定义

委托(Delegate)又称为代理或代表，它是一种引用方法的类型。一旦为委托分配了方法，委托将与该方法具有完全相同的行为。委托方法的使用可以像其他任何方法一样，具有参数和返回值。委托是 C#的一种新的类型，当要把方法作为参数传递给其他方法时，就需要使用委托。

委托既可以引用静态方法，也可以引用实例方法。可以把一个方法赋给委托，通过委托调用该方法，而且同一个委托可以调用多个不同的方法。

另外，委托是实现.NET 框架中事件处理机制的基础。事件是 Windows 编程中的一个非常重要的概念，在 C#中事件可以看作是委托的一种特殊形式。

2. 委托的使用

使用委托和使用类相似，使用委托也分为两个步骤。

1) 定义一个委托

C#使用关键字 delegate 来声明委托类型，语法为：

```
[访问修饰符] delegate <返回值类型> <委托名称>([形参列表]);
```

(1) [访问修饰符]：如 public/private。

(2) delegate：委托声明关键定，相当于类声明的 Class 关键定。

(3) <返回值类型>：委托所指向的方法的返回值类型。

(4) <委托名称>：委托类型的名称。

(5) <形参列表>：委托所指向的方法的参数列表。

委托类型可以在声明类的任何地方声明，例如：

```
public delegate void Tick(int hh, int mm, int ss);
```

2) 实例化一个委托

在委托“实例化”的时候必须在构造函数中传入一个方法名。这个方法名就是该委托指向的方法。在应用程序中，可以像调用一般方法一样使用“委托实例”来调用方法。所调用的方法可以是静态方法，也可以是实例方法和另一个委托。

委托使用 new 运算符来实例化，同时将方法作为参数分配给委托的实例，例如：

```
Tick tickers = new Tick(RefreshTime);
```

要想使委托对象能够指向一个方法，那这个方法要满足两个条件：方法返回类型要与 delegate 声明中的“返回值类型”一致；方法的形参列表要与 delegate 声明中的“形参列表”一致。

3) 使用委托

通过委托对象的名称及放入括号中要传递给委托的参数来调用委托对象。

调用委托时，调用表达式的主表达式必须是委托类型的值，例如：

```
tickers(hours, minutes, seconds);
```

3. 匿名方法

在前面的示例中指派给委托的方法已经存在(委托是用方法的签名来定义的)。但使用委托还有另外一种方式：即通过匿名方法。匿名方法是用作委托参数的一个代码块。下面的控制台应用程序说明了如何使用匿名方法。

```
namespace ConsoleApplication1
 {
 Class Program
    {
        delegate string delegateTest(string val);
        static void Main(string[] args)
        {
            string mid=",middle part,";
            delegateTest anonDel = delegate(string param)
            {
                param+=mid;
                param+=" and this was added to the string.";
                return param;
             };
             Console.WriteLine(anonDel("Start of string"));
        }
    }
}
```

从代码中可以看出，用匿名方法定义委托的语法与前面的定义并没有什么区别，但在实例化委托时就有区别了。代码中委托 delegateTest 定义为一个类级变量，它带一个字符串参数。有区别的是 Main 方法，在定义 anonDel 时，不是传送已知的方法名，而是使用一个简单的代码块，代码如下：

```
{
      param+=mid;
      param+=" and this was added to the string.";
      return param;
};
```

可以看出，该代码块使用方法级的字符串变量 mid，该变量是在匿名方法的外部定义的，并添加到要传送的参数中，接着代码返回该字符串值。在调用委托时，把一个字符串传送为参数，将返回的字符串输出到控制台上。

匿名方法的优点是减少了系统开销，方法仅在由委托使用时才定义。在使用匿名方法时，必须遵循两个规则：在匿名方法中不能使用跳转语句跳到该匿名方法的外部；反之亦然，即匿名方法外部的跳转语句不能跳到该匿名方法的内部。

4. 多播委托

前面使用的每个委托都只包含一个方法调用，调用委托的次数与调用方法的次数相同。如果调用多个方法，就需要多次显示调用这个委托。当然委托也可以包含多个方法，这种委托称为多播委托。当调用多播委托时，它连续调用每个方法。在调用过程中，委托必须为同类型，返回类型一般为 void，这样才能将委托的单个实例合并为一个多播委托。如果委托具有返回值和/或输出参数，它将返回最后调用的方法的返回值和参数。

多播委托的例子如下代码：

```
public class MultiDelegate
{
    private delegate int DemoMultiDelegate(out int x);
    private static int Show1(out int x)
    {
        x = 1;
        Console.WriteLine("This is the first show method:"+x);
        return x;
    }
    private static int Show2(out int x)
    {
        x = 2;
        Console.WriteLine("This is the second show method:"+x);
        return x;
    }
    private static int Show3(out int x)
    {
        x = 3;
        Console.WriteLine("This is the third show method:"+x);
        return x;
    }
    /// <summary>
    /// 调用多播委托
    /// </summary>
    public void Show()
    {
        DemoMultiDelegate dmd = new DemoMultiDelegate(Show1);
        dmd += new DemoMultiDelegate(Show2);
        dmd += new DemoMultiDelegate(Show3);//检查结果
        int x = 5;
        int y= dmd(out x);
        Console.WriteLine(y);
    }
}
```

11.2 事　　件

11.2.1 案例说明

【案例简介】

本案例实现在输出窗口滚动显示系统时间。定义静态方法 cfenttime()，功能是每秒钟产生一个事件脉冲，引发一次 OnTimedEvent()方法，该方法引发一个 tick 事件。

【案例目的】

(1) 学会如何定义事件。

(2) 掌握将委托的实例连接到事件。

【技术要点】

(1) 创建一个控制台应用程序 p11_2，在 Program.cs 中添加代码。

(2) 按 Ctrl+F5 组合键编译并运行应用程序，输出结果如图 11.2 所示。

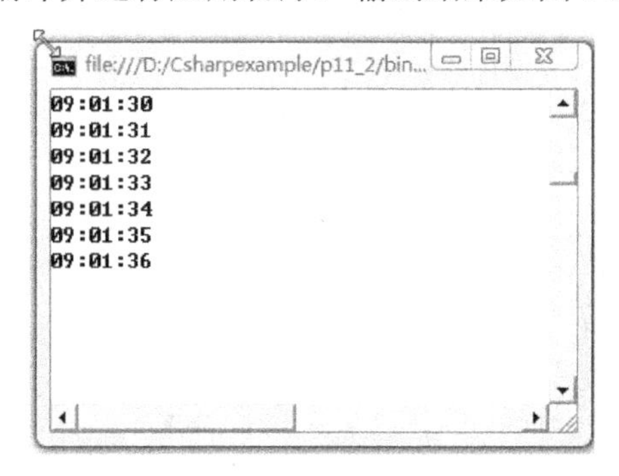

图 11.2　程序 p11_2 运行结果

11.2.2 代码及分析

```
namespace p11_2
{
    class Program
    {
        public delegate void Tick(int hh, int mm, int ss); //定义委托
        static event Tick tick; //定义事件
        static void Notify(int hours, int minutes, int seconds) //事件通知
        {
            if (tick != null)
            {
                tick(hours, minutes, seconds);
            }
        }
        //获取系统当前时间信息,引发 tick 事件
        static void OnTimedEvent(object source, ElapsedEventArgs args)
        {
            int hh = args.SignalTime.Hour;
            int mm = args.SignalTime.Minute;
```

```
            int ss = args.SignalTime.Second;
            Notify(hh, mm, ss);
        }
        //显示系统当前时间
        static void RefreshTime(int hh, int mm, int ss)
        {
            Console.WriteLine("{0:D2}:{1:D2}:{2:D2}", hh, mm, ss);
        }
        //每秒钟产生一个事件脉冲,引发一次 OnTimedEvent 方法
        static void cfenttime()
        {
            System.Timers.Timer ticking = new System.Timers.Timer();
            ticking.Elapsed += new ElapsedEventHandler(OnTimedEvent);
            ticking.Interval = 1000; // 1 second
            ticking.Enabled = true;
        }
        static void Main(string[] args)
        {
           cfenttime();
            //显示时间的委托分配给事件
            tick += new Tick(RefreshTime);
            Console.ReadLine();
        }
    }
}
```

程序分析：

(1) 通过在委托 Tick 前加 event 修饰符定义事件 tick。

(2) 通过静态方法 cfenttime()每秒钟产生一个事件脉冲，引发一次 OnTimedEvent 方法，该方法获取系统当前时间信息，引发 tick 事件。

(3) 创建一个委托实例(具有与事件相同的类型)new Tick(RefreshTime)，使用“+=”操作符将其连接到事件 tick，滚动显示系统的当前时间。

11.2.3 相关知识及注意事项

1. 事件的概念

事件既可以由用户的操作触发(如单击鼠标、按键盘上的某个键等)，也可以由程序逻辑触发(如执行完某个方法、某个对象的状态发生改变等)。

触发事件的对象称为事件的发送者，接收事件的对象称为事件接收者。

在 C#中，事件机制的特点如下所示。

(1) 事件和成员变量、成员方法、属性一样，也是类的一种成员。

(2) 在.NET 框架中，事件机制是通过委托来实现的，当一个事件被触发时，由该事件的委托来通知(调用)处理该事件的相应方法。

2. 创建和使用事件

1) 事件的定义

由于事件是由委托来执行的，所以在定义事件时，必须明确指定由哪个委托来委托执行这个事件，事件的定义格式如下：

```
[修饰符]  event   事件的委托名   事件名;
```

例如：

```
//定义委托
public delegate void Tick(int hh, int mm, int ss);
//定义事件
static event Tick tick;
```

2) 事件的引发

将事件当作一个方法那样使用圆括号，必须提供恰当的实参以便于事件的类型匹配，同时不要忘记检查事件是否为null，例如：

```
//事件通知
static void Notify(int hours, int minutes, int seconds)
{
    if (tick != null)
    {
        tick(hours, minutes, seconds);
    }
}
```

3) 事件和委托的连接

创建一个委托实例(具有与事件相同的类型)，然后使用“+=”操作符将委托实例连接到事件，例如：

```
//显示时间的委托分配给事件
tick += new Tick(RefreshTime);
```

11.2.4　事件拓展案例及分析

```
//声明事件用到的委托，一般以×××Handler 的格式进行命名
delegate void CryHandler();  //定义一个无参委托
class Duck //定义玩具小鸭的类
{
    //定义小鸭唱歌事件(事件就是一个委托类型的变量)
    public event CryHandler DuckCryEvent;
    public Duck() //类构造函数
    {
        //把小鸭唱歌的事件挂接到 Cry 方法上。(注册事件，传入方法)
        DuckCryEvent += new CryHandler(Cry);
    }
    public void Cry() //定义小鸭唱歌事件对应的处理方法
    {
        Console.WriteLine("我是一只小鸭，呀呀呀……");
        Console.Read();
    }
    public void BeShaked() //定义小鸭被摇动的方法(执行此方法，引发 cry 事件)
    {
        DuckCryEvent();  //执行事件
    }
}
class Test
```

```
{
public static void Main(string[] args)
    {
        Duck d = new Duck(); //创建对象(买一只小鸭)
        //调用对象方法(摇一摇小鸭，它就会调触发小鸭的 Cry 事件，小鸭就会唱歌)
        d.BeShaked();
    }
}
```

输出结果：

```
我是一只小鸭，呀呀呀……
```

C#中的事件就是委托的一个变量。它和属性、方法一样，都是类的成员，只不过事件是指向一个方法，当事件被触发时，就会执行对象的相关方法。用执行事件传入参数，用注册事件传入方法。

事件的这种对方法的引用并不是固定写在代码里面的，而是可以进行更改的。例如在 C#.NET 中按钮的 OnClick 事件，它可以指向符合 OnClick 事件签名的任何一个方法。

(1) 事件的定义使用 event 关键字。

```
public event CryHandler DuckCryEvent;
```

其中，CryHandler 是一个 delegate。从上面的代码可以看出来：事件就是一个委托类型的变量。

```
private delegate void CryHandler();
```

(2) 指定事件处理程序。

指定事件处理程序就是为事件挂接方法的过程。

```
DuckCryEvent +=new CryHandler(Cry);   //注册事件，传入方法
public void Cry()
{
  Console.WriteLine("我是一只小鸭，呀呀呀……");
}
```

(3) 执行事件。

执行事件就是调用事件所指向方法的过程。一般对事的执行代码写在相应的方法或属性中，如果方法或属性被调用时就触发事件。

```
public void BeShaked()
{
  DuckCryEvent();
}
```

11.3 本章小结

本章介绍了委托和事件的基本知识，解释了如何声明委托、如何给委托添加方法，并讨论了声明事件处理程序来响应事件的过程，以及如何创建定制事件、使用引发事件的模式。.NET 开发人员将大量使用委托和事件，特别是开发 Windows Forms 应用程序。事件是.NET 开发人

员监视应用程序执行时出现的各种 Windows 消息的方式。

事件是委托的一种具体应用。委托的主要好处是可以把方法作为参数/属性来赋值或传递。委托可以理解为一种接口，在开发阶段只需要关心委托的定义就可以调用，而不用关心它如何实现或者在哪里实现。这样在设计大型应用程序时，使用委托和事件可以减少依赖性和层的关联，并能开发出具有更高复用性的组件。

11.4　习　　题

1. 填空题

(1) 在应用程序中，可以像调用一般方法一样使用__________来调用方法。委托使用__________运算符来实例化。

(2) 事件和成员变量、成员方法、属性一样，也是__________的一种成员。

(3) 创建一个委托实例(具有与事件相同的类型)，然后使用__________操作符将委托实例连接到事件。

(4) 在匿名方法中不能使用跳转语句跳到该匿名方法的__________；反之亦然，即匿名方法外部的跳转语句不能跳到该匿名方法的__________。

(5) 当调用多播委托时，它连续调用每个__________。在调用过程中，__________必须为同类型，返回类型一般为 void，这样才能将委托的__________合并为一个多播委托。

2. 选择题

(1) C#使用关键字(　　)来声明委托类型。

A．as　　B．new　　C．this　　D．delegate

(2) 创建一个事件，必须包含创建事件的委托和(　　)的名称。

A．事件　　B．类　　C．委托　　D．事件处理程序

(3) 一个委托(　　)包含多个方法。

A．可以　　B．不可以

(4) 以下的 C#代码：

```
class App
{
  Public static void Main()
  {
    Timer timer = new Timer(new TimerCallback(CheckStatus),null,0,2000);
    Console.Read();
  }
  Static void CheckStatus(Object state)
  {Console.WriteLine("正在运行检查……");}
}
```

在使用代码创建定时器对象的时候，同时指定了定时器的事件，程序运行时将每隔两秒钟打印一行“正在运行检查……”，因此 TimerCallback 是一个(　　)。

A．委托　　B．结构　　C．函数　　D．类名

(5) C#中，关于事件的定义正确的是(　　)。

A．private event OnClick();

B．private event OnClick;

C．public delegate void Click();public event Click void OnClick();

D．public delegate void Click();public event Click OnClick;

3．操作题

编写一个程序，每 5s 输出当前的日期和时间。

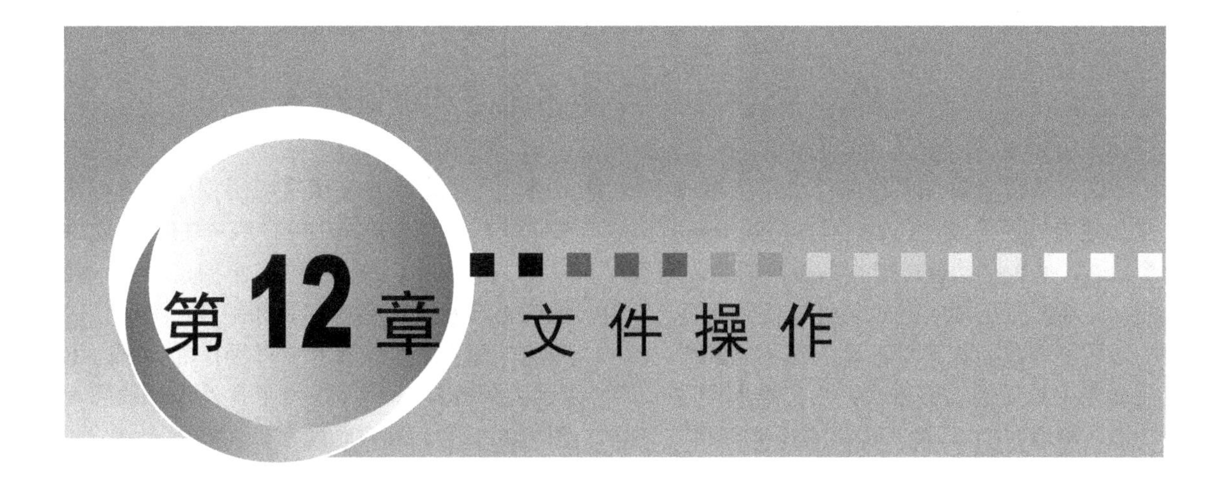

第12章 文件操作

教学目标

(1) 了解 System.IO 命名空间中常用类。
(2) 掌握文件的基本操作。
(3) 掌握文本文件写入与读取操作。
(4) 掌握二进制文件的写入与读取操作。

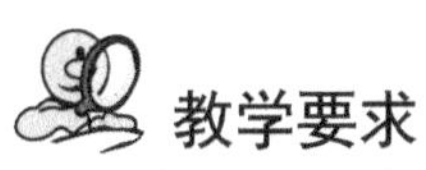

教学要求

知识要点	能力要求	相关知识
System.IO 命名空间	了解	命名空间，程序集
流的概念	了解	文件的存储
文件的创建、打开、删除	掌握	File 类的应用
获取文件基本信息	掌握	Filelnfo 类的常用属性和常用方法
文本文件的读取与写入	掌握	StreamWriter 类和 StreamReader 类的常用属性和常用方法
二进制文件的读取与写入	掌握	BinaryReader 类和 BinaryWriter 类的常用属性和常用方法

12.1 System.IO 命名空间和流的概念

文件管理是操作系统的一个重要组成部分，而文件操作就是用户在编写应用程序时进行文件管理的一种手段。在 DOS、Windows 操作系统中用到了常见的 FAT、FAT32、NTFS 等文件系统，这些文件系统在操作系统内部实现时有不同的方式，然而它们提供给用户的接口是一致的，只要按照正规的方式来编写代码即可。而且，程序不涉及操作系统的具体特性，那么生成的应用程序就可以不经改动而在不同的操作系统上移植。因此，在编写对文件操作的代码时不需要考虑具体的实现方式，只需要利用语言环境提供的外部接口。C#提供了文件操作的强大功能，利用.NET 环境所提供的功能程序员可以方便地编写 C#程序，实现文件的存储管理、对文件的读写等各种操作。

12.1.1 System.IO 命名空间

在.NET Framework 中，System.IO 命名空间主要包含基于文件(和基于内存)的输入/输出(I/O)服务的相关基类库。和其他命名空间一样，System.IO 定义了一系列类、接口、枚举、结构和委托。它们中的大多数包含在 mscorlib.dll 中，另外有一部分 System.IO 命名空间的成员则包含在 System.dll 程序集中(由于 Visual Studio 2010 会自动为项目添加这些程序集的引用，所以用户可以直接使用)。

System.IO 命名空间的多数类型主要用于编程操作物理目录和文件，而另一些类型则提供了从字符串缓冲和内存区域中读写数据的方法。为了让读者了解 System.IO 功能的概况，表 12-1 列出了一些主要的类，表 12-2 列出了一些主要的枚举。

表 12-1 System.IO 命名空间的主要类成员

I/O 类类型	作 用
BinaryReader BinaryWriter	以二进制值存储和读取文件
BufferedStream	给另一流上的读写操作添加一个缓冲层。无法继承此类
Directory	公开用于创建、移动和枚举通过目录和子目录的静态方法。无法继承此类
DirectoryInfo	公开用于创建、移动和枚举目录和子目录的实例方法。无法继承此类
DriveInfo	提供计算机驱动器的详细信息
File	提供用于创建、复制、删除、移动和打开文件的静态方法，并协助创建 FileStream 对象
FileInfo	提供创建、复制、删除、移动和打开文件的实例方法，并且帮助创建 FileStream 对象。无法继承此类
FileStream	这个类型实现文件随机访问，并以字节流来表示数据
FileSystemInfo	为 FileInfo 和 DirectoryInfo 对象提供基类
MemoryStream	这个类型实现对内存(而不是物理文件)中存储的流数据的随机访问
Path	这个类型对包含文件或目录路径信息的 System.String 类型执行操作。这些操作是与平台无关的

续表

I/O 类类型	作　用
Stream	提供字节序列的抽象。抽象类
StreamWriter StreamReader	这两个类型用来在(从)文件中存储(获取)文本信息。不支持随机文件访问
StringWriter StringReader	和 StreamWriter/StreamReader 类型差不多，这两个类型同样和文本信息打交道，不同的是基层的存储器是字符串缓冲而不是物理文件

表 12-2　System.IO 命名空间的主要枚举成员

枚　举	说　明
DriveType	定义驱动器类型常数，包括 CDRom、Fixed、Network、NoRootDirectory、Ram、Removable 和 Unknown
FileAccess	定义用于控制对文件的读访问、写访问或读/写访问的常数
FileAttributes	提供文件和目录的属性
FileMode	指定操作系统打开文件的方式
FileOptions	表示用于创建 FileStream 对象的附加选项
FileShare	包含用于控制其他 FileStream 对象对同一文件可以具有的访问类型的常数
NotifyFilters	指定要在文件或文件夹中监视的更改
SearchOption	指定是搜索当前目录，还是搜索当前目录及其所有子目录
SeekOrigin	提供表示流中的参考点以供进行查找的字段
WatcherChangeTypes	可能会发生的文件或目录更改

12.1.2　流的概念

从概念上讲，流非常类似于单独的磁盘文件，它也是进行数据读取操作的基本对象。流为用户提供了连续的字节流存储空间，虽然数据实际存储的位置可以不连续甚至可以分布在多个磁盘上，但人们看到的是封装以后的数据结构，是连续的字节流抽象结构。流提供一种向后备存储写入或读取字节的一种方式，除了和磁盘文件直接相关的文件流以外，流有多种类型，流可以分布在网络中、内存中或者是磁带中。

System.IO 提供了一个抽象类 Stream，表示对所有流的抽象，既然 Stream 是抽象类，所有其他流的类就都必须从 Stream 类中继承，从而封装了操作系统和底层存储的各个细节，使程序员把注意力集中到程序的应用逻辑上来。其中 FileStream 表示文件流，它按照字节方式对流进行读写，在 C#中对文件的操作，实际上就是对文件流的操作。

此外，System.IO 命名空间中提供了不同的类来对流中的数据进行操作，这些类通常成对出现，一个用于读一个用于写。例如，TextReader 和 TextWriter 以文本方式(即 ASCII 方式)对流进行读/写；而 BinaryReader 和 BinaryWriter 采用的是二进制方式。TextReader 和 TextWriter 都是抽象类，它们各有两个派生类：StreamReader 和 StringReader，以及 StreamWriter 和 StringWriter。

12.2 文件的创建、打开和删除

12.2.1 案例说明

【案例简介】

本案例创建一个文本文件，接着向文本文件输入数据，读取文本文件内容，进行文本文件之间的复制，最后删除文本文件。

【案例目的】

(1) 了解 File 类的公共成员。

(2) 掌握 File 类的使用。

(3) 掌握文件的基本操作。

【技术要点】

(1) 创建一个控制台应用程序 p12_1，在 Program.cs 中添加代码。

(2) 按 Ctrl+F5 组合键编译并运行应用程序，输出结果如图 12.1 所示。

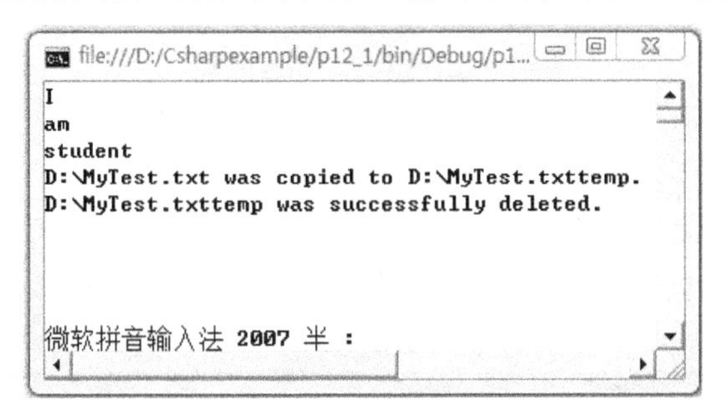

图 12.1 程序 p12_1 运行结果

12.2.2 代码及分析

```
namespace p12_1
{
  class Program
  {
      static void Main(string[] args)
      {
          //设定创建文件的路径为 D 盘根目录，文本文件的名称为 MyTest
          string path = @"D:\MyTest.txt";
          if (!File.Exists(path))
          {
              //创建一个文件用于写入 UTF-8 编码的文本
              using (StreamWriter sw = File.CreateText(path))
              {
                  sw.WriteLine("I");
                  sw.WriteLine("am");
                  sw.WriteLine("student");
              }
          }
          //打开文件，从里面读出数据
```

```
            using (StreamReader sr = File.OpenText(path))
            {
                string ss = "";
                //输出文件里的内容，直到结束
                while ((ss = sr.ReadLine()) != null)
                {
                    Console.WriteLine(ss);
                }
            }
            try
            {
                string path2 = path + "temp";
                //确保目标文件不存在
                File.Delete(path2);
                //复制文件
                File.Copy(path, path2);
                Console.WriteLine("{0} was copied to {1}.", path, path2);
                //删除新创建的文件
                File.Delete(path2);
                Console.WriteLine("{0} was successfully deleted.", path2);
            }
            catch (IOException e)
            {
                Console.WriteLine("处理过程失败：{0}", e.ToString());
            }
            Console.ReadLine();
        }
    }
}
```

程序分析：

(1) 使用 File.CreateText()方法创建 Path 定义的 D 盘根目录下的文件 MyTest.txt。

(2) 利用 File.OpenText()方法打开文件。

(3) 利用 File.Delete()方法删除文件。

12.2.3 相关知识及注意事项

File 类通常和 FileStream 类协作完成对文件的创建、删除、复制、移动、打开等操作。所有的 File 方法都是静态的，不需要实例化即可以调用 File 方法。

表 12-3 列出了 File 类公开的成员。

表 12-3 File 类公开的成员

名　称	说　明
AppendAllText	将指定的字符串追加到文件中，如果文件还不存在则创建该文件
AppendText	创建一个 StreamWriter，它将 UTF-8 编码文本追加到现有文件
Copy	将现有文件复制到新文件
Create	在指定路径中创建文件
CreateText	创建或打开一个文件用于写入 UTF-8 编码的文本

续表

名　称	说　明
Delete	删除指定的文件。如果指定的文件不存在，则不引发异常
GetAttributes	获取在此路径上的文件的 FileAttributes
GetCreationTime	返回指定文件或目录的创建日期和时间
GetLastAccessTime	返回上次访问指定文件或目录的日期和时间
GetLastWriteTime	返回上次写入指定文件或目录的日期和时间
Move	将指定文件移到新位置，并提供指定新文件名的选项
Open	打开指定路径上的 FileStream
OpenRead	打开现有文件以进行读取
OpenText	打开现有 UTF-8 编码文本文件以进行读取
OpenWrite	打开现有文件以进行写入
ReadAllBytes	打开一个文件，将文件的内容读入一个字符串，然后关闭该文件
ReadAllLines	打开一个文本文件，将文件的所有行都读入一个字符串数组，然后关闭该文件
ReadAllText	打开一个文本文件，将文件的所有行读入一个字符串，然后关闭该文件
Replace	使用其他文件的内容替换指定文件的内容，这一过程将删除原始文件，并创建被替换文件的备份
SetAttributes	设置指定路径上文件的指定的 FileAttributes
SetCreationTime	设置创建该文件的日期和时间
SetLastAccessTime	设置上次访问指定文件的日期和时间
SetLastAccessTimeUtc	设置上次访问指定文件的日期和时间，其格式为协调通用时间(UTC)
SetLastWriteTime	设置上次写入指定文件的日期和时间
WriteAllBytes	创建一个新文件，在其中写入指定的字节数组，然后关闭该文件。如果目标文件已存在，则改写该文件
WriteAllLines	创建一个新文件，在其中写入指定的字符串，然后关闭文件。如果目标文件已存在，则改写该文件
WriteAllText	创建一个新文件，在文件中写入内容，然后关闭文件。如果目标文件已存在，则改写该文件

12.3　获取文件基本信息

12.3.1　案例说明

【案例简介】

用 File 类的 CreateText()方法创建一个文本文件，接着向文本文件输入数据，读取文本文件内容，使用 Copy()方法进行文本文件之间的复制、Delete()方法删除新建的文件，分列显示指定目录下文件的基本信息。

【案例目的】

(1) 了解 FileInfo 类的常用属性和使用方法。

(2) 掌握 FileInfo 类的有关获取文件信息的属性。

(3) 掌握文件的基本信息的获取。

【技术要点】

(1) 创建一个控制台应用程序 p12_2，在 Program.cs 中添加代码。

(2) 按 Ctrl+F5 组合键编译并运行应用程序，输出结果如图 12.2 所示。

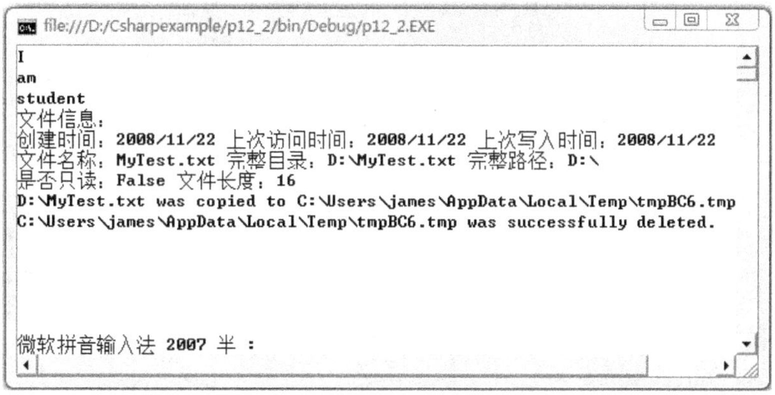

```
file:///D:/Csharpexample/p12_2/bin/Debug/p12_2.EXE
I
am
student
文件信息:
创建时间: 2008/11/22 上次访问时间: 2008/11/22 上次写入时间: 2008/11/22
文件名称: MyTest.txt 完整目录: D:\MyTest.txt 完整路径: D:\
是否只读: False 文件长度: 16
D:\MyTest.txt was copied to C:\Users\james\AppData\Local\Temp\tmpBC6.tmp
C:\Users\james\AppData\Local\Temp\tmpBC6.tmp was successfully deleted.


微软拼音输入法 2007 半 :
```

图 12.2 程序 p12_2 运行结果

12.3.2 代码及分析

```
class Program
{
    public static void Main()
    {

        //设定创建文件的路径为 D 盘根目录，文本文件的名称为 MyTest
        string path = @"D:\MyTest.txt";
        FileInfo fil = new FileInfo(path);
        if (!fil.Exists)
        {
            //创建一个文件用于写入 UTF-8 编码的文本
            using (StreamWriter sw = fil.CreateText())
            {
                sw.WriteLine("I");
                sw.WriteLine("am");
                sw.WriteLine("student");
            }
        }
        //打开文件，从里面读出数据
        using (StreamReader sr = fil.OpenText())
        {
            string ss = "";
            //输出文件里的内容，直到结束
            while ((ss = sr.ReadLine()) != null)
            {
```

```
            Console.WriteLine(ss);
        }
    }
    try
    {
        //获取文件基本信息
        string strCTime, strLATime, strLWTime, strName, strFName,
           strDName, strISRead;
        long lgLength;
        strCTime = fi1.CreationTime.ToShortDateString();
                                             //获取文件创建时间
        strLATime = fi1.LastAccessTime.ToShortDateString();
                                             //获取上次访问该文件的时间
        strLWTime = fi1.LastWriteTime.ToShortDateString();
                                             //获取上次写入文件的时间
        strName = fi1.Name;                //获取文件名称
        strFName = fi1.FullName;           //获取文件的完整目录
        strDName = fi1.DirectoryName;          //获取文件的完整路径
        strISRead = fi1.IsReadOnly.ToString();        //获取文件是否只读
        lgLength = fi1.Length;                        //获取文件长度

        //输出文件基本信息
         Console.WriteLine("文件信息：");
        Console.WriteLine("创建时间：{0} 上次访问时间：{1} 上次写入时间：{2}",
           strCTime,strLATime,strLWTime);
        Console.WriteLine("文件名称：{0} 完整目录：{1} 完整路径：{2}",
           strName , strFName , strDName);
        Console.WriteLine("是否只读：{0} 文件长度：{1}", strISRead,
           lgLength);
        string path2 = Path.GetTempFileName();
        FileInfo fi2 = new FileInfo(path2);
        //确保目标文件不存在
        fi2.Delete();
        //复制文件
        fi1.CopyTo(path2);
        Console.WriteLine("{0} was copied to {1}.", path, path2);
        //删除新创建的文件
        fi2.Delete();
        Console.WriteLine("{0} was successfully deleted.", path2);
    }
    catch (Exception e)
    {
        Console.WriteLine("The process failed: {0}", e.ToString());
    }
    Console.ReadLine();
  }
}
```

程序分析：

(1) FileInfo 根据参数 path 实例化成 fi1。

(2) 用 fi1.CreateText()、fi1.OpenText()方法创建和打开文件。

(3) 调用 fi1.CreationTime、fi1.LastAccessTime 等属性获取文件的基本信息。

12.3.3 相关知识及注意事项

FileInfo 类在功能上与 File 类有很多重叠的地方，如对文件的创建、修改、复制、移动和删除等操作，以及创建新的流对象类。FileInfo 不是静态类，可以指定文件名来创建一个 FileInfo 对象，并通过对象成员来读取文件信息。

表 12-4 和表 12-5 列出了 FileInfo 类的常用属性和常用方法。

表 12-4 FileInfo 类的常用属性

名 称	说 明
Attributes	获取或设置当前 FileSystemInfo 的 FileAttributes(从 FileSystemInfo 继承)
CreationTime	获取或设置当前 FileSystemInfo 对象的创建时间(从 FileSystemInfo 继承)
Directory	获取父目录的实例
DirectoryName	获取表示目录的完整路径的字符串
Exists	获取指示文件是否存在的值
Extension	获取表示文件扩展名部分的字符串(从 FileSystemInfo 继承)
FullName	获取目录或文件的完整目录(从 FileSystemInfo 继承)
IsReadOnly	确定当前文件是否为只读的值
LastAccessTime	获取或设置上次访问当前文件或目录的时间(从 FileSystemInfo 继承)
LastWriteTime	获取或设置上次写入当前文件或目录的时间(从 FileSystemInfo 继承)
Length	获取当前文件的大小
Name	获取文件名

表 12-5 FileInfo 类的常用方法

名 称	说 明
AppendText	创建一个 StreamWriter，它向 FileInfo 的此实例表示的文件追加文本
CopyTo	将现有文件复制到新文件
Create	创建文件
CreateText	创建写入新文本文件 StreamWriter
Delete	永久删除文件
MoveTo	将指定文件移到新位置，并提供指定新文件名的选项
Open	用各种读/写访问权限和共享特权打开文件
OpenRead	创建只读 FileStream
OpenText	创建使用 UTF8 编码、从现有文本文件中进行读取的 StreamReader
OpenWrite	创建只写 FileStream
Refresh	刷新对象的状态(从 FileSystemInfo 继承)
Replace	使用当前 FileInfo 对象所描述的文件替换指定文件的内容，这一过程将删除原始文件，并创建被替换文件的备份

12.4 文本文件写入和读取

12.4.1 案例说明

【案例简介】

使用 StreamWriter 类，把数据写到文本文件中去，然后用 StreamReader 类将数据从文本文件中读出并显示。

【案例目的】

(1) 了解 StreamReader、StreamWriter 类的常用属性和常用方法。

(2) 掌握利用 StreamWriter 类向文本文件中写入数据的方法。

(3) 掌握利用 StreamReader 类读取文本文件内容的方法。

【技术要点】

(1) 创建一个控制台应用程序 p12_3，在 Program.cs 中添加代码。

(2) 按 Ctrl+F5 组合键编译并运行应用程序，输出结果如图 12.3 所示。

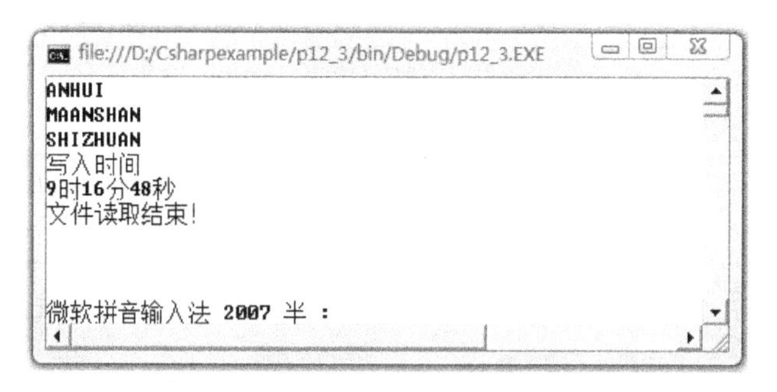

图 12.3 程序 p12_3 运行结果

12.4.2 代码及分析

```
namespace p12_3:
{
    class Program
    {
        static void Main(string[] args)
        {
        //向文本文件写内容
            //定义 StreamWriter 对象
            StreamWriter myStreamWriter;
            //在指定路径下创建 file.txt 文本文件
            myStreamWriter = new StreamWriter ("D:\\myfile.txt",false );
            //写入重载参数指定的某些数据，后跟行结束符
            myStreamWriter.WriteLine("ANHUI");
            myStreamWriter.WriteLine("MAANSHAN");
            myStreamWriter.WriteLine("SHIZHUAN");
            myStreamWriter.WriteLine("写入时间");
            int hour = DateTime.Now.Hour;
            int minute = DateTime.Now.Minute;
```

```
            int second = DateTime.Now.Second;
            //写入格式化字符串
            myStreamWriter.WriteLine("{0}时{1}分{2}秒",hour,minute, second);
            //关闭当前的 StreamWriter 对象和基础流
            myStreamWriter.Close();
        //读出文件内容
            //定义一个 StreamReader 对象
            StreamReader myStreamReader;
            //打开指定路径下的文本文件
            myStreamReader = new StreamReader("D:\\myfile.txt");
            //用 Peek()方法读取文本文件，并输出到屏幕
            while (myStreamReader.Peek() != -1)
            {
                String myString = myStreamReader.ReadLine();
                Console.WriteLine(myString);
            }
            Console.WriteLine("文件读取结束！");
            //关闭文本文件
            myStreamReader.Close();
            Console.ReadLine();
        }
    }
}
```

程序分析：

(1) 使用带参数的构造函数实例化 StreamWriter 类为 myStreamWriter 对象。

(2) StreamWriter 类的构造函数取文件名和布尔值两个参数，当布尔值为 false，则文件的内容将由 StreamWriter 进行重写，在任何情况下，如果文件已存在则被打开，如果它不存在则重新创建。

(3) 利用 StreamWriter 类的 WriterLine()方法在文本文件中按行写入指定数据。

(4) 写完数据后，调用 StreamWriter 类的 Close()方法，关闭当前的 StreamWriter 对象和基础流。

(5) 使用带参数的构造函数实例化 StreamReader 类为 myStreamReader 对象，打开指定路径下的文本文件。

(6) 用 StreamReader 类的 Peek()方法为循环条件，ReadLine()方法读取文本文件内容。

(7) 读完数据后，调用 StreamReader 类的 Close()方法，关闭文本文件。

12.4.3　相关知识及注意事项

StreamWriter 类和 StreamReader 类提供了按文本模式读写数据的方法。

表 12-6～表 12-9 分别列出了 StreamWriter 类和 StreamReader 类的常用属性和常用方法。

表 12-6　StreamWriter 类的常用属性

名　称	说　明
AutoFlush	获取或设置一个值，该值指示 StreamWriter 是否每次在调用 StreamWriter 之后将其缓冲区刷新到基础流

续表

名　　称	说　　明
BaseStream	获取同后备存储区连接的基础流
Encoding	获取将输出写入到其中的 Encoding
FormatProvider	获取控制格式设置的对象(从 TextWriter 继承)
NewLine	获取或设置由当前 TextWriter 使用的行结束符字符串(从 TextWriter 继承)

表 12-7　StreamWriter 类的常用方法

名　　称	说　　明
Close	关闭当前的 StreamWriter 对象和基础流
Flush	清理当前编写器的所有缓冲区，并使所有缓冲数据写入基础流
Write	写入流
WriteLine	写入重载参数指定的某些数据，后跟行结束符(从 TextWriter 继承)

表 12-8　StreamReader 类的常用属性

名　　称	说　　明
BaseStream	返回基础流
CurrentEncoding	获取当前 StreamReader 对象正在使用的当前字符编码
EndofStream	获取一个值，该值表示当前的流位置是否在流的末尾

表 12-9　StreamReader 类的常用方法

名　　称	说　　明
Close	关闭 StreamReader 对象和基础流，并释放与读取器关联的所有系统资源
Peek	返回下一个可用的字符，但不使用它
Read	读取输入流中的下一个字符或下一组字符
ReadBlock	从当前流中读取最大 count 的字符并从 index 开始将该数据写入 buffer(从 TextReader 继承)
ReadLine	从当前流中读取一行字符并将数据作为字符串返回
ReadToEnd	从流的当前位置到末尾读取流

12.5　二进制文件写入和读取

12.5.1　案例说明

【案例简介】

下面的案例将实现向新的空文件流(MyTest.data)写入数据及从中读取数据。在 D 盘根目录中创建了数据文件之后，也就同时创建了相关的 BinaryWriter 类和 BinaryReader 类，BinaryWriter 类用于向 MyTest.data 写入整数 0～10，MyTest.data 将文件指针置于文件尾。在将文件指针设置回初始位置后，BinaryReader 类用于读出指定的内容。

【案例目的】

(1) 了解 BinaryReader、BinaryWriter 类的常用属性和常用方法。

(2) 掌握利用 BinaryWriter 类向文件中写入数据的方法。

(3) 掌握利用 BinaryReader 类读取文件内容的方法。

【技术要点】

(1) 创建一个控制台应用程序 p12_4，在 Program.cs 中添加代码。

(2) 按 Ctrl+F5 组合键编译并运行应用程序，输出结果如图 12.4 所示。

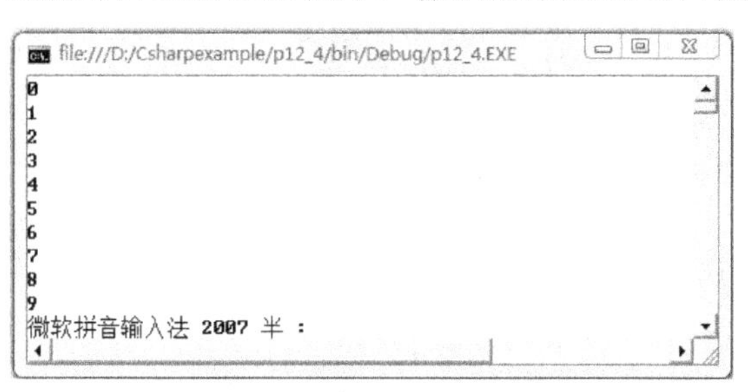

图 12.4　程序 p12_4 运行结果

12.5.2　代码及分析

```
namespace p12_4
{
    class Program
    {
        //设置待创建新的空文件流的名称为 MyTest.data
        private const string FILE_NAME = @"D:\MyTest.data";
        static void Main(string[] args)
        {
            //检验该文件流是否已经存在，存在则删除
            if (File.Exists(FILE_NAME))
            {
                File.Delete(FILE_NAME);
            }
            FileStream myFileStream = new FileStream(FILE_NAME, FileMode.
                CreateNew);
            // 为文件流创建二进制写入器
            BinaryWriter myBinaryWriter = new BinaryWriter(myFileStream);
            // 写入数据
            for (int i = 0; i < 11; i++)
            {
                myBinaryWriter.Write((int)i);
            }
            myBinaryWriter.Close();
            myFileStream.Close();
            //创建 reader
            myFileStream = new FileStream(FILE_NAME, FileMode.Open,
                FileAccess.Read);
            BinaryReader myBinaryReader = new BinaryReader(myFileStream);
            //读数据
            for (int i = 0; i < 11; i++)
```

```
            {
               Console.WriteLine(myBinaryReader.ReadInt32());
            }
            myBinaryReader.Close();
            myFileStream.Close();
            Console.ReadLine();
        }
    }
}
```

程序分析：

(1) 使用带参数的构造函数实例化 FileStream 类为 myFileStream 对象。

(2) FileStream 类的构造函数取文件名和文件模式两个参数。

(3) 利用文件流对象 myFileStream 作为参数，实例化 BinaryWriter 类，生成二进制写入器对象 myBinaryWriter。

(4) 调用 BinaryWriter 类的 Write()方法写入数据。

(5) 写完数据后调用 FileStream 类和 BinaryWriter 类的 Close()方法关闭二进制流。

(6) 重载 FileStream 类的构造函数，取文件名以及文件 Open 和访问 Read 模式 3 个参数。

(7) 利用文件流对象 myFileStream 作为参数，实例化 BinaryReader 类，生成二进制读入器对象 myBinaryReader。

(8) 调用 BinaryReader 类的 ReadInt32()方法读数据。

(9) 读完数据后调用 FileStream 类和 BinaryReader 类的 Close()方法关闭二进制流。

12.5.3 相关知识及注意事项

二进制读取与文本读取不同，如果不能肯定文件只包含文本，那么将它当成字节流是最安全实用的。System.IO 命名空间为用户提供了 BinaryReader 和 BinaryWriter 类，用于进行二进制模式读写文件。

表 12-10 和表 12-11 分别列出了 BinaryWriter 类的常用方法和 BinaryReader 类的常用方法。

表 12-10　BinaryWriter 类的常用方法

名　称	说　明
Close	关闭当前的 BinaryWriter 和基础流
Flush	清理当前编写器的所有缓冲区，使所有缓冲数据写入基础设备
Seek	设置当前流中的位置
Write	将值写入当前流

表 12-11　BinaryReader 类的常用方法

名　称	说　明
Close	关闭当前阅读器及基础流
PeekChar	返回下一个可用的字符，并且不提升字节或字符的位置
Read	从基础流中读取字符，并提升流的当前位置
ReadBoolean	从当前流中读取 Boolean 值，并使该流的当前位置提升 1 个字节

续表

名　称	说　明
ReadByte	从当前流中读取下一个字节，并使流的当前位置提升 1 个字节
ReadBytes	从当前流中将 count 个字节读入字节数组，并使当前位置提升 count 个字节
ReadChar	从当前流中读取下一个字符，并根据所使用的 Encoding 和从流中读取的特定字符，提升流的当前位置
ReadChars	从当前流中读取 count 个字符，以字符数组的形式返回数据，并根据所使用的 Encoding 和从流中读取的特定字符，提升当前位置
ReadDecimal	从当前流中读取十进制数值，并将该流的当前位置提升 16 个字节
ReadDouble	从当前流中读取 8 字节浮点值，并使流的当前位置提升 8 个字节
ReadInt16	从当前流中读取 2 字节有符号整数，并使流的当前位置提升 2 个字节
ReadInt32	从当前流中读取 4 字节有符号整数，并使流的当前位置提升 4 个字节
ReadInt64	从当前流中读取 8 字节有符号整数，并使流的当前位置向前移动 8 个字节
ReadSByte	从此流中读取一个有符号字节，并使流的当前位置提升 1 个字节
ReadSingle	从当前流中读取 4 字节浮点值，并使流的当前位置提升 4 个字节
ReadString	从当前流中读取一个字符串，字符串有长度前缀，一次 7 位的被编码为整数
ReadUInt16	使用 Little-Endian 编码从当前流中读取 2 字节无符号整数，并将流的位置提升 2 个字节
ReadUInt32	从当前流中读取 4 字节无符号整数并使流的当前位置提升 4 个字节
ReadUInt64	从当前流中读取 8 字节无符号整数并使流的当前位置提升 8 个字节

12.6 本章小结

应用程序中常常需要读取和写入一些信息，这时就会遇到文件的读写操作。要在 C#语言中进行文件操作，只需要利用.NET 框架在 System.IO 命名空间中提供的类就可以实现。其中经常用到的类有 File、Stream、FileStream、BinaryReader、BinaryWriter、StreamReader、StreamWriter 等。

本章详细地介绍了如何以 File 类和 FileInfo 类进行文件的操作以及如何采用 StreamReader、StreamWriter、BinaryReader、BinaryWriter 类进行文本模式和二进制模式的文件读写操作。

12.7 习　题

1．选择题

(1) (　　)类用于对文件进行创建、删除、复制、移动、打开等操作。

A．BinaryReader　　B．File　　C．Stream　　D．System.IO

(2) (　　)类用于按文本方式读写文件。

A．StreamReader　　B．StreamWriter

C．StreamReader 和 StreamWriter　　D．System.IO

(3) (　　)类用于按二进制方式读写文件。

A．BinaryReader 和 BinaryWriter　　B．BinaryReader

C．BinaryWriter　　D．System.IO

(4) 以下类中可以用来构造实例的有(　　)。

A．File　　B．FileInfo　　C．Directory　　D．DirectoryInfo

(5) 在 C#语言中，以下关于文件处理描述错误的是(　　)。

A．要对文件进行读书，需要在类中使用 System.IO 命名空间

B．StreamWriter 对象可以创建为 new StreamWriter(String FilePath)

C．StreamWriter 对象可以创建为 new StreamWriter(FileStream myfs)

D．StreamReader 对象读取文件流中从当前位置到末尾的所有字符的方法为 ReaderLine()

2．简答题

(1) 简述文件和流的概念。

(2) 已知文件的路径名，举出 3 种以上打开文件的途径。

3．操作题

(1) 使用 BinaryReader 类和 BinaryWriter 类把各种类型的数据写入文件，然后再从文件中读出。

(2) 尝试开发一个程序，实现批量复制文件功能。

第13章 C# Windows编程

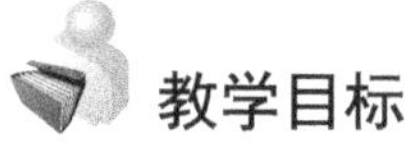

教学目标

(1) 掌握Windows窗体的基本结构。
(2) 掌握简单的Windows应用程序的设计方法。
(3) 掌握事件处理程序的编写方法。
(4) 掌握Windows基础控件的使用。
(5) 掌握Windows窗体框架控件的使用。
(6) 掌握Windows高级控件的使用。
(7) 掌握多窗体项目设计。
(8) 了解窗体间数据传递的方法。

教学要求

知识要点	能力要求	相关知识
Windows窗体结构	掌握	Windows窗体的属性及事件，Windows窗体的代码结构，窗体的创建、显示、隐藏和关闭，MDI窗体容器
控件的事件处理程序	掌握	控件的事件侦听及事件操作
Windows窗体基本控件	掌握	Label控件、TextBox控件、Button控件、RadioButton控件、CheckBox控件、ComboBox容器控件的属性及事件操作
Windows窗体框架控件	掌握	菜单控件、工具栏控件、状态栏控件的属性、方法、事件及应用
Windows窗体高级控件	掌握	TreeView控件、ListView控件的属性、方法、事件及应用
多窗体项目设计	掌握	窗体的启动、窗体的显示设计、窗体的打开方式
窗体间数据传递方法	了解	几种窗体间数据传递方法

13.1 窗体及控件

13.1.1 案例说明

【案例简介】

创建 WinForm 项目，制作登录界面，如果登录成功，则进入 KTV 软件，显示歌曲列表页面，如果关闭主页面，系统退出。

【案例目的】

(1) 掌握窗体的创建、启动和关闭；

(2) 掌握常用的窗体控件；

(3) 掌握 WinForm 窗体的代码结构；

(4) 掌握窗体控件的事件生成机制。

【技术要点】

(1) 创建一个 Windows Form 项目，创建登录窗体和首页面窗体 MainForm；

(2) 制作登录页面；

(3) 制作登录页面的简单校验；

(4) 登录成功后，最大化显示 MainForm 窗体，同时隐藏登录窗体。登录失败页面如图 13.1 所示，登录成功页面如图 13.2 所示；

(5) 关闭 MainForm 窗体时，退出应用。

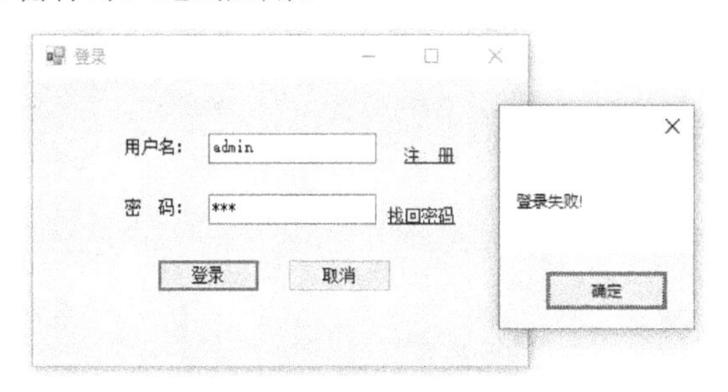

图 13.1 登录失败页面

图 13.2 登录成功后显示主页面

13.1.2　代码及分析

(1) 登录页面代码。

```
//登录窗体 LoginForm.cs
using System;
using System.Collections.Generic;
using System.ComponentModel;
using System.Data;
using System.Drawing;
using System.Linq;
using System.Text;
using System.Threading.Tasks;
using System.Windows.Forms;

namespace Example13_1
{
    public partial class LoginForm : Form
    {
        public LoginForm()
        {
            InitializeComponent();
        }
        private void btnOk_Click(object sender, EventArgs e)
        {
            //获取用户输入的用户名和密码
            string userName = txtUserName.Text;
            string pwd = txtPwd.Text;
            //非空验证
            if (userName==""||pwd=="")
            {
                MessageBox.Show("用户名和密码不能为空！");
            }
            else
            {
                //验证用户名和密码是否匹配
                if (userName=="admin"&&pwd=="admin")
                {
                    //登录成功,显示 MainForm 窗体
                    MessageBox.Show("登录成功!");
                    //打开一个新窗体，首先创建该窗体的一个对象，并调用它的 Show () 方法显示
                    MainForm mainForm = new MainForm();
                    mainForm.Show();
                    //隐藏登录窗体，this 表示当前对象，及 LoginForm 窗体
                    this.Hide();
                }
                else
                {
                    //登录失败
                    MessageBox.Show("登录失败!");
                }
```

```
            }
        }
    }
}
```

(2) 系统首页面代码。

```
//系统首页窗体MainForm.cs
using System;
using System.Collections.Generic;
using System.ComponentModel;
using System.Data;
using System.Drawing;
using System.Linq;
using System.Text;
using System.Threading.Tasks;
using System.Windows.Forms;

namespace Example13_1
{
    public partial class MainForm : Form
    {
        public MainForm()
        {
            InitializeComponent();
        }
        //主窗体加载事件，用于显示歌曲管理窗体
        private void MainForm_Load(object sender, EventArgs e)
        {
            //创建歌曲管理页面
            SongForm songForm = new SongForm();
            //显示歌曲管理页面
            songForm.Show();
            //设置歌曲管理窗体为MDI子窗体，放置于MainForm容器中
            songForm.MdiParent = this;

        }
        //MainForm窗体被关闭后触发事件
        private void MainForm_FormClosing(object sender, FormClosingEventArgs e)
        {
            Application.Exit();
        }
    }
}
```

程序分析：

(1) Windows 窗体应用程序建立后，都有一个默认的窗体，名为 Form1，该窗体自动为项目的启动窗体。项目中的每一个窗体都是一个派生类，它们都继承自 System.Windows.Forms.Form 类，其中的 System.Windows.Forms 为名称空间，Form 为基类名。本项目将其重命名为 LoginForm。

(2) 窗体在初始状态下仅有一个标题和下面的白板，它通常作为用户界面的容器。每个窗

体都有一个 Controls 集合，对应了窗体中的所有控件。

(3) 从工具箱中分别拖入 Label、TextBox、Button 和 LinkLabel 控件。其中 Label 控件是一个文本标签，用于显示静态文字。TextBox 控件是文本框控件，用来接收用户的输入或者输出信息。Button 控件是命令按钮控件，主要用来启动一个命令。LinkLabel 控件用于显示一个链接文本。具体窗体控件属性设置见表 13.1 和表 13.2。

表 13.1　登录窗体和控件属性表

类型	属性	设置值	作用
Form 窗体	Name	LoginForm	登录窗体容器
	Text	登录	设置窗体标题文本
	StartPosition	CenterScreen	设置窗体打开起始位置
Label 标签	Name	Label1	
	Text	用户名：	显示“用户名”文本
Label 标签	Name	Label2	
	Text	密码：	显示“密码”文本
TextBox 文本框	Name	txtUserName	用户名输入框
TextBox 文本框	Name	txtPwd	密码输入框
	PassWordChar	*	密码用“*”显示
LinkLabel 链接标签	Name	LinkLabel1	显示注册链接
	Text	注册	
LinkLabel 链接标签	Name	LinkLabel2	显示找回密码链接
	Text	找回密码	
Button 按钮	Name	btnOk	
	Text	登录	
Button 按钮	Name	btnCancel	
	Text	取消	用户单击时退出程序

表 13.2　主窗体和歌曲管理窗体属性设置表

类型	属性	设置值	作用
Form 窗体	Name	MainForm	主窗体，窗体容器
	Text	KTV 系统主页面	
	StartPosition	CenterScreen	设置窗体弹出位置页面居中
	IsMdiContainer	True	设置主窗体为 MDI 容器窗体
Form 窗体	Name	SongForm	歌曲管理窗体
	Text	歌曲管理	设置窗体标题文本

(4) 程序运行后，在文本框中输入用户名称，单击【登录】按钮，将触发 btnOk 对象的 Click 事件所绑定的方法 void btnOk_Click(Object sender, EventArgs e)。

(5) btnOk_Click 方法调用 MessageBox 类的 Show()方法弹出一个消息框，如果登录失败，则提示错误信息，如果登录成功，MessageBox 消息框关闭后，会创建首页面对象，调用页面的 Show () 方法显示首页面，首页面打开时，会触发首页面窗体的 Load 事件绑定的方法 void MainForm_Load(object sender, EventArgs e)，此时再创建歌曲管理页面，并将其显示在首页面容器中。

13.1.3 相关知识及注意事项

1. 窗体

窗体是具有自身属性、事件和方法的对象。可以把属性看成对象的性质、事件看成对象对消息的响应，方法看成对象完成功能的动作。设计窗体工作内容无非是修改或者获取窗体的属性，编写程序代码响应控件的事件，设计和调用方法完成预定义的功能。

1) 属性

窗体和控件都有一系列属性，用来表征窗体的特征，如文本、颜色、字体、背景图片、位置、大小等，这些属性都有默认值。窗体设计的初步工作就是添加相应的内容控件对象，修改它们的某些属性，使其特征符合用户界面的需要。

修改窗体和控件属性值的方法有两种：一种是在属性窗口中直接编辑修改属性值；另一种是在程序代码中为属性重新赋值。而大多情况下，窗口和控件的属性值采用属性窗口来编辑。

2) 属性窗口

可以在被设计的窗体上右击【属性】打开属性窗口，也可以在开发环境中选择菜单【视图】|【属性窗口】打开属性窗口，属性窗口如图 13.3 所示。

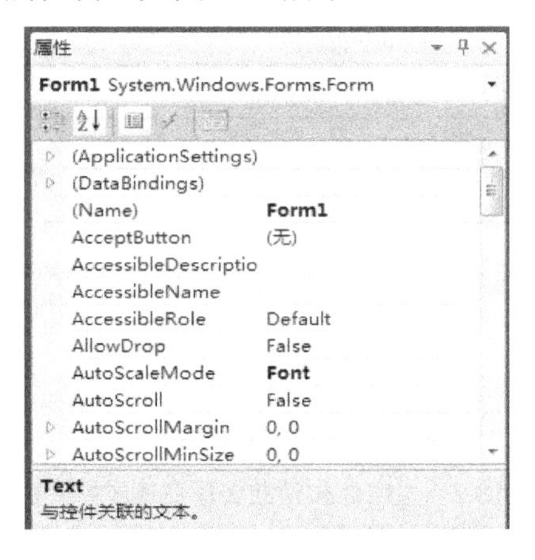

图 13.3 【属性】窗口中的属性列表

属性窗口包含以下几个区域。

(1) 下拉列表区：属性窗口顶部的 **Form1** System.Windows.Forms.Form 下拉列表框，它显示了当前对象的类名和对象名。当前对象就是当前正在设计的对象，在设计视图工作区中，该对象四周被 8 个小方框包围。图 13.3 属性窗口中的对象名为 Form1 System.Windows.Forms.Form，对应于图 13.2 中运行的 Form 窗体，表明它是当前正在设计的对象，其中粗体 Form1 是类名，其后的 System.Windows.Forms.Form 是它的基类名。单击下拉框右边的下拉箭头，可以选择其他的对象。

(2) 图形按钮区：对象框下面的图标栏，用来确定当前要显示对象的属性列表还是对象的事件列表，以及属性或事件列表中项目以何种方式排序。

(3) 属性或事件列表区：属性窗口中部的列表区。可以单击 (属性)或者 (事件)图标在属性列表和事件列表件进行切换。当选择属性列表时，列表区域的左列显示对象的属性名，右列显示可以查看或编辑的属性值；当选择事件列表时，列表区域左列显示对象的事件名，右列是这个事件对应的事件处理程序的方法名。

3) 事件

事件是窗体或者控件能识别的行为和动作，Windows 操作系统监视着事件的发生并将其发送到应用程序。若应用程序为该事件编写了响应代码，.NET 就会调用这段代码，Windows 应用程序设计的一个重要核心内容就是为窗体或者控件的事件编写事件处理程序，这种编程机制通常被称为“事件驱动编程”。

4) 事件处理程序

要为对象的某个事件编写处理程序，可以在代码中编写事件的处理方法，并将其添加到事件监听程序中。大多数事件处理方法的代码格式是：

```
private void ObjectName_Event(Object sender, EventArgs e)
{
    程序代码
}
```

事件处理程序名字为 ObjectName_Event，其中 ObjectName 是当前对象名，Event 是事件名，例如本例中的 btnLogin_Click。

方法参数中，sender 参数传递的是一个对象的引用，该对象引发了该事件。在本例中，该参数引用了 btnLogin 对象。

System.EventArgs 类包含了关于事件的有用信息，特定的事件传送特定的 EventArgs 类的对象信息，这些信息由参数 e 传入事件处理程序中。

将事件处理的代码添加到控件的事件监听中，代码如下：

```
ObjectName.Event += new EventHandler(ObjectName_Event);
```

将编写的事件处理程序添加到 ObjectName 控件的 Event 事件中，Windows 操作系统会监听事件的发生，Event 事件发生时，会调用上面编写的 ObjectName_Event 事件处理程序执行。在本例中，编写的代码是 btnLogin.Click += new EventHandler(btnLogin_Click)。即当 btnLogin 控件的 Click 单击事件发生时，转去执行 btnLogin_Click 方法。

大多数情况下，也可以使用 Windows 应用程序中的事件自动生成方法来创建事件处理程序。要为对象的某个事件编写处理程序，在属性窗口中单击 图标，属性窗口的列表区将显示该对象的所有事件，如图 13.4 所示。

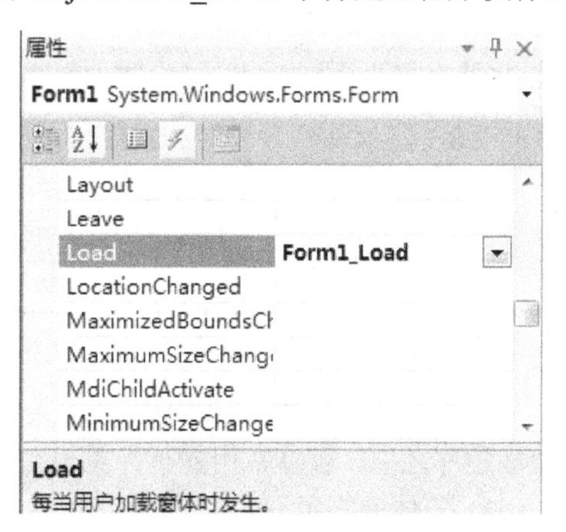

图 13.4 【属性】窗口中的事件列表

在需要编写处理程序的事件名后面的空白区域双击，工作焦点跳转到代码窗口，光标停留在该事件处理程序段内，接着可以输入程序代码了。也可以在列表的右侧为该事件制定另一个事件处理程序，这样当该事件发生时就去调用制定的那个处理程序。在自动生成的事件处理操作中，系统自动完成上述手动代码中的事件处理程序定义和将事件处理程序添加到事件监听的操作。

5) 方法

方法是一段程序代码，通常以函数的形式编写，用来实现某个功能。程序员可以为窗体编写方法以供程序调用，也可以调用窗体的预定义方法。调用预定义方法的格式为：

```
Object.Method(parameters);
```

其中，Object 为对象名，Method 为方法名，parameters 为实参。例如，在窗体代码中常看到这样的语句：

```
this.Hide();
```

表示调用当前窗体的 Hide 方法，将当前窗体隐藏。

6) 窗体的常用属性

窗体有很多属性，可以修改其属性值来改变窗体的外观和布局等，也可以获取窗体的属性值为程序所用。在设计窗体时，大多数属性只要默认其初始值就行了。设计中常需要设置或获取其值的属性见表 13-3。

表 13-3　窗体的常用属性

属性名	作　用
Name	标识窗体对象的名字，程序中用来指明窗体对象
Text	显示在窗体标题条上的文字
Controls	窗体中控件
MainMenuStrip	窗体的主菜单
ContextMenuStrip	窗体的快捷菜单
Height	窗体的高度
Width	窗体的宽度
BackColor	背景颜色
ForeColor	前景颜色
BackGroudImage	背景图片
MaximizeBox	窗体是否需要最大化按钮
MinimizeBox	窗体是否需要最小化按钮
ControlBox	窗体是否需要关闭按钮
WindowsState	窗体的初始显示状态，可为正常、最小化和最大化
StartPosition	窗体显示在屏幕上的初始位置

7) 窗体的常用事件

窗体有很多事件，如果需要利用某个事件来启动一段程序，就将这段代码写在这个事件的处理程序之中。窗体常用的事件见表 13-4。

8) 窗体的常用方法

窗体也有很多方法，调用窗体的方法可以实现特定的功能。窗体的常用方法见表 13-5。

表 13-4 窗体的常用事件

事件名	含　义
Load	窗体载入时发生
Activated	窗体被激活时发生
Closing	窗体被关闭时发生
Closed	窗体被关闭后发生
Click	在窗体内单击鼠标左键时发生
DoubleClick	在窗体内双击鼠标左键时发生
KeyDown	键按下时发生
KeyPress	完成一次按键时发生
MouseMove	在窗体内移动鼠标键时发生
MouseDown	在窗体内按下鼠标键时发生
MouseUp	在窗体内松开鼠标键时发生

表 13-5 窗体的常用方法

方法名	功　能
Activate	激活窗体并给予它焦点
Close	关闭窗体
Focus	为窗体设置焦点
Hide	隐藏窗体
Show	显示窗体，它可以与其他窗体交替被激活
ShowDialog	以对话框方式显示窗体，弹出的窗体独占焦点，只有它被关闭后，其他窗体才能被激活

9) MDI 窗体

C#允许在单个容器窗体中创建包含多个子窗体的多文档界面（MDI）。多文档界面的典型例子是 Microsoft Office 中的 Word 和 Excel。允许用户同时打开多个文档，每一个文档占用一个窗体，用户可以在不同的窗体间切换，处理不同的文档。

1) MDI 容器窗体

在 Windows 应用程序中一般将项目的第一个窗体指定为容器窗体，也称父窗体。设计时只要将 IsMdiContainer 属性设置为 true，它就是容器窗体了。容器窗体显示时，其客户区是凹下的，等待子窗体显示在下凹区。因此，不要在容器窗体的客户区设计任何控件。

2) MDI 子窗体

MDI 子窗体就是一般的窗体，可以设计任何控件。此前设计过的任何窗体都可以作为 MDI 窗体。

只要将某个窗体实例的 MdiParent 设置到一个父窗体，它就是那个父窗体的子窗体，其语法为：

窗体实例.MDIParent =父窗体对象;

2. 控件

控件是应用程序界面上供用户操作或向用户展示信息的目标单元，例如窗体上的菜单、按

图 13.5 【工具箱】中的控件列表

钮和文本框等。向窗体加入控件最简单的做法就是从控件工具箱中将控件拖到窗体中。控件工具箱如图 13.5 所示。控件工具箱中的控件，实际上是.NET 名称空间 System.Windows.Forms 中的一系列的类。将某个控件拖入到窗体后，就为这个类创建一个实例。可以为某个控件创建多个实例，例如一个窗体中可以有多个按钮。

1) 控件的常用属性

各种控件属性的个数和属性名称各不相同，但大多数控件都有一些常用属性，见表 13-6。

表 13-6 大多数控件的常用属性

属性名	作　用
Name	标识控件对象的名字，程序中用来指明是哪个控件
Text	控件上显示出的文字
Font	控件的字体和大小
ForeColor	控件的文字颜色
Location	控件在容器中的位置
Dock	控件停靠的位置，指示停靠在容器的上、下、左、右边，或是充满容器
Size	控件的大小
Enable	控件的可用性，为 true 时可用(深色)，为 false 时不可用(灰色)
Visible	控件的可见性，为 true 时可见，为 false 时不可见

2) 控件的常用事件

各种控件的事件不尽相同，但它们也有一些常用事件，见表 13-7。各种控件的方法差异较大，此处将不展开介绍。

表 13-7 控件的常用事件

事件名	含　义
Click	在控件内单击鼠标左键时发生
DoubleClick	在控件内双击鼠标左键时发生
Enter	控件获得焦点时发生
Leave	控件失去焦点时发生
KeyDown	在控件内键按下时发生
KeyUp	在控件内键弹起时发生
KeyPress	在控件内完成一次按键时发生
MouseDown	在控件内按下鼠标时发生
MouseUp	在控件内松开鼠标时发生
MouseHover	当鼠标光标在控件内静止一段时间后发生
MouseMove	在控件内移动鼠标时发生

13.2 Windows 窗体基础控件

13.2.1 案例说明

【案例简介】

提供音乐 KTV 软件的注册功能，用户填写个人信息提交至服务器完成注册功能。注册资料分为必填项和选填项。单击注册，将用户注册信息用提示框展现出来。

【案例目的】

(1) 掌握 TextBox 控件的使用；

(2) 掌握 Label 控件的使用；

(3) 掌握 Button 控件的使用；

(4) 掌握 RadioButton 控件的使用；

(5) 掌握 CheckBox 控件的使用；

(6) 掌握 ComboBox 控件的使用；

(7) 掌握 GroupBox 控件的使用；

(8) 学会在窗体中添加和布局控件设置控件属性；

(9) 掌握 Windows 基础控件的使用；

(10) 掌握通用对话框的应用。

【技术要点】

(1) 创建注册页面；

(2) 使用分组控件划分窗体区域，分为必填信息和选填信息两个部分；

(3) 向窗体中拖入相应的控件，布局注册页面；

(4) 编辑控件相应事件处理程序，按 Ctrl+F5 组合键编译并运行应用程序，输入运算结果，按 Enter 键，输出结果如图 13.6 所示。

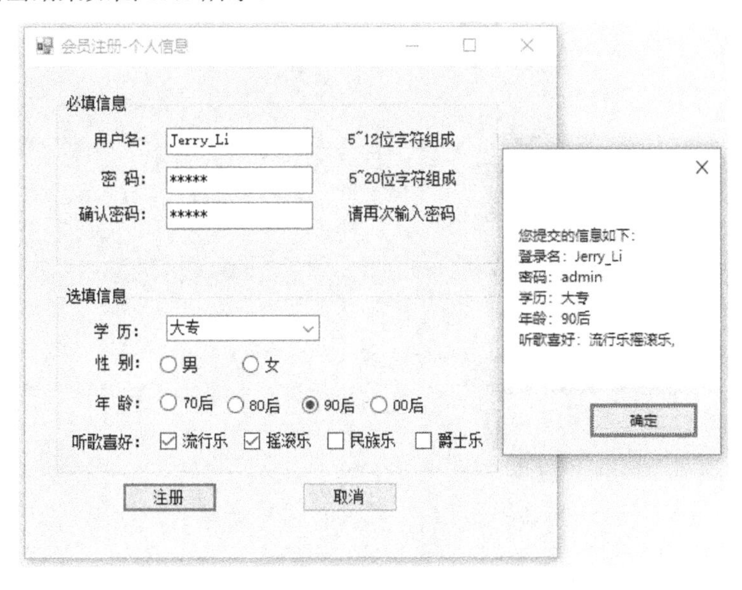

图 13.6 会员注册页面运行结果

13.2.2 代码及分析

```
//注册按钮点击事件
private void button1_Click(object sender, EventArgs e)
      {
          //登录名
          string loginName = txtName.Text;
          //密码
          string pwd = txtPwd.Text;
          //确认密码
          string repwd = txtRePwd.Text;
          //学历
          string eduction = "";
          if (cmbEduction.SelectedIndex!=-1)
          {
             eduction = cmbEduction.Text;
          }
          //性别
          string gender = "";
          if (rbMale.Checked)
          {
             gender = rbMale.Text;
          }
          if (rbFemale.Checked)
          {
             gender = rbFemale.Text;
          }
          //年龄段
          string age = "";
          if (rb70.Checked)
          {
             age = rb70.Text;
          }
          if (rb70.Checked)
          {
             age = rb70.Text;
          }
          if (rb80.Checked)
          {
             age = rb80.Text;
          }
          if (rb90.Checked)
          {
             age = rb90.Text;
          }
          if (rb00.Checked)
          {
             age = rb00.Text;
          }
          //听歌喜好
          string hobby = "";
```

```
            if (cbPop.Checked)
            {
                hobby += cbPop.Text;
            }
            if (cbFolk.Checked)
            {
                hobby +=cbFolk.Text+",";
            }
            if (cbRock.Checked)
            {
                hobby += cbRock.Text + ",";
            }
            if (cbJess.Checked)
            {
                hobby += cbJess.Text + ",";
            }
            //必填信息，非空验证
            if (loginName==""||pwd==""||repwd=="")
            {
                MessageBox.Show("必填信息不能为空！");
                return;
            }
            //两次密码输入是否一致
            if (pwd!=repwd)
            {
                MessageBox.Show("两次密码输入不一致！");
                return;
            }
            //输出注册信息
            string registerInfo = string.Format("您提交的信息如下：\n 登录名：{0}\n
密码：{1}\n 学历：{2}\n 年龄：{3}\n 听歌喜好：{4}", loginName,pwd,eduction,age,hobby);
            MessageBox.Show(registerInfo);
        }
```

程序分析：

(1) 窗体和控件属性。设计会员注册窗体，对窗体中添加的控件属性进行设置。窗体和各控件属性值见表 13.8。

表 13.8　会员注册窗体和控件属性

控件类型	对象名	属性	设置值	作用
Form 窗体	Form1	Text	会员注册-个人信息	窗体容器
		StartPosition	CenterScreen	
GroupBox 容器	groupBox1	Text	必填信息	必填信息控件容器
	groupBox1	Text	选填信息	选填信息控件容器
Label 标签	label1	Text	用户名：	显示用户名标签
	label2	Text	密码：	显示密码标签
	label3	Text	确认密码：	显示确认密码标签
	label4	Text	学历：	显示学历标签

续表

控件类型	对象名	属性	设置值	作用
Label 标签	label5	Text	性别:	显示性别标签
	label6	Text	年龄:	显示年龄标签
	label7	Text	音乐喜好:	显示音乐喜好标签
	label8	Text	5～12 位字符组成	输入提示标签
	label9	Text	5～20 位字符组成	输入提示标签
	label10	Text	请再次输入密码	输入提示标签
TextBox 文本框	txtName	Text	空	用户名输入框
	txtPwd	Text	空	密码输入框
		PassWordChar	*	密码用“*”显示
	txtRePwd	Text	空	确认密码输入框
		PassWordChar	*	密码用“*”显示
ComboBox 下拉框	cmbEduction	Items 属性	中专，大专，本科，研究生	学历下拉选框
RadioButton 单选按钮	rbMale	Text	男	性别单选按钮
	rbFemale	Text	女	性别单选按钮
	rb70	Text	70 后	年龄单选按钮
	rb80	Text	80 后	年龄单选按钮
	rb90	Text	90 后	年龄单选按钮
	rb00	Text	00 后	年龄单选按钮
CheckBox 复选按钮	cbPop	Text	流行乐	爱好复选框
	cbFolk	Text	民族乐	爱好复选框
	cbRock	Text	摇滚乐	爱好复选框
	cbJess	Text	爵士乐	爱好复选框
Button 按钮	button1	Text	注册	注册按钮
	button2	Text	取消	取消按钮

(2) 注册按钮事件。添加注册按钮 Click 事件，在事件处理方法中读取用户表单输入的各项数据，并对必填项进行验证判断，如果都填写，且两次密码输入正确，即将用户填写的信息用 MessageBox 确认框弹出。

在判断单选按钮和复选框是否选中时，都是判断控件对应的 Checked 属性。如果该属性值为 True，则表示该按钮选中，如果 Checked 属性为 False，则表示选项未选中。

13.2.3 相关知识及注意事项

1. Label 控件

Label 控件称为标签控件，它是最简单又最常用的控件，标签主要用来呈现静态文字，这些文字通常用作指示性的说明，或者输出简单的文本信息。程序运行后标签控件上的文字信息不能被用户编辑修改。

Label 控件的常用属性见表 13-9。

表 13-9　Label 控件的常用属性

属性名	作　用
Name	标识控件对象的名字，程序中用来指明控件对象
Text	设置控件的文本内容。属性值的类型为 string，默认值与对象名称相同
Location	设置或获取控件在容器中的位置，该位置确定控件的左上角相对容器的 X 和 Y 坐标。属性值的类型为 Point，默认值为设计时的初始值
Size	设置或获取控件的大小，属性值的类型为 Size，默认值为设计时的初始值
BackColor	设置或获取控件的背景颜色，属性值的类型为 Color，默认值为设计时的初始值
ForeColor	设置或获取控件的前景色，用法同 BackColor
BoderStyle	设置或获取控件的边框风格。属性值类型为 BorderStyle，默认值为 None
Font	设置控件的字体。属性的类型为 Font，默认值为“宋体，9pt”
Tag	获取或设置包含有关控件的数据的对象

2. TextBox 控件

TextBox 控件为文本框，主要用来接受用户的输入，当然也可以用于输出信息。

1) 常用的属性

TextBox 控件的常用属性见表 13-10。

表 13-10　TextBox 控件的常用属性

属性名	作　用
Name	标识控件对象的名字，程序中用来指明控件对象
Text	设置控件的文本内容。属性值的类型为 string，默认值与对象名称相同
Multiline	设置文本框是否可以进行多行输入。属性值为 bool，默认值为 false
ScrollBars	设置文本框的滚动条。属性值的类型为 ScrollBars，默认值为 None
ReadOnly	设置文本框是否只读。属性值类型为 bool，默认值为 false
PasswordChar	设置在文本框中输入口令时的掩盖字符。属性值的类型为 char，无默认类型

2) 常用的事件

TextBox 控件的常用事件见表 13-11。

表 13-11　TextBox 控件的常用事件

事件名	含　义
Enter	文本框获得焦点时发生
Leave	文本框失去焦点时发生
KeyDown	在控件内键按下时发生。通常用来检查按下了哪个键，按键的代码由事件处理程序的参数 e.KeyChar 获得
KeyUp	在控件内键弹起时发生。用法同 KeyDown 事件
KeyPress	在控件内完成一次按键时发生
TextChanged	当文本框发生改变时发生
Validating	验证控件时发生

3) 常用的方法

TextBox 控件的常用方法见表 13-12。

表 13-12 TextBox 控件的常用方法

方法名	功　　能
Clear	从文本框清除所有内容
Copy	将文本框选定的内容复制到剪贴板
Cut	将文本框中选定的内容剪切到剪贴板
Paste	用剪贴板中的内容替换文本框中当前选定的内容
Select	选定文本框的一部分文字
SelectAll	选定文本框的全部文字
Focus	将输入焦点置于文本框内
Undo	撤销文本框中的上一次编辑操作

3. Button 控件

Button 控件称为命令按钮，主要用来启动一个命令。Button 控件大多属性和事件与 Label 和 TextBox 控件相同，以下仅给出常用的属性和事件。

1) 常用的属性

Button 控件的常用属性见表 13-13。

表 13-13 Button 控件的常用属性

属性名	作　　用
Image	设置命令按钮上显示的图片
ToolTip	鼠标悬停在命令按钮上时显示的文字提示
Enable	设置命令按钮的可用性

2) 常用的事件

Button 控件的常用事件见表 13-14。

表 13-14 Button 控件的常用事件

事件名	含义
Click	左击按钮时发生的事件

4. ComboBox 控件

ComboBox 控件称为组合框，它是文本框和列表框的组合，既可以接受用户的输入，也可以接受用户的选择。因为其具有文本框和列表框的双重功能，同时它占用屏幕的面积很小，所以深受程序员的偏爱。

1) 常用的属性

ComboBox 控件的常用属性见表 13-15。

表 13-15 ComboBox 控件的常用属性表

属性名	作 用
DataSource	获取或设置 ComboBox 的数据源
DisplayMember	获取或设置 ComboBox 显示的属性
ValueMember	获取或设置属性的路径，它将用作 ComboBox 中的项的实际值
Items	获取一个对象，该对象表示该 ComboBox 中所包含项的集合
Text	获取或设置与此控件关联的文本
Tag	获取或设置包含有关控件的数据的对象

在 Windows 控件的列表控件中，基本都包含一个 Items 属性，该属性为集合类型，它可以是某个数据表的某一列或某个数组，一般无默认值。属性 Items 集合本身又带有很多方法和属性，这些方法和属性十分有用，如下所述。

(1) Add 方法：向 Items 添加列表项。使用语法为：

```
控件名.Items.Add(字符串);
```

(2) RemoveAt 方法：从 Items 集合中移除指定索引号的某项。使用语法为：

```
控件名.Items.RemoveAt(索引号);
```

(3) Remove 方法：从 Items 集合中移除某项。使用语法为：

```
控件名.Items.Remove(项);
```

(4) Insert 方法：向 Items 插入列表项到指定索引处。使用语法为：

```
控件名.Items.Insert(索引号,字符串);
```

(5) Clear 方法：从 Items 移除所有列表项。使用语法为：

```
控件名.Items.Clear();
```

Count 属性：用于计算 Items 的项数。用循环遍历列表框每一项时，常常需要知道这个项数。例如：

```
for(int i=0;i<comboBox1.Items.Count;i++)
  ……
```

2) 常用的事件

ComboBox 控件的常用事件见表 13-16。

表 13-16 ComboBox 控件的常用事件

事件名	含 义
DropDown	当显示 ComboBox 的下拉部分时发生
SelectedIndexChanged	在 SelectedIndex 属性更改后发生
TextChanged	在 Text 属性值更改时发生

5. RadioButton 控件

RadioButton 控件称为单选按钮。当用户必须在多个选项中选择其一时，可以使用一组单选按钮，此时必须用一个 GroupBox 控件将这些单选按钮捆绑成组，使各单选按钮产生互斥效果。互斥机制是指当用户选择一个单选按钮时，必须自动清除对其他单选按钮的选择。

1) 常用的属性

RadioButton 控件的常用属性见表 13-17。

表 13-17　RadioButton 控件的常用属性

属性名	作　用
Checked	设置和获取控件的选中状态。属性值为 bool，选中时为 true，否则为 false
Text	控件显示的文字

RadioButton 控件中，最重要的属性就是 Checked 属性，常常在代码中需要判断单选按钮是否选中，例如：

```
if(radioButton1.Checked)
  ……
```

表示如果单选按钮 radioButtonl 被选中该如何处理。

2) 常用的事件

RadioButton 控件的常用事件见表 13-18。

表 13-18　RadioButton 控件的常用事件

事件名	含　义
Click	单击控件时发生
CheckedChange	Checked 属性发生改变时发生

6. CheckBox 控件

CheckBox 控件称为检查框(或称核对框)。当它成组使用时，可以在一组选项中选择多项，因此，也有人把它称为复选框。与单选按钮不同的是，一组检查框不存在互斥。也就是说在一组检查框中，用户可以选中几个，也可以一个都不选。

检查框与单选按钮共享大多数的常用属性、方法和事件。

7. GroupBox 控件

GroupBox 控件称为成组框，它的作用是将一些控件捆绑成一组，整体控制组内控件的可用性、可见性或停靠位置，使用户界面清晰。值得注意的是，当 RadioButton 控件分组使用时，一定要将每一组分别放在一个 GroupBox 控件内，使组内互斥以起到分组单选的作用。

设计时要先将 GroupBox 控件拖入窗体内，然后在向框内加入其他控件。使用 GroupBox 控件时，一般只修改其 Text 属性（Text 是框头的提示文字），很少为 GroupBox 控件编写事件处理程序。

8. MessageBox 类

MessageBox 称为消息框。如果 Windows 引用程序仅仅需要通知用户某些信息，或者需要用户确认“是”或“否”等简单问题时，使用消息框就十分方便。

消息框是特殊的对话框，它包含在.NET 的 MessageBox 类中，具有消息、标题、选项图标和按钮等特性。使用消息框时，程序员不必创建 MessageBox 类的实例，只要使用该类的静态方法 Show()就可以了。调用 MessageBox.Show()方法显示的消息框也是一种模态对话框，当它显示出来以后，总是占据屏幕焦点，直到它被关闭。

Show()方法有 4 个参数，形式为：

```
MessageBox.Show(消息，标题，按钮形式，图标类型);
```

(1) 消息：通知给用户的信息，为 string 类型。

(2) 标题：显示在消息框标题条上的文字，为 string 类型。

(3) 按钮形式：用 MessageBoxButtons 的枚举值表示，确定按钮的个数和形式。

(4) 图标类型：用 MessageBoxIcon 的枚举值表示，确定图标的形式。

其中，后 3 个参数可以使用默认值，本例中为了程序的简短起见，可以省略。

13.3　Windows 窗体框架控件

13.3.1　案例说明

【案例简介】

该程序设计类似 Microsoft Word 的标准窗体。通过该实例学习主菜单、快捷菜单、工具栏、状态栏和消息框的应用。

【案例目的】

(1) 掌握 MenuStrip 控件的使用。

(2) 掌握 ContextMenuStrip 控件的使用。

(3) 掌握 ToolStrip 控件的使用。

(4) 掌握 StatusStrip 控件的使用。

【技术要点】

(1) 创建一个 Windows 窗体应用程序。

(2) 向默认窗体中拖入一个 MenuStrip 控件，用于显示主菜单。

(3) 向窗体中拖入一个 ToolStrip 控件，用于显示工具栏。

(4) 向窗体拖一个 ContextMenuStrip 控件，用于右键菜单操作。

(5) 向窗体中拖入 StatusStrip 控件，用于显示状态栏。

(6) 编辑控件相应事件处理程序，按 Ctrl+F5 组合键编译并运行应用程序，输入运算结果，按 Enter 键，输出结果如图 13.7 所示。

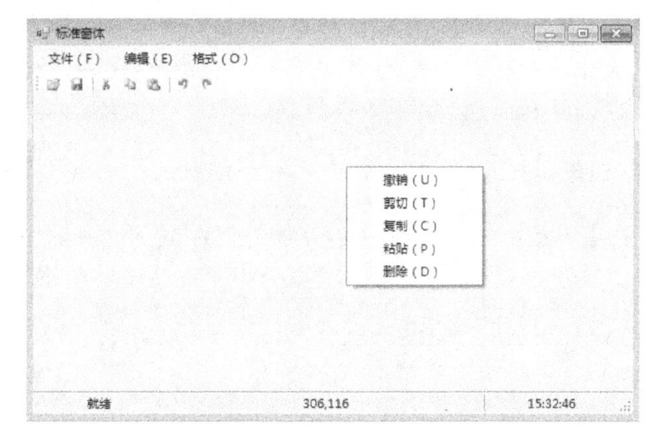

图 13.7　【标准窗体】运行效果图

13.3.2 代码及分析

```
using System;
using System.Collections.Generic;
using System.ComponentModel;
using System.Data;
using System.Drawing;
using System.Linq;
using System.Text;
using System.Windows.Forms;

namespace Example13_4
{
    public partial class Form1 : Form
    {
        public Form1()
        {
            InitializeComponent();
        }
        //页面加载事件
        private void Form1_Load(object sender, EventArgs e)
        {
            //使 timer1 可用
            timer1.Enabled = true;
            //每隔一秒钟发生一次 Tick 事件
            timer1.Interval = 1000;
            //使状态栏停靠在窗体底部
            statusStrip1.Dock = DockStyle.Bottom;
            toolStripStatusLabel1.Text= "就绪";
            //设置在窗体调整大小时，第二个 Label 自动填充空白空间
            toolStripStatusLabel2.Spring = true;
            //设置 toolStripStatusLabel 控件的边框显示
            toolStripStatusLabel2.BorderSides=
                 ToolStripStatusLabelBorderSides.Left;
            toolStripStatusLabel3.BorderSides=
                 ToolStripStatusLabelBorderSides.Left;
            toolStripStatusLabel3.Text = DateTime.Now.ToLongTimeString();
        }
        //当鼠标在窗体中移动时，向状态栏的第二个 Label 输出鼠标的当前位置
        private void Form1_MouseMove(object sender, MouseEventArgs e)
        {
            toolStripStatusLabel2.Text = e.X.ToString() + "," + e.Y.ToString();
        }
        //在 timer1 控件的 Tick 事件发生时，向状态栏的第三个 Label 输出当前时间
         private void timer1_Tick(object sender, EventArgs e)
        {
            toolStripStatusLabel3.Text = DateTime.Now.ToLongTimeString();
        }
    }
}
```

程序分析：

(1) 在窗体中放置相应控件，编辑效果如图 13.8 所示，设计窗体中各控件的属性值。其中各控件属性设置见表 13-19。

图 13.8　【标准窗体】设计截图

表 13-19　标准窗体中的控件属性

对象名	属性	设置值	作用
From1	Text	标准窗体	窗体容器
	StartPosition	CenterScreen	
menuStrip1	MenuItems	10 项	主菜单
contextMenuScript1	MenuItems	5 项	快捷菜单
toolStrip1	Button	9 项	工具栏
	Separator	2 项	
statusStrip1	StatusLabel	3 项	状态栏
timer1	Enable	True	控制状态栏第三个 Label 的时间刷新间隔
	Interval	1000	

(2) 菜单的结构与属性设置。

设置主菜单 MenuStrip 控件的结构如图 13.9 所示，主菜单及各菜单项的属性见表 13-20～表 13-23。

文件(F)　编辑(E)　格式(O)

图 13.9　主菜单结构图

表 13-20　顶级菜单各菜单项的属性设置

ToolStripMenuItem.Name 属性	ToolStripMenuItem.Text 属性	ToolStripMenuItem.ShortcutKeys 属性
FileToolStripMenuItem	文件(&F)	None
EditToolStripMenuItem	编辑(&E)	None
FormatToolStripMenuItem	格式(&O)	None

表 13-21 【文件】菜单组各菜单项的属性设置

ToolStripMenuItem.Name 属性	ToolStripMenuItem.Text 属性	ToolStripMenuItem.ShortcutKeys 属性
NewToolStripMenuItem	新建(&N)	Ctrl+N
OpenToolStripMenuItem	打开(&O)	Ctrl+O
SaveToolStripMenuItem	保存(&S)	Ctrl+S
ExitToolStripMenuItem	退出(&E)	Ctrl+X

表 13-22 【编辑】菜单组各菜单项的属性设置

ToolStripMenuItem.Name 属性	ToolStripMenuItem.Text 属性	ToolStripMenuItem.ShortcutKeys 属性
CutToolStripMenuItem1	剪切(&T)	Ctrl+X
CopyToolStripMenuItem1	复制(&C)	Ctrl+C
PasteToolStripMenuItem1	粘贴(&P)	Ctrl+V

表 13-23 【格式】菜单组各菜单项的属性设置

ToolStripMenuItem.Name 属性	ToolStripMenuItem.Text 属性	ToolStripMenuItem.ShortcutKeys 属性
FontToolStripMenuItem	字体(&F)	None
ColorToolStripMenuItem	颜色(&C)	None

(3) 上下文菜单 ContextMenuStrip 的结构与属性设置。

上下文菜单的结构如图 13.10 所示，上下文菜单属性设置见表 13-24。

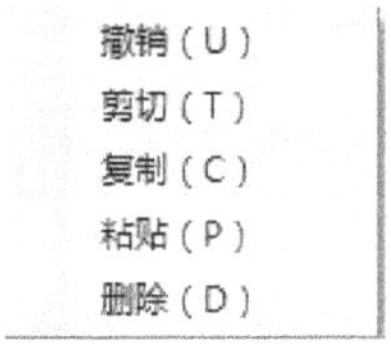

撤销(U)
剪切(T)
复制(C)
粘贴(P)
删除(D)

图 13.10 上下文菜单的结构图

表 13-24 上下文菜单属性设置

ToolStripMenuItem.Name 属性	ToolStripMenuItem.Text 属性
UndoToolStripMenuItem	撤销(&U)
CutToolStripMenuItem	剪切(&T)
CopyToolStripMenuItem	复制(&C)
PasteToolStripMenuItem	粘贴(&P)
DeleteToolStripMenuItem	删除(&D)

(4) 工具栏 ToolStrip 的结构与属性设置。

工具栏的结构如图 13.11 所示，工具栏各按钮的属性设置见表 13-25。

图 13.11 工具栏的外观

表 13-25 工具栏各按钮的属性设置

Name 属性	Text 属性	DisplayStyle 属性	Image 属性
toolStripButton1	打开	Image	照片所在 src
toolStripButton2	保存	Image	照片所在 src
toolStripButton3	剪切	Image	照片所在 src
toolStripButton4	复制	Image	照片所在 src
toolStripButton5	粘贴	Image	照片所在 src
toolStripButton6	撤销	Image	照片所在 src
toolStripButton7	恢复	Image	照片所在 src

(5) 状态栏 StatusStrip 的结构与属性。

状态栏由 3 个 ToolStripStatusLabel 组成，其结构如图 13.12 所示。其中，状态栏各窗口的属性设置见表 13-26。

就绪 | 469,125 | 13:47:49

图 13.12 状态栏外观

表 13-26 状态栏各按钮的属性设置

Name 属性	Text 属性	Spring 属性	BorderSides 属性
toolStripStatusLabel1	就绪	True	None
toolStripStatusLabel1	坐标所在位置	True	Left
toolStripStatusLabel1	系统时间	True	Left

本实例在窗体中使用状态栏控件，并在它的面板中添加 3 个 ToolStripStatusLabel，其中第一个 Label 显示“就绪”两字，第二个 Label 动态显示鼠标在窗体中的当前位置，第三个 Label 动态显示当前的时间。在当前时间窗口中用到了 Timer 控件，通过设置 Timer 控件的 Interval 属性为 1000，即每秒钟更新一次，并在 Timer 控件的 Tick 事件中编辑定时器完成的操作。

```
private void timer1_Tick(object sender, EventArgs e)
    {toolStripStatusLabel3.Text = DateTime.Now.ToLongTimeString(); }
```

13.3.3 相关知识及注意事项

Windows 应用程序以窗口形式提供用户界面，通常可以将窗口分为工作区和框架两部分：工作区指的是用户处理数据的区域，它一般在窗口的中间位置，例如 Word 的文档编辑器。框架指的是窗口的周边区域，框架上通常布置一些标准的控件供用户使用程序功能，例如菜单、工具栏、状态栏等。Windows 工具箱中为用户提供了窗口所选的基本框架控件。

C#中菜单控件分为主菜单和上下文菜单两种。主菜单放置在窗口顶部，上下文菜单在窗口中或右击控件时弹出(又称弹出菜单)，它们一起组成了窗体的菜单系统。

1. MenuStrip 菜单控件

MenuStrip 控件称为主菜单，程序运行后主菜单显示在窗体的标题条下，供用户选择应用程序的功能。主菜单通常由顶级菜单(水平菜单)和下拉菜单共同组成，它们之间是一种层次结构。

1) 编辑主菜单

从工具箱中将 MenuStrip 控件拖入应用程序窗体，可以看到应用程序窗体下部的托架增加了一个控件 menuStrip1。此时，默认 Form1 窗口的 MainMenuStrip 属性自动变成了 menuStrip1，表示该菜单控件默认成为窗体的主菜单控件。

选中控件 menuStrip1，在被设计的窗体的标题条下就会出现主菜单编辑器。在主菜单编辑器上按照预先组织的菜单结构，逐级输入菜单文本，就可以完成主菜单的编辑。主菜单编辑器如图 13.13 所示。

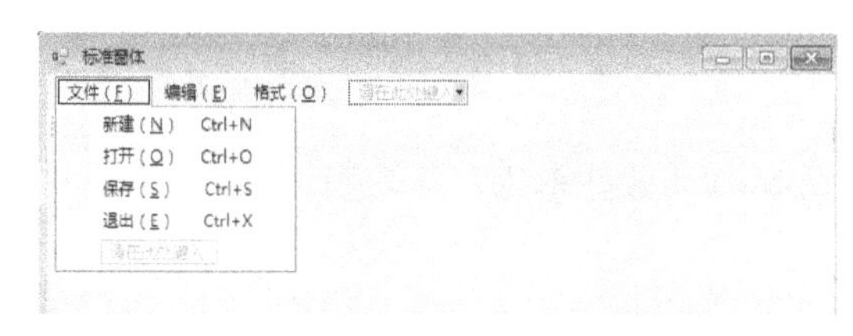

图 13.13 主菜单编辑器

2) 菜单项的字母助记符

在菜单项文本后面括号内的大写字母称为字母助记符，如图 13.14 中的“文件(F)”中的 F，它是快速打开菜单功能的一种方式。其使用方法是(以菜单项“文件(F)”为例)：按 Alt+F 组合键即可选中该菜单功能，这与单击该菜单项的效果相同；下拉菜单相似使用字母助记符时(以菜单项“新建(N)”为例)，当下拉菜单被拉开后，直接按下 N 键即可选中该菜单项。在编辑菜单项“文件(F)”时，应输入文本“文件(&F)”，并且一对括号应该在英文状态下输入。

3) 菜单项的快捷键

快速启动菜单项功能的另一种办法是给菜单项设置快捷键，例如菜单项“保存(S)Ctrl+S”上的 Ctrl+S 组合键就是快捷键。在为菜单设置快捷键时，可以在菜单项的属性窗口，设置 ShortcutKeys 属性即可。

4) 菜单项的常用属性

MenuStrip 控件的菜单项 ToolStripMenuItem 的常用属性见表 13-27。

表 13-27 ToolStripMenuItem 的常用属性

属性名	作　用
Name	菜单项的名字
Text	菜单项显示的文本
ShortcutKeys	用来制定菜单功能的快捷键
Checked	确定菜单项文本前是否显示一个核对标记“√”

5) 菜单项常用的事件

ToolStripMenuItem 的常用事件见表 13-28。

表 13-28　ToolStripMenuItem 的常用事件

事件名	含　义
Click	单击菜单项、按快捷键、按字母助记符使高亮显示后，按 Enter 键都会触发该事件
Select	选择该菜单时发生

2. ContextMenuStrip 上下文菜单控件

ContextMenuStrip 称为上下文菜单控件。当用户右击某个目标，根据该目标当前状态(上下文的关联关系)，立即弹出一个上下文菜单，此时可以选择该菜单上的某菜单项来实现对应的功能。上下文菜单也称快捷菜单。

1) 编辑上下文菜单

将 ContextMenuStrip 控件拖入应用程序窗体，可以看到应用程序窗体下部托架增加了一个控件 ContextMenuStrip1。选中这个控件，在应用程序窗体的标题栏下出现上下文菜单编辑器。编辑上下文菜单的方法与编辑主菜单的方法相同，如图 13.14 所示。

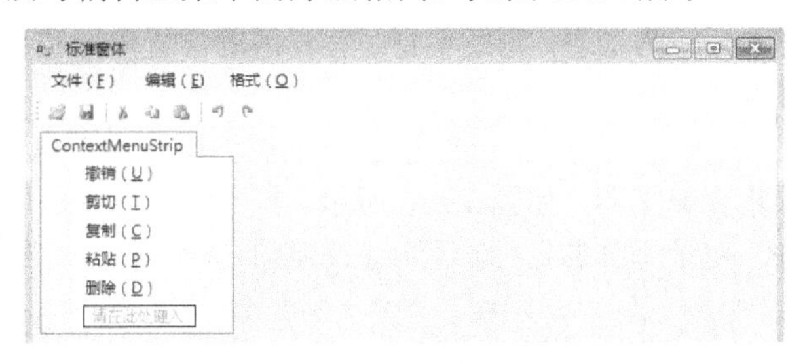

图 13.14　上下文菜单编辑状态

在编辑过程中，若焦点离开上下文菜单，则上下文菜单编辑器变得不可见。如果需要在此修改上下文菜单，则只要在托架上再次选中 ContextMenuStrip1 控件，上下文菜单编辑器又会显示出来。

2) 上下文菜单常用属性

ContextMenuStrip 控件的常用属性见表 13-29。

表 13-29　ContextMenuStrip 控件的常用属性

属性名	作　用
Items	上下文菜单的菜单项集合，该属性与主菜单 MenuStrip 控件的 Items 属性相同，它本身带有一些属性、方法，可以对集合进行操作，例如对菜单项进行增减
SourceControl	获取当前显示上下文菜单的控件

上下文菜单项的属性、事件、方法与主菜单控件的菜单项相同。

3. 工具栏 ToolStrip 控件

工具栏一般是对应菜单的部分常用功能，以一组按钮的形式提供程序功能。它可以浮动在窗体的任何位置，较之于菜单，用户往往更愿意使用工具栏。工具栏在设计上通常采用图形按钮来形象地表示其功能。

编辑工具栏按钮时，在工具箱中将 ToolStrip 控件拖入应用程序窗体，可以看到应用程序窗体下部的托架增加了一个控件 toolStrip1。同时看到在窗体菜单栏下面出现一个工具栏编辑框，单击它则进入工具栏编辑，选择相应的控件选项对工具栏进行编辑。工具栏编辑器如图 13.15 所示。

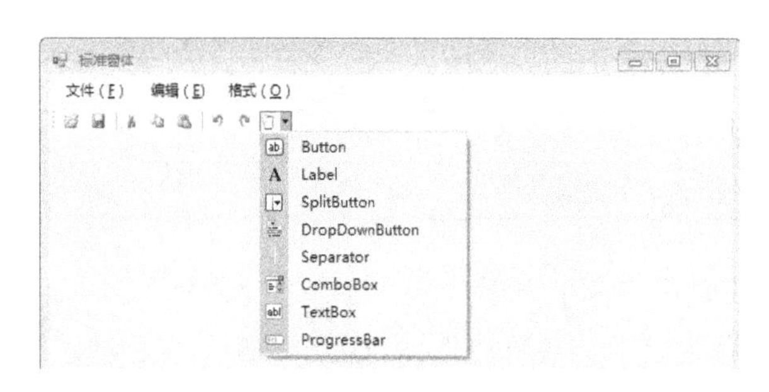

图 13.15　工具栏编辑器

工具栏中可以选择多种不同的控件。显示控件的控件都属于 ToolStrip 控件 Items 属性集合中的对象。对这些对象的编辑与普通标准对象的编辑相同。

4．StatusStrip 状态栏控件

StatusStrip 控件称为状态栏，它是应用程序窗口下部一个输出区域，显示窗体当前状态或者简要的提示信息，例如程序的状态、帮助信息、客户区的位置坐标和当前时间等，供用户参考，增强程序的可用性。

编辑 StatusStrip 状态栏时，打开 StatusStrip 控件的属性窗口，在属性 Items 中，单击后面的按钮将弹出状态栏项集合编辑器，如图 13.16 所示。打开编辑器中的下拉菜单，就可以选择添加状态栏显示的控件。对于添加的控件，可以在右侧的属性窗口中对控件进行编辑。

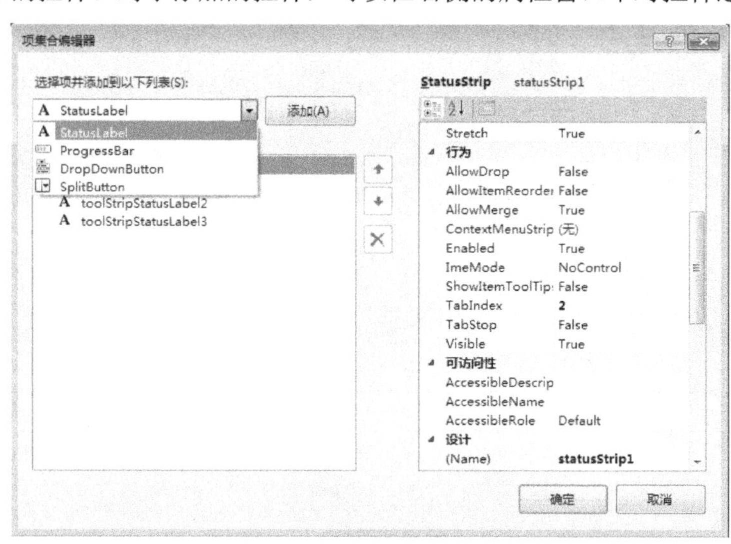

图 13.16　状态栏项集合编辑器

13.4　Windows 高级控件 TreeView 控件

13.4.1 案例说明

【案例简介】

创建一个树形菜单，用来展示公司组织架构。当单击某个树形菜单节点时，显示该架构的

具体信息。

【案例目的】

(1) 掌握树形菜单的创建。

(1) 掌握树形菜单节点的添加和删除。

(3) 掌握树形菜单的常用操作。

【技术要点】

(1) 创建一个 WinForm 窗体。从工具箱中拖一个 TreeView 控件到窗体中。使用 TreeView 控件设计器“编辑节点”功能来编辑树形菜单节点。当单击具体节点时，显示该节点的信息，显示效果如图 13.17 所示。

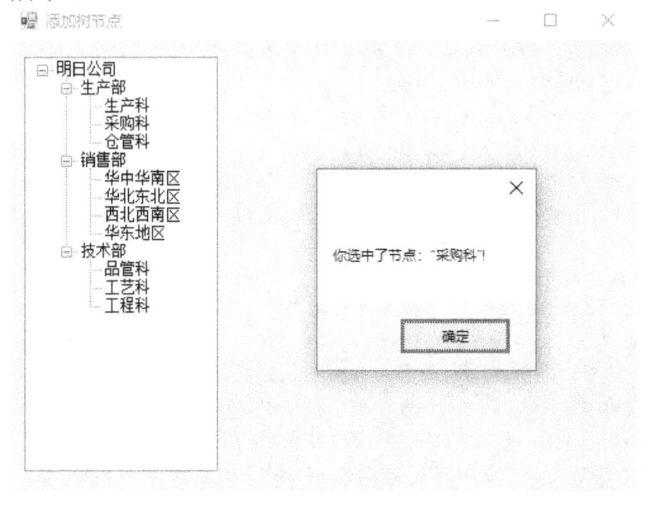

图 13.17　获取选中节点效果

(2) 重新创建一个 WinForm 窗体，并从工具箱中拖一个 TreeView 控件到窗体中，为窗体添加 Load 事件，在事件处理函数中，编写代码添加 TreeNode，当单击具体节点时，显示该节点的信息，显示效果如图 13.18 所示。

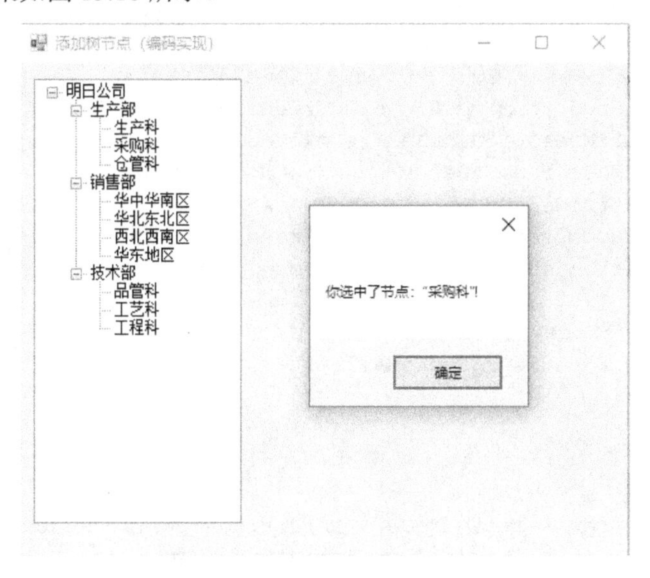

图 13.18　获取选中节点效果(编码实现)

13.4.2 代码及分析

```
private void Form2_Load(object sender, EventArgs e)
        {
            //创建根节点
            TreeNode root = new TreeNode("明日公司");
            //将根节点挂到TreeView控件上
            this.treeView1.Nodes.Add(root);
            //创建生成部，并将其挂到root根节点上
            TreeNode departNode1 = new TreeNode("生产部");
            root.Nodes.Add(departNode1);
            //创建生产部下属部门节点，并将它们挂到部门节点上
            TreeNode roomNode1 = new TreeNode("生产科");
            departNode1.Nodes.Add(roomNode1);
            TreeNode roomNode2 = new TreeNode("采购科");
            departNode1.Nodes.Add(roomNode2);
            TreeNode roomNode3 = new TreeNode("仓管科");
            departNode1.Nodes.Add(roomNode3);

            //同理，逐层添加后续节点
            TreeNode departNode2 = new TreeNode("销售部");
            root.Nodes.Add(departNode2);
            //创建销售部下属部门节点，并将它们挂到部门节点上
            TreeNode roomNode4 = new TreeNode("华中华南区");
            departNode2.Nodes.Add(roomNode4);
            TreeNode roomNode5 = new TreeNode("华北东北区");
            departNode2.Nodes.Add(roomNode5);
            TreeNode roomNode6 = new TreeNode("西北西南区");
            departNode2.Nodes.Add(roomNode6);
            TreeNode roomNode7 = new TreeNode("华东地区");
            departNode2.Nodes.Add(roomNode7);

            TreeNode departNode3 = new TreeNode("技术部");
            root.Nodes.Add(departNode3);
            //创建技术部下属部门节点，并将它们挂到部门节点上
            TreeNode roomNode8 = new TreeNode("品管科");
            departNode3.Nodes.Add(roomNode8);
            TreeNode roomNode9 = new TreeNode("工艺科");
            departNode3.Nodes.Add(roomNode9);
            TreeNode roomNode10 = new TreeNode("工程科");
            departNode3.Nodes.Add(roomNode10);

            //展开TreeView控件上的所有节点
            this.treeView1.ExpandAll();
        }

        private void treeView1_AfterSelect(object sender, TreeViewEventArgs e)
        {
            TreeNode selectedNode = this.treeView1.SelectedNode;
            MessageBox.Show(string.Format(" 你 选 中 了 节 点 ： “ {0} ” !",
selectedNode.Text));
```

```
            }
        }
    }
```

程序分析：

以上案例使用了 TreeView 控件的窗体设计器，添加和展示了节点。还使用了 TreeView 控件中 Nodes 集合属性下的 Add（）方法，在具体根节点下添加相应子节点。树形菜单中的每个节点对应一个 TreeNode 节点对象。

13.4.3 相关知识及注意事项

TreeView 控件可以显示具有层次结构的数据，类似于 Windows 资源管理器中左侧的树形列表。TreeView 控件由层叠的节点(Node)分支构成，每个节点有图像和标签组成。每个 TreeView 控件均包含一个或多个根节点，在根节点下包含多个子节点。在子节点下还可以再包含子节点。拥有子节点的节点可以展开或折叠。对 TreeView 控件的操作实际是对节点的操作。

1. TreeView 控件常用属性

TreeView 控件的常用属性见表 13-30。

表 13-30　TreeView 控件常用属性

属性名	作用
Name	标识控件对象的名字，程序中用来指明控件对象
Nodes	TreeView 控件根节点集合
SelectedNode	获取或设置当前 TreeView 控件中选定的树节点
ImageList	获取或设置 TreeView 中所有的图像集，管理 ImageList 控件
ImageIndex	获取或设置树节点显示的图像，在 ImageList 图像集中的索引
SelectedImageIndex	获取或设置节点被选中时显示的图像，在 ImageList 图像集中的索引

2. TreeView 控件常用事件

TreeView 控件的常用事件见表 13-31。

表 13-31　TreeView 控件事件

事件名	含义
AfterCollapse	在折叠树节点后触发
AfterExpand	在展开树节点后触发
AfterSelect	在更改选中节点后触发
Click	在单击 TreeView 控件后触发

3. 添加删除树节点

对 TreeView 控件的操作实际是对节点的操作。因此，添加删除树节点是 TreeView 控件最基本的操作。添加删除树节点有两种方式，一种是在窗体设计器中编辑节点，另一种是通过代码编辑节点。

1) 在窗体设计器中编辑树节点

在窗体设计器中选中 TreeView 控件，单击右上角的小三角图标，在右侧弹出小窗口中选择【编辑节点】链接，打开【TreeNode 编辑器】。按层级关系添加根节点和子级节点，在右侧属性栏中设置 Text 属性，添加节点标签文本，如图 13.19 所示。单击【确定】按钮，节点添加完毕。也可以使用 ✕ 删除选中的节点。

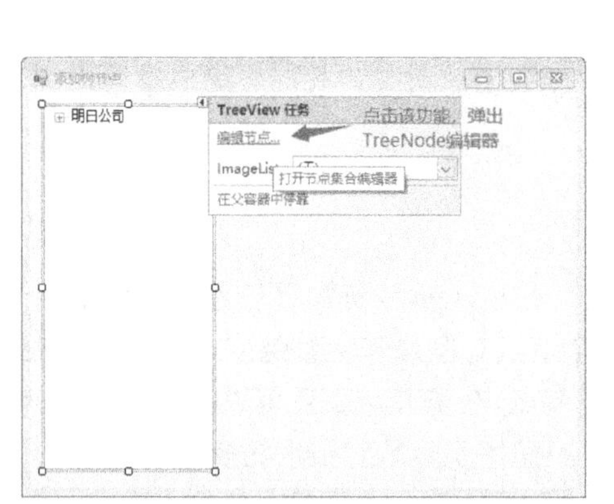

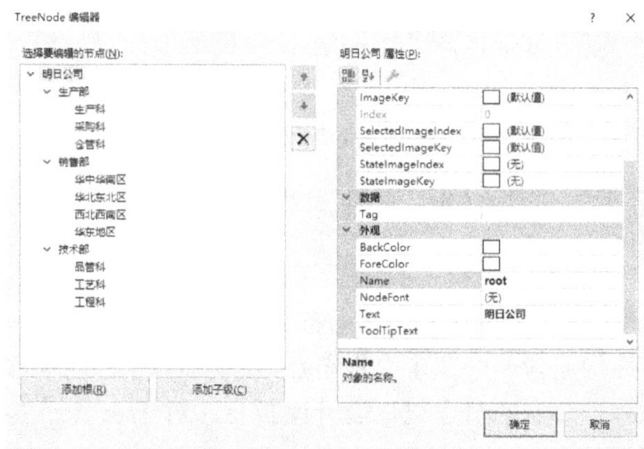

图 13.19　使用窗体设计器添加树节点

2) 使用代码添加或删除节点

在实际开发中，TreeView 控件中节点可能需要从数据库中读取，在这种情况下，需要使用代码来动态添加节点。TreeView 控件中的节点均为 TreeNode 对象。

在节点操作中，主要使用 TreeNode 节点类下的集合属性 Nodes 对其子节点进行操作。使用集合类的 Add()和 Remove()方法来实现节点的添加和删除操作。

添加节点语法：

```
TreeView 控件.Nodes.Add(要添加的 TreeNode 节点对象);
```

删除节点语法：

```
TreeView 控件.Nodes.Remove(要删除的 TreeNode 节点对象);
```

注意： 编写代码添加树节点时，需要注意层次结构，新节点挂到哪个节点上，就向该节点的 Nodes 属性中添加 TreeNode 树节点对象，如果是根节点，则直接向 TreeView 控件的 Nodes 属性中添加 TreeNode 对象。删除树节点是操作 TreeView 控件的 Nodes 属性，使用 Remove 方法进行删除，参数是需要删除的树节点对象。当某节点被删除时，其下面的所有子节点也将被删除。

13.5　Windows 高级控件 ListView 控件

13.5.1　案例说明

【案例简介】

使用 ListView 控件实现歌曲列表，根据歌曲类型筛选歌曲。

【案例目的】

(1) 掌握使用 ListView 控件展示数据信息。

(2) 掌握 TreeView 控件数据绑定。

(3) 掌握 ListView 控件数据绑定。

【技术要点】

(1) 创建一个 Windows 窗体应用程序，在窗体中拖入 SplitContainer 控件，将窗体分为左右两部分，在左侧 Panel1 容器中拖入 TreeView 控件，设置其在父容器停靠。在窗体 Load 事件中编码添加树节点。

(2) 在窗体中添加 ImageList 控件，并添加图像。将 ImageList 控件与 ListView 控件进行关联。

(3) 向窗体中拖入 ListView 控件，放置于右侧区域，并设置其在父容器内停靠。添加 ListView 控件的列，并设置为 Detail 视图。

(4) 定义歌曲类 Song，用于抽象歌曲，描述歌曲对象。

(5) 编码实现歌曲数据的初始化以及 ListView 的数据绑定。效果如图 13.20 所示。

(6) 选择相应的歌曲类别，编码实现对应歌曲类别歌曲的展示。效果如图 13.21 所示。

(7) 实现 ListView 控件的视图切换。添加右键菜单，绑定到 ListView 控件，编写右键菜单对应事件代码，通过代码，设置 ListView 控件的 View 属性，效果代码如图 13.22 所示。

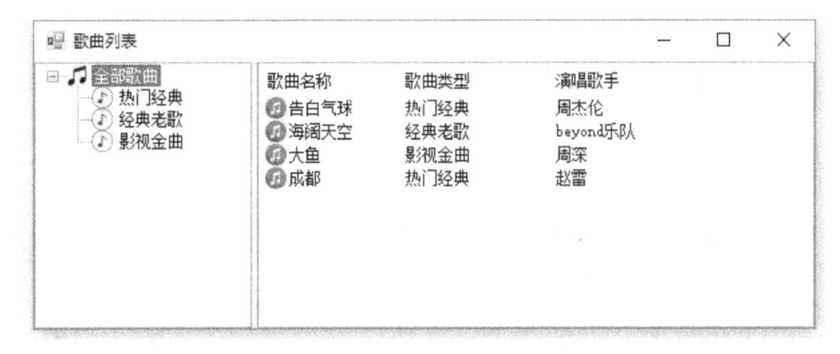

图 13.20 歌曲列表显示效果

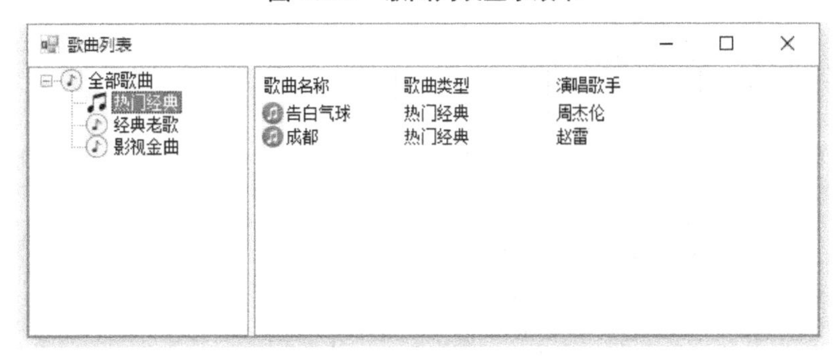

图 13.21 根据歌曲类别显示歌曲列表

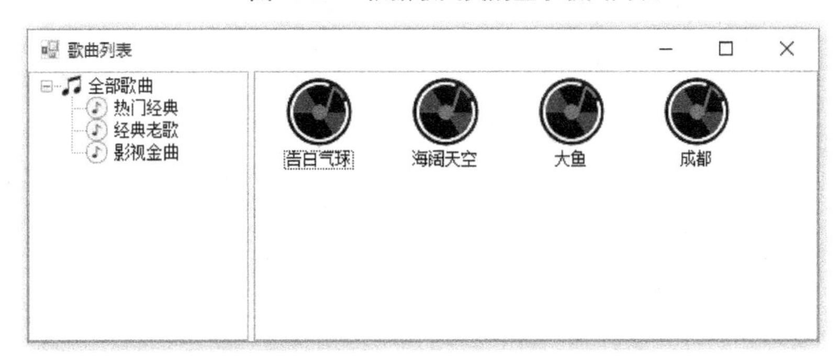

图 13.22 ListView 展示大图标视图

13.5.2 代码及分析

1. Song 类代码 Song.cs

```
public  class Song
{
      //歌曲名称
      public string Title;
      //歌曲类型
      public string Type;
      //演唱歌手
      public string Singer;
   }
```

2. 窗体页面后台关键代码

(1) 定义数组，用于存储数据。

```
//定义数组，用于存储歌曲类别
private string[] SongTypeArray;
//定义数组，用于存储歌曲对象
private Song[] SongArray;
```

(2) 定义方法，初始化数据。

```
  //定义方法，初始化 TreeView 和 ListView 数据
        private void InitData()
        {
            //初始化歌曲类别数组
            SongTypeArray = new string[] { "热门经典", "经典老歌", "影视金曲" };
            //实例化歌曲对象
            Song song1 = new Song();
            song1.Title = "告白气球";
            song1.Type = "热门经典";
            song1.Singer = "周杰伦";
            Song song2 = new Song();
            song2.Title = "海阔天空";
            song2.Type = "经典老歌";
            song2.Singer = "beyond 乐队";
            Song song3 = new Song();
            song3.Title = "大鱼";
            song3.Type = "影视金曲";
            song3.Singer = "周深";
            Song song4 = new Song();
            song4.Title = "成都";
            song4.Type = "热门经典";
            song4.Singer = "赵雷";
            //初始化歌曲数组
            SongArray = new Song[] { song1, song2, song3, song4 };
        }
```

(3) 定义方法，绑定控件数据。

```
//定义方法，加载歌曲类型，绑定 TreeView 树控件
```

```
        private void LoadSongType()
        {
            //创建根节点
            TreeNode rootNode = new TreeNode("全部歌曲");
            //将根节点连接到树控件上
            this.treeView1.Nodes.Add(rootNode);
            //遍历所有的歌曲类别
            foreach (string type in SongTypeArray)
            {
                //创建歌曲类别节点
                TreeNode typeNode = new TreeNode(type);
                //将歌曲类别节点连接到根节点上
                rootNode.Nodes.Add(typeNode);
            }
            //展开所有的节点
            this.treeView1.ExpandAll();
        }

        //定义方法，加载所有歌曲，绑定 ListView 控件
        private void LoadAllSong()
        {
            //遍历所有歌曲
            foreach (Song song in SongArray)
            {
                //创建 ListViewItem 项
                ListViewItem item = new ListViewItem(song.Title, 0);
                item.SubItems.Add(song.Type);
                item.SubItems.Add(song.Singer);
                //添加 ListViewItem 项
                listView1.Items.Add(item);
            }
        }
```

(4) 窗体加载事件。

```
//窗体加载事件
        private void Form1_Load(object sender, EventArgs e)
        {
            //调用方法，初始初始化数据
            InitData();
            //调用方法，加载歌曲类型
            LoadSongType();
            //调用所有方法，加载所有歌曲
            LoadAllSong();
        }
```

(5) 定义方法，根据歌曲类别筛选数据。

```
//定义方法，根据歌曲类别筛选歌曲
        private void LoadSongByType(string songType)
        {
            //如果选中的是“全部歌曲”,则加载所有歌曲
            if (songType=="全部歌曲")
```

```
            {
                LoadAllSong();
            }
            else
            {
                //遍历所有歌曲
                foreach (Song song in SongArray)
                {
                    //判断是否为选中歌曲类别，如果是，则加入 ListView 中
                    if (song.Type==songType)
                    {
                        //创建 ListViewItem 项
                        ListViewItem item = new ListViewItem(song.Title, 0);
                        item.SubItems.Add(song.Type);
                        item.SubItems.Add(song.Singer);
                        //添加 ListViewItem 项
                        listView1.Items.Add(item);
                    }
                }

            }
        }
```

(6) TreeView 事件，根据选择歌曲类别显示歌曲。

```
    //TreeView 控件的 AfterSelect 事件中，调用方法的代码如下
     private void treeView1_AfterSelect(object sender, TreeViewEventArgs e)
     {
         //每次选中歌曲类型，首先清空 ListView 中的项
         listView1.Items.Clear();
         //获取当前选中节点
         TreeNode selectNode = this.treeView1.SelectedNode;
         //调用方法，根据选中的歌曲类型，加载歌曲
         LoadSongByType(selectNode.Text);
     }
```

(7) 右键菜单切换 ListView 显示视图。

```
     private void 大图标ToolStripMenuItem_Click(object sender, EventArgs e)
     {
         this.listView1.View = View.LargeIcon;
     }
     private void 小图标ToolStripMenuItem_Click(object sender, EventArgs e)
     {
         this.listView1.View = View.SmallIcon;
     }
     private void 详细ToolStripMenuItem_Click(object sender, EventArgs e)
     {
         this.listView1.View = View.Details;
     }
     private void 列表ToolStripMenuItem_Click(object sender, EventArgs e)
     {
         this.listView1.View = View.List;
```

```
        }
        private void 平铺ToolStripMenuItem_Click(object sender, EventArgs e)
        {
            this.listView1.View = View.Tile;
        }
```

程序分析：

该程序设计主要为页面布局、控件设置、数据绑定、数据筛选、视图展示 5 个部分。页面布局时，使用 SplitContainer 控件将歌曲列表窗体分割为左右两个区域。在歌曲列表显示时，使用 ImageList 控件编辑图片列表，用于设置 TreeView 控件显示与选中状态的图标，如图 13.23 所示。

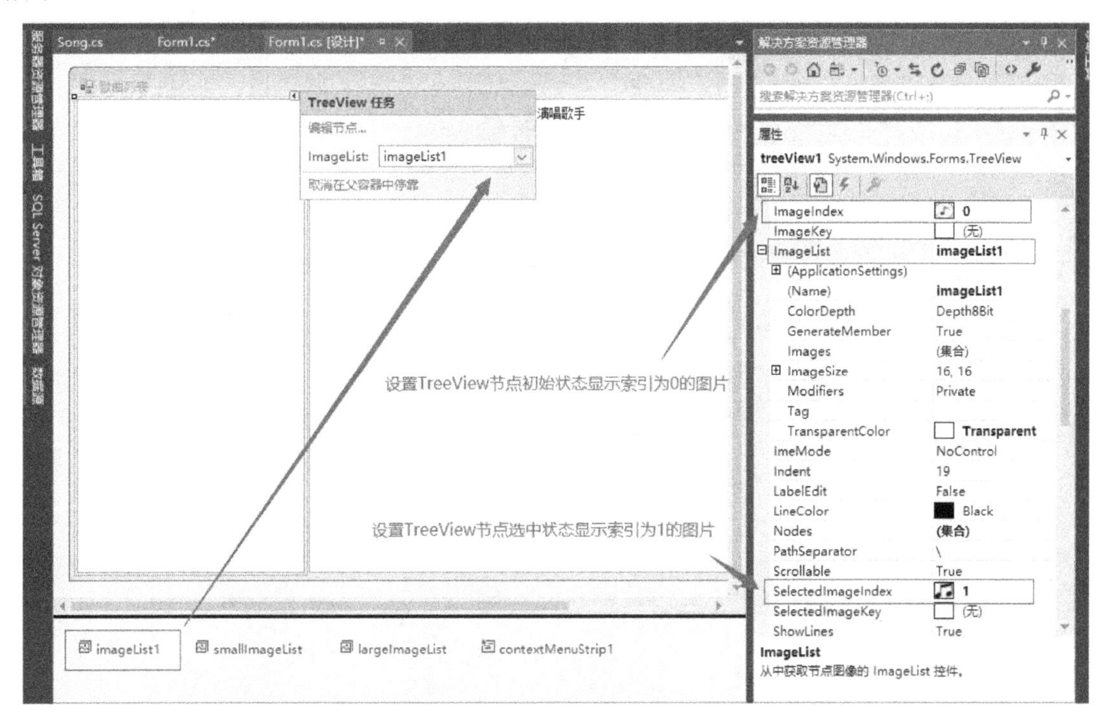

图 13.23 设置 TreeView 控件节点显示图标

单击 ListView 右上角的小三角，进入 ListView 编辑器，编辑添加 ListView 中的列。为了控制 ListView 控件在不同视图下的显示，添加两个 ImageList 图片列表，分别用来控制列表的大图标和小图标。并将这两个 ImageList 与 ListView 关联，具体设置如图 13.24 所示。

控件的数据绑定由后台代码创建歌曲类别数组和歌曲数组作为数据源绑定，显示到 TreeView 和 ListView 控件。主要对应 LoadSongType()和 LoadAllSong()方法。这两个方法会在页面加载 Load 事件中调用。

当用户单击左侧的歌曲类别树形节点时，触发 TreeView 的 AfterSelect 事件，该事件调用 LoadSongByType(string songType)方法遍历歌曲数组中的歌曲，判断歌曲是否匹配选中的歌曲类别，如果歌曲类别与选中类别一致，则将这首歌曲添加到 ListView 的选项中，并显示。

窗体中添加 ContextMenuStrip 上下文菜单控件，该控件与 ListView 关联，即设置 ListView 控件的 ContextMenuScrip 属性为创建的 ContextMenuStrip1，上下文菜单设置如图 13.25 所示。

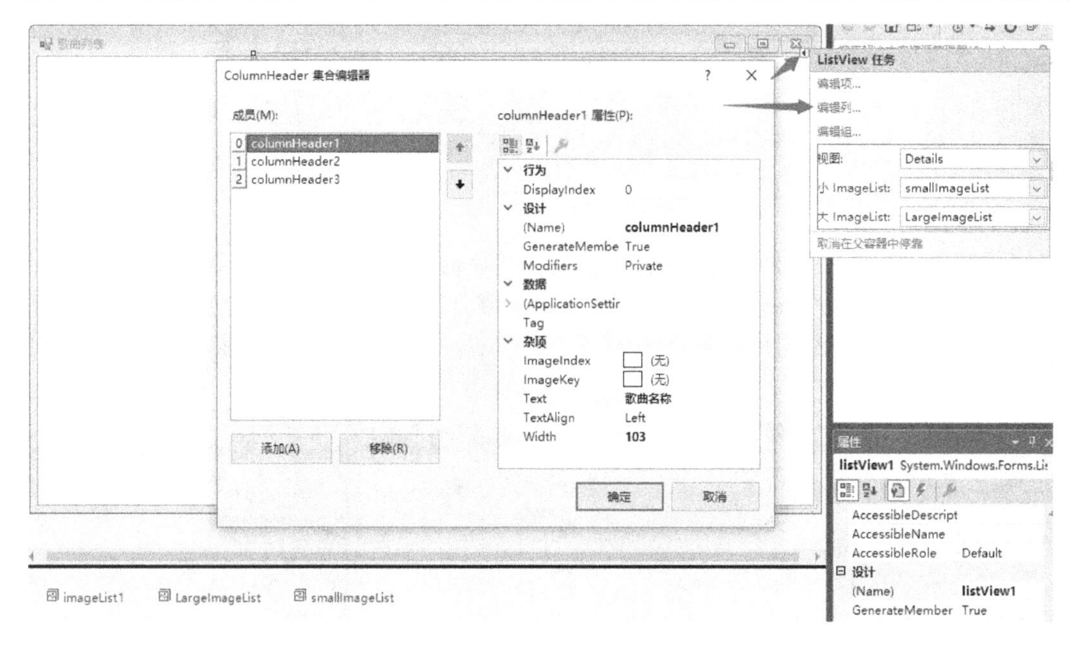

图 13.24　编辑 ListView 的列，绑定对应的图片列表

图 13.25　添加视图切换的菜单项

13.5.3　相关知识及注意事项

1. ListView 控件

ListView 控件可以显示带有图标的项列表，且具有多种显示形式。

(1) ListView 控件的常用属性见表 13-32。

表 13-32　ListView 控件的常用属性

属性名	作用
Name	标识控件对象的名字，程序中用来指明控件对象
Item	包含控件中的所有项集合
Columns	控件中显示的所有列标题的集合
View	控件的显示视图
LargeImageList	当控件以大图标视图显示时使用的 ImageList

续表

属性名	作用
SmallImageList	当控件以小图标视图显示时使用的 ImageList
GridLines	在包含控件中的行和列之间是否显示网格线
MultiSelect	是否可以选择多项
SelectedItems	获取在控件选定的项
FullRowSelect	单击某项是否选择其所有子项

(2) ListView 控件的常用方法见表 13-33。

表 13-33　ListView 控件的常用方法

方法	含义
Clear	从控件中移除所有项和列，清空 ListView

(3) ListView 控件具有多种显示视图，由属性 View 进行设置，View 属性见表 13-34。

表 13-34　View 属性的值及说明

属性值	含义
Details	详细视图，标准的二维表格，第一行为表头
LargeIcon	大图标，每一项显示为一个大图标
SmallIcon	小图标，每一项显示为一个小图标
List	列表，每一项显示一行
Tile	平铺，显示大图标，并在右侧显示详细信息

2. 在 ListView 中添加和移除列

在窗体设计器中，单击 ListView 控件右上角的小三角图标，单击链接【编辑列】，打开【ColumnHeader 集合编辑器】对话框，就可以对 ListView 控件进行列编辑。如图 13.26 所示。设置好列后，更换 ListView 的显示视图为 Detail，即可看到列表。

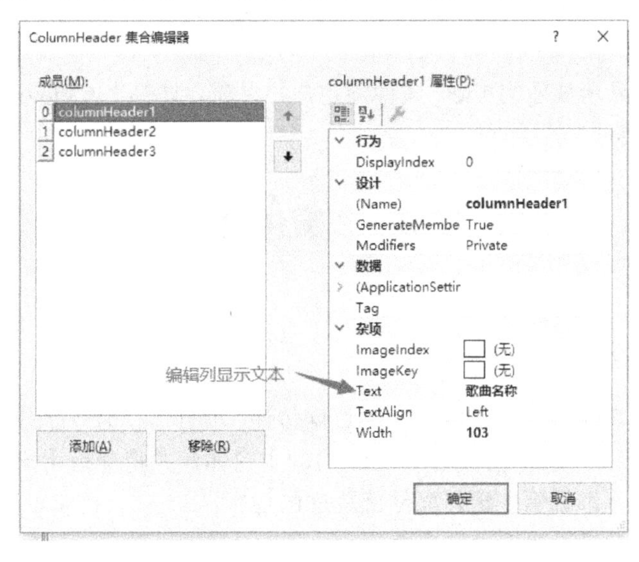

图 13.26　ListView 控件添加列

3. 使用 ListViewItem 添加项

在 ListView 设计器中，单击【编辑项】，打开【ListViewItem 编辑器】，添加 ListViewItem 对象，设置 Text 属性(注意：这里的 Text 属性将成为 ListViewItem 的列的标题，其他列由 SubItems 设置)。

单击 SubItems 属性右侧的小按钮，打开【ListViewSubItem 集合编辑器】，添加 ListViewSubItem 对象，即可添加其他列。具体操作界面如图 13.27 所示。

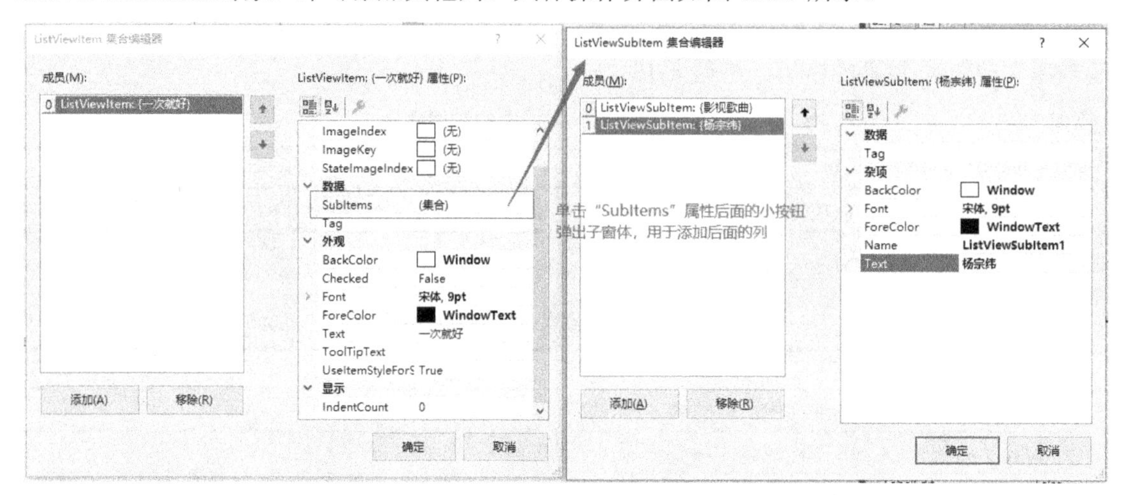

图 13.27　使用 ListViewItem 编辑器添加项

4. ListView 视图切换

列表视图 ListView 控件用于展示复杂数据，其最大的特点在于支持多种显示视图。可以为 ListView 绑定两套 ImageList 控件，一个显示大图标，一个显示小图标。在添加数据项创建 ListViewItem 对象时，指导数据项的图标索引。表示显示对应 ImageList 中索引为“0”的图标。具体操作代码如下：

```
//创建 ListViewItem 项
ListViewItem item = new ListViewItem(song.Title, 0);
```

ListView 控件的显示视图由 View 属性指定，如果需要切换 ListView 显示视图，只需要更改 ListView 视图的 View 属性即可。

13.6　多窗体设计

13.6.1　案例说明

【案例简介】

本案例将实现多窗体的启动和窗体间的数据传递。项目运行时，首先自动显示一个登录窗体。当用户登录成功后(登录验证省略)，自动启动主窗体，并将登录用户信息显示在主窗体。如果用户取消登录，将不显示主窗体而结束程序的运行。

【案例目的】

(1) 掌握窗体的启动。

(2) 掌握多窗体的顺序启动。

(3) 掌握窗体的显示方式和返回值。

(4) 掌握窗体间数据传递的方法。

(5) 掌握 PictureBox 图片框控件使用。

【技术要点】

(1) 创建一个 Windows 窗体应用程序，将默认窗体重命名为 FrmMain 窗体，并将其设为启动窗体。

(2) 在应用程序中添加一个新的窗体 FrmLogin，使其在 FrmMain 窗体中以弹出方式打开。

(3) 在应用程序中添加两个类，其 User 类文件为 User.cs，用来封装用户信息；Context 类文件为 Context.cs，用来定义一个登录用户。

(4) 编辑窗体后台代码以及相应按钮事件，按 Ctrl+F5 组合键编译并运行应用程序，首先弹出登录窗体，如图 13.28 所示。输入用户名后，打开主窗体，并在主窗体上显示用户登录信息，如图 13.29 所示。当单击窗口关闭按钮时，将会弹出确认框；如果单击【是】按钮，则关闭窗体，否则将取消关闭。效果如图 13.30 所示。

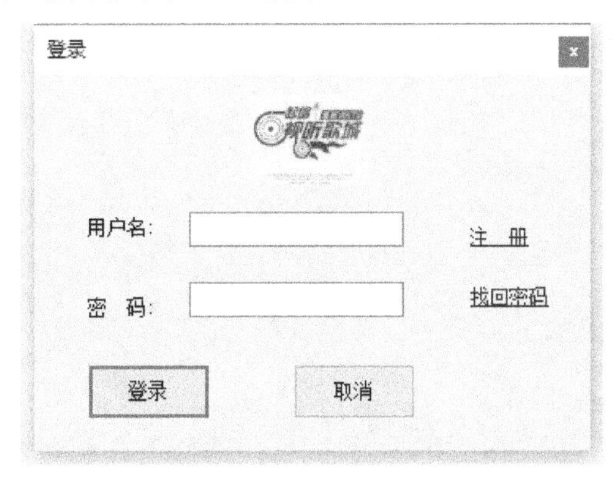

图 13.28 程序先弹出的登录窗体

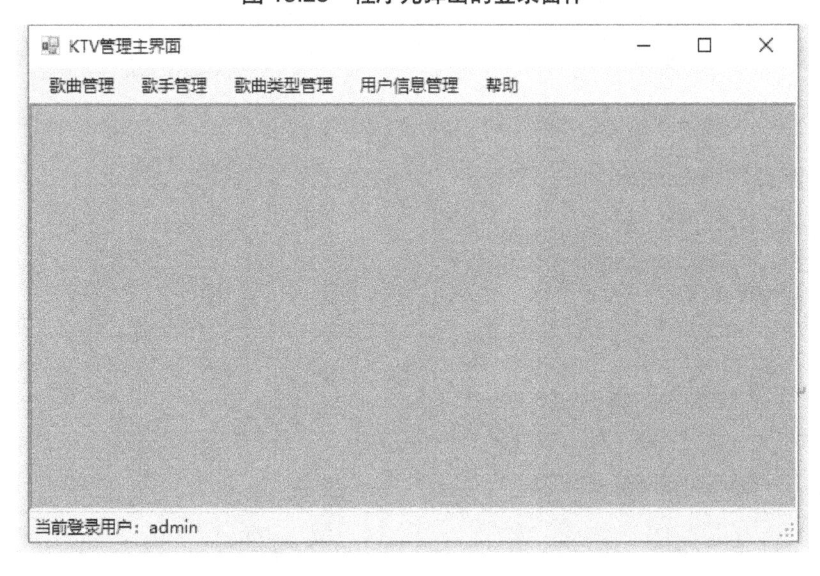

图 13.29 登录成功后显示的主窗体

图 13.30　点击关闭按钮后弹出确认框

13.6.2　代码及分析

(1) User 类代码 User.cs。

```
using System;
using System.Collections.Generic;
using System.Linq;
using System.Text;

namespace Example13_6
{
    public class User
     {
         public int ID;
         public string UserName;
         public string Password;
         public string Memo;
}
}
```

(2) 第三方类代码 Context.cs。

```
using System;
using System.Collections.Generic;
using System.Linq;
using System.Text;

namespace Example13_6
{

    public class Context
    {
        public static User LoginUser;
    }
}
```

(3) 应用程序 Program.cs。

```
using System;
using System.Collections.Generic;
using System.Linq;
using System.Windows.Forms;

namespace Example13_6
{
    static class Program
    {
        /// <summary>
        /// 应用程序的主入口点。
        /// </summary>
        [STAThread]
        static void Main()
        {
            Application.EnableVisualStyles();
            Application.SetCompatibleTextRenderingDefault(false);
            Application.Run(new FrmMain());
        }
    }
}
```

(4) 主页面代码 FrmMain.cs。

```
using System;
using System.Collections.Generic;
using System.ComponentModel;
using System.Data;
using System.Drawing;
using System.Linq;
using System.Text;
using System.Windows.Forms;

namespace Example13_6
{
    public partial class FrmMain : Form
    {
        public FrmMain()
        {
            InitializeComponent();
        }
        private bool isLogin = true;
        private void FrmMain_Load(object sender, EventArgs e)
        {
             //以对话框方式显示登录界面
              FrmLogin frm = new FrmLogin();
            if (frm.ShowDialog(this) == DialogResult.OK)
            {
                //执行主窗体的初始操作（三种方法）
                //第一种方法：获取窗体传递来的数据（使用登录界面 Tag）
                 User user=  frm.Tag as User;
```

```
                //第二种：获取窗体传递来的数据（使用第三方数据）
                 // User user = Context.LoginUser;
                //第三种：获取窗体传递来的数据（使用主窗口的 Tag）
                 // User user = this.Tag as User;
              //将获取的登录名显示在主窗体状态栏上
               toolStripStatusLabel1.Text += user.UserName;
            }
            else
            {
                //设置登录状态为未成功
                isLogin = false;
                this.Close();
            }
        }
         //窗体关闭时触发事件
        private void FrmMain_FormClosing(object sender, FormClosingEventArgs e)
        {
            //在登录成功后，如果要关闭主窗体，会弹出确认框
            if (isLogin == true)
            {
                if  (MessageBox.Show(" 你 却 认 要 退 出 吗 ？ ",  " 提 示 ",
MessageBoxButtons.YesNo, MessageBoxIcon.Question) == DialogResult.No)
                {
                    e.Cancel = true;
                }
            }
        }
    }
}
```

(5) 登录页面后台代码 FrmLogin.cs。

```
using System;
using System.Collections.Generic;
using System.ComponentModel;
using System.Data;
using System.Drawing;
using System.Linq;
using System.Text;
using System.Windows.Forms;

namespace Example13_5
{
    public partial class FrmLogin : Form
    {
        public FrmLogin()
        {
            InitializeComponent();
        }

        private void btnLogin_Click(object sender, EventArgs e)
        {
```

```
            if (txtPassword.Text == "" || txtUserName.Text == "")
            {
                MessageBox.Show("用户名和密码不能为空！");
                txtUserName.Text = "";
                txtPassword.Text = "";
                txtUserName.Focus();
            }
            else
            {
                //执行登录操作，查询数据库，判断用户名和密码是否正确(此处验证操作省略)
                //假设当用户名为："zxy" ，密码为："123"时，登录成功
                if (txtUserName.Text == "zxy" && txtPassword.Text == "123")
                {
                    MessageBox.Show("您可以登录到本系统","登录信息",MessageBoxButtons.
OK,MessageBoxIcon.Information);
                    //记录用户信息，并传递到主页面
                    User user = new User();
                    user.UserName = this.txtUserName.Text;
                    user.Password = this.txtPassword.Text;
                    //第一种：窗体间数据的传递（使用登录窗口的 Tag）
                    this.Tag = user;
                    //第二种：窗体间数据的传递（使用第三方数据）
                    // Context.LoginUser = user;
                    //第三种：窗体间数据的传递（使用主窗口的 Tag）
                    // FrmMain main = this.Owner as FrmMain;
                    //if (main == null)
                    //{
                    //MessageBox.Show("窗体无 Owner","提示", MessageBoxButtons.OK,
MessageBoxIcon.Warning);
                    //}
                    //else
                    //{
                    //    main.Tag = user;
                    //}
                    this.DialogResult = DialogResult.OK;
                    this.Close();
                }
                else
                {
                    MessageBox.Show("用户名或密码错误，请重新输入！", "登录信息",
MessageBoxButtons.OK, MessageBoxIcon.Information);
                    txtPassword.Text = "";
                    txtUserName.Text = "";
                    txtUserName.Focus();
                }
            }
        }
        private void btnCancel_Click(object sender, EventArgs e)
        {
            this.DialogResult = DialogResult.Cancel;
            MessageBox.Show("您取消了登录，不能进入系统", "登录信息",
MessageBoxButtons.OK, MessageBoxIcon.Information);
```

```
            this.Close();
        }
    }
}
```

程序分析：

(1) 将应用程序默认窗体重命名为 FrmMain，使其成为应用程序的主窗体。在 Program.cs 中通过 Application.Run(new FrmMain())将 FrmMain 设为应用程序启动窗体。

(2) 在应用程序中通过【添加新项】，选择【类】模板，添加 User 类和 Context 类。其中，User 类用来封装用户信息；而 Context 作为第三方类，在页面数据传递中起到传递数据的作用。

(3) 在应用程序中通过【添加新项】，选择【Windows 窗体】模板，添加一个新的窗体作为登录窗体，命名为 FrmLogin，登录窗体效果如图 13.28 所示。登录窗体中各控件的属性值见表 13-35。

表 13-35　登录窗体和控件属性

对象名	属　性	设置值	作　用
FrmLogin	Text	登录	窗体容器
	StartPosition	CenterScreen	
	FormBorderStyle	FixedToolWindow	
	WindowState	Normal	
groupBox1	Text	空	组合输入控件
label1、label2	Text	用户名、密码	标名数据项的名称
txtUserName	Text	空	输入用户名
txtPassWord	Text	空	输入密码
	PassWordChar	*	
	MaxLength	6	
btnLogin	Text	登录	启动【登录】功能
btnCancel	Text	取消	启动【取消】功能
PictureBox1	Image	Example13_6.Properties.Resources.logo	显示图片

(4) 在主窗体中，调用登录窗体，使其以会话方式打开。窗体登录操作结束后需要向调用它的主窗体返回窗体的 DialogResult 属性值。

(5) 单击【登录】按钮时，核对用户名和密码，当用户为合法用户时(此处用户合法验证代码省略)，将窗体的 DialogResult 属性值赋值为 DialogResult.OK，然后关闭窗体。若为非法用户，给出提示信息，不关闭窗体。

(6) 单击【取消】按钮时，将窗体的 DialogResult 属性值复制为 DialogResult.Cancel，然后关闭窗体。

(7) 主窗体根据上面两个操作，获取 FrmLogin 窗体关闭时的返回值，根据 ShowDialog()方法的返回值，就知道用户是否成功登录。

(8) 在主窗体退出时，判断窗体是正常登录后的关闭，还是取消登录后的关闭。设置一个 bool 值 IsLogin，在窗口关闭 Closing 事件中，判断主窗体是在何种情况下退出。如果是在正常登录后进入系统，并请求关闭主窗体，则会弹出确认框，让用户确认是否真的要关闭程序；如果是取消登录后的关闭，则不弹出确认框，直接关闭应用程序，代码如下：

```
    private void FrmMain_FormClosing(object sender, FormClosingEventArgs e)
        {
            //在登录成功后，如果要关闭主窗体，会弹出确认框
            if (isLogin == true)
            {
                if (MessageBox.Show("你确认要退出吗？", "提示", MessageBox
Buttons.YesNo, MessageBoxIcon.Question) == DialogResult.No)
                {
                    e.Cancel = true;
                }
            }
        }
```

13.6.3 相关知识及注意事项

1. 图片框 PictureBox

图片框 PictureBox 控件是用于显示图形的 Windows 窗体控件，通常用于在窗体制定位置显示图片。它是不可编辑的控件，不能获得焦点。

(1) PictureBox 常用属性，见表 13-36。

表 13-36 PictureBox 的常用属性

属性值	含义
Image	用于设置显示在图片框控件上的图像
ImageLocation	用于设置显示在图片框控件上的图片路径
SizeMode	用于控制调整控件或图片的大小及放置位置

(2) SizeMode 存在的五个值，见表 13-37。

表 13-37 SizeMode 的属性值

属性值	含义
Normal	图像被置于 PictureBox 的左上角，如果图像比包含它的 PictureBox 大，则该图像被裁剪掉
StretchImage	PictureBox 中的图像被拉伸或收缩以适应 PictureBox 的大小
AutoSize	调整 PictureBox 的大小，使其等于其所包含的图像大小
CenterImage	如果 PictureBox 比图像大，则图像居中显示，如果 PictureBox 比图像小，则图像将居中显示并裁掉超出部分
Zoom	图像大小按其原有的长宽比例被等比例放大或缩小

(3) 使用 PictureBix 显示图像。

准备素材图片，将其放置于 bin/Debug 目录下，拖拽 PictureBox 控件至窗体，确定位置大小。点击 PictureBox 右上角的小三角，制定显示图像的大小模式，单击【选择图像】，添加图像资源，然后单击【确定】即可。

2. 设置项目的启动窗体

1) 向项目中添加新建项

当创建一个 Windows 应用程序后，在项目中有一个默认的窗体，这个窗体是一个类，类名一般默认为 Form1，继承自 System.Windows.Forms.Form 基类。这就是大多数应用程序项目的第一个窗体。

若要在项目中添加一个新建项，可以在开发环境的解决方案资源管理器上找到当前项目，右击项目名称，在弹出的菜单中选择【添加】|【新建项】，打开【添加新项】对话框如图 13.31 所示。

图 13.31 【添加新项】对话框

在【添加新项】对话框的模板中选择“Windows 窗体”模板，在名称框中输入窗体的名称，该名称默认为“From2.cs”。单击【添加】按钮完成添加窗体的操作，一个新的窗体 Form2 被加到了当前项目中。项目中添加类或其他对象的方法与添加窗体方法相同。

2) 默认启动窗体

任何一个 C#程序都需要有一个入口，那就是静态方法 static void Main()。在 Windows 应用程序项目中，这个方法被开发系统自动生成在项目 Program.cs 文件中，该方法的典型代码为：

```
static void Main()
    {
        Application.EnableVisualStyles();
        Application.SetCompatibleTextRenderingDefault(false);
        Application.Run(new Form1());
    }
```

Main 方法中 Application.Run(new Form1());表示运行第一个窗体 Form1 的实例。因此，在 Windows 应用程序项目中，总是默认第一个窗体为启动窗体。

3) 改变启动窗体

若要将 Form2 设为启动窗体，只需要修改 Program.cs 类中的 Main 方法，将启动窗体语句修改为 Application.Run(new Form2());，则项目将首先运行第二个窗体 Form2，于是项目从第二个窗体 Form2 启动。

4) 显示其他窗体

项目启动一个窗体后，若想要显示其他窗体，一般会设计某些控件(菜单或按钮等)让用户操作来触发窗体显示。例如，Form2 中有一个按钮控件 button1，其文本 Text 为“显示第一个窗体”，单击事件代码为：

```
private void button1_Click(object sender, EventArgs e)
   {
      Form1 frm = new Form1(); //创建窗体 Form1 的实例
      frm.Show();   //显示该窗体实例
   }
```

单击【显示第一个窗体】按钮，便会显示第一个窗体 Form1 实例。

3. 设置窗体的显示风格

可以通过设置窗体的边框风格、控制按钮、窗体状态、开始位置 4 个属性来控制窗体的显示风格。

1) 窗体的边框风格

FormBorderStyle 属性可以设置窗体的边框风格，属性值为 FormBorderStyle 类型，默认值为 Sizable。FormBorderStyle 属性的取值见表 13-38。

表 13-38　FormBorderStyle 属性的取值

Value 值	含义
Sizable	有窗体标题和所有的控制按钮，能拖曳窗体的大小
None	无窗体标题条，无任何控制按钮，不能拖曳窗体的大小
FixedSingle	有窗体标题条和所有控制按钮，不能拖曳窗体大小
Fixed3D	有窗体标题条和所有控制按钮，不能拖曳窗体大小，客户区下凹
FixedDialog	有窗体标题条和所有控制按钮，不能拖曳窗体大小
FixedToolWindows	有窗体标题条和关闭按钮，不能拖曳窗体大小
SizableToolWindows	有窗体标题条和关闭按钮，能拖曳窗体大小

为了在程序运行后用户拖曳窗体大小时界面不混乱，界面设计要注意以下两点。

(1) 若程序运行期间没有必要改变窗体的尺寸，就应将窗体的 FormBorderStyle 属性设置为 FixedSingle 或 FixedDialog，并要去掉窗体的最大化按钮，以禁止用户改变窗体的大小。

(2) 若程序运行期间有必要让用户改变窗体的大小，就应将窗体的 FormBorderStyle 属性设置为 Sizable，将窗体中控件的 Dock 属性设置为停靠于窗体的某一边，并把窗体中最主要控件(例如数据表格、文本编辑器等)的 Dock 属性设置为 Fill，使它能充满整个窗体，防止窗体被改变尺寸后导致用户界面的混乱。

2) 窗体的控制按钮

每个窗体都有一些控制按钮，控制按钮可以控制窗体的状态，比如窗体能否最大化、最小化、是否有帮助按钮等。窗体中常用的控制按钮属性见表 13-39。

表 13-39　窗体中常用的控制按钮属性

属　性	含义
MinimizeBox	设置最小化按钮，属性值为 bool 值
MaximizeBox	设置最大化按钮，属性值为 bool 值
HelpButton	设置帮助按钮，属性值为 bool 值
CancelButton	设置 Esc 键的对等按钮
ControlBox	设置或获取一个值，指示窗体是否显示一个控制框

3) 窗体状态

窗体的状态的属性值为 WindowState，其属性值为 FormWindowState 类型的 3 个枚举变量，分别为Maximized(最大化)、Minimized(最小化)和Normal(设计状态下给的大小)，默认值为Normal。

4) 开始位置

窗体控件的 StartPosition 属性能够设置或获取窗体的起始位置，属性值为 FormStartPosition 类型的 5 个枚举值，其含义见表 13-40。

表 13-40　FormStartPosition 类型的枚举值

Value 值	含义
Manual	默认值。起始位置有其 Location 属性确定
CenterScreen	起始位置在屏幕中心
CenterParent	起始位置在父窗体的中心
WindowsDefaultBounds	起始位置有 Windows 默认边界确定
WindowsDefaultLocation	起始位置有 Windows 默认位置确定

4. 窗体的返回值

在多窗体应用程序中，经常要求窗体向其调用者回送数据，例如登录窗体需要向主窗体传送登录成功与否的信息。窗体的 DialogResult 属性可以设置，窗体的 ShowDialog 方法将返回这个属性值，调用者接收到这个返回值，就可以了解到用户是如何关闭这个窗体的，从而推知用户的意向。

1) 窗体的 DialogResult 属性

使用 DialogResult 属性，可以获取或设置窗体的对话框结果。对话框的结果实际上就是关闭窗体时返回值，它指明了窗体是如何被关闭的。窗体的 DialogResult 属性通常由某个 Button 控件的 DialogResult 设计，当用户单击该按钮时，Button.DialogResult 的属性被赋予窗体的 DialogResult 属性。窗体的 DialogResult 属性值作为窗体方式 ShowDialog 的返回值。

窗体的 DialogResult 属性必须设置为 DialogResult 类型的枚举值。按照通常习惯，这些枚举值由特定的按钮发送，DialogResult 枚举值与按钮的对应关系见表 13-41。

表 13-41　DialogResult 枚举值与按钮的对应关系

枚举值	对应按钮
DialogResult.OK	【确定】按钮
DialogResult.Cancle	【取消】按钮
DialogResult.Yes	【是】按钮

续表

枚举值	对应按钮
DialogResult.No	【否】按钮
DialogResult.Abort	【终止】按钮
DialogResult.Ignore	【忽略】按钮
DialogResult.Retry	【重试】按钮

2) 窗口的 ShowDialog 方法

调用窗体的 ShowDialog 方法，窗体将以模式对话框的形式显示出来。窗体以模式对话框显示时，则该窗体独占屏幕焦点，此时不能激活别的窗体，直到该窗体被关闭，才能使其他窗体活动。例如登录窗体应该以模式对话框的形式显示，登录事务没有处理完毕，不允许处理主窗体中的事务。窗体类的 ShowDialog 方法的声明格式是：

```
public DialogResult ShowDialog();
public DialogResult ShowDialog(IWin32Window owner);
```

其中，参数 owner 为 Iwin32Window 对象，它是窗体的拥有者，实际上就是被 Show 出来的那个窗体的顶层窗体。

调用 ShowDialog()方法的典型代码是：

```
Form1 frm = new Form1(); //创建窗体 Form1 的实例
 if (frm.ShowDialog() == DialogResult.OK)
 {
      //加入用户要"确定"的处理代码
 }
else
 {
      //加入用户要"取消"的处理代码
 }
```

5. 窗体间的数据传递

1) 使用控件的 Tag 属性

控件都具有 Tag 属性，Tag 属性的含义是获取或设置包含有关控件的数据的对象。Tag 属性的一个常见用途，是存储与控件密切关联的数据。因此，在切换窗体时，可以使用窗体的 Tag 属性来实现数据对象的传递。

例如在登录操作中，可以将登录的用户信息封装在 User 类的对象中，并将该对象赋予登录窗体的 Tag 属性中。登录页面为 Tag 属性赋值代码如下：

```
//如果验证通过，则记录用户信息，并传递到主页面
User user = new User();
 user.UserName = this.txtUserName.Text;
user.Password = this.txtPassword.Text;
//窗体间数据的传递(将用户信息赋予登录窗口的 Tag)
this.Tag = user;
```

当登录窗口关闭，主窗体被打开，即意味着登录成功后，主页面可以通过访问登录页面的 Tag 属性来获取用户信息，并将其显示。主页面获取传递过来的数据的参考代码如下：

```
FrmLogin frm = new FrmLogin();
```

```
if (frm.ShowDialog(this) == DialogResult.OK)
{
 //执行主窗体的初始操作
 //获取窗体传递来的数据(使用登录界面 Tag)
  User user=  frm.Tag as User;   //通过 as 将 Tag 中的数据转换成 User 类型
 this.Text += string.Format("-欢迎：{0}", user.UserName)
}
```

2) 使用第三方数据

第三方数据是对于需要传递数据的两个窗体之外，通过一个第三方将发送窗口需要传递的数据保存下来，并在接收窗口读取第三方数据以获得需要的信息。

以登录信息为例，可以创建一个第三方 Context 类，并在类中声明一个静态成员 LoginUser，它是 User 类型，代码如下：

```
  public class Context
  {public static User LoginUser;}
```

当登录成功后，将用户的信息封装在 User 类的对象中，并将这个对象赋予第三方 Context 类中的 LoginUser。登录页面数据传递代码如下：

```
  User user = new User();
  user.UserName = this.txtUserName.Text;
  user.Password = this.txtPassword.Text;
  //窗体间数据的传递(使用第三方数据)
  Context.LoginUser = user;
```

登录完成，登录窗口关闭，主窗体打开时，可以读取第三方 Context 对象中公开成员的 LoginUser 以获取用户登录信息。主页面获取数据代码如下：

```
FrmLogin frm = new FrmLogin();
if (frm.ShowDialog(this) == DialogResult.OK)
{
 //执行主窗体的初始操作
 //获取窗体传递来的数据(使用第三方数据)
  User user=  Context.LoginUser;
 this.Text += string.Format("-欢迎：{0}", user.UserName)
}
```

3) 使用主窗体 Tag 属性

使用主窗体的 Tag 与使用子窗体的 Tag 方法基本相同。但是由于要在登录页面为主页面的 Tag 赋值，就需要将这两个窗体联系起来。事实上，登录窗体与主窗体之间是有联系的。这种联系就是当前窗体与顶层窗体之间的联系。登录窗体传递数据的代码如下：

```
User user = new User();
user.UserName = this.txtUserName.Text;
user.Password = this.txtPassword.Text;
//窗体间数据的传递(使用主窗口的 Tag)
//指明主窗体为登录窗体的所有者
FrmMain main = this.Owner as FrmMain;
if (main == null)
{
  MessageBox.Show("窗体无 Owner", "提示", MessageBoxButtons.OK, MessageBoxIcon.
```

```
Warning);
     }
      else
     {
       main.Tag = user;
     }
```

在主窗体操作中，打开登录窗体需要指明窗体的所有关系。在调用登录窗体的模式打开ShowDialog(this)方法时，参数 this 即表示当前主窗体。主窗体获取传递信息的代码如下：

```
     FrmLogin frm = new FrmLogin();
     if (frm.ShowDialog(this) == DialogResult.OK)
     {
        //执行主窗体的初始操作
        //窗体间数据的传递(使用主窗口的 Tag)
        User user = this.Tag as User;
       this.Text += string.Format("-欢迎: {0}", user.UserName);
```

13.7 本章小结

在 VS.NET 中进行 Windows 编程设计和开发 Windows 应用程序时，因为其强大的可视化支持，辅助代码生成功能和编辑器的智能化，所以可以减低程序的开发费用，缩短开发的周期。Windows 应用程序一般至少有一个可视化的用户界面，用户在这些界面上通过对控件的约定操作来使用程序的功能。

C#.NET 的控件十分丰富，它们在工具箱内被分成若干组。本章对 Form 窗体和控件进行介绍，主要从简单控件、框架控件、高级控件对 Windows 窗体控件进行了介绍。

简单控件中，详细讨论了标签、文本框、命令按钮、列表框、组合框、单选按钮、复选按钮等 Windows 对话框中常见控件的属性、方法和事件，通过实例说明了具体的应用方法。

Windows 应用程序的框架区有菜单、工具栏和状态栏这三个常用的界面元素。本章对其设计方法进行了介绍。通过对 Windows 框架控件的学习，可以有效组织应用程序功能。

高级控件主要介绍了 TreeView 控件和 ListView 控件，结合实际应用，通过两个控件实现音乐列表功能，详细介绍了这两个控件的属性、事件和方法，结合数组知识，使用代码实现控件的数据绑定。

本章还讲述了多窗体项目中窗体间的关系，包括窗体启动、显示、隐藏和关闭，窗体的主从关系和 MDI 窗体的父子关系。处理好窗体间的关系，使项目各个窗体协同工作，充分发挥各窗体的功能，共同完成项目的总体功能。

处理窗体间关系的程序代码往往与类的编程机制有关，特别是与程序的入口点、类的构造函数。C# Windows 编程与之前的面向对象知识：类的继承、类的方法与属性、类的当前实例等重要概念紧密相关，充分掌握面向对象的原理和 C#类运行机制，才能更好地编写 Windows 应用程序。

13.8 习　　题

1．选择题

(1) 窗体的标题条显示的文本由窗体的(　　)属性决定。

A．BackColor　　B．Text　　C．ForeColor　　D．Opacity

(2) 要使控件不可用(呈灰色显示)需要将(　　)属性设置为 false。

A．Enabled　　B．Visible　　C．Locked　　D．CausesValidation

(3) 要将焦点设置在某控件上，需要调用该控件的(　　)方法。

A．FindForm　　B．Refresh

C．GetNextControl　　D．Focus

(4) 在 WinForm 窗体中，下列不属于文本类控件的是(　　)。

A．Button 控件　　B．Textbox 控件

C．MenuStrip 控件　　D．Label 控件

(5) 当控件的文本 Text 属性发生改变时会引发控件的(　　)事件。

A．TextChanged　　B．SizeChanged

C．StyleChanged　　D．LocationChanged

(6) 要给“新建”菜单项设置助记符 N，其属性 Text 的正确值是(　　)。

A．新建(*N)　　B．新建(&N)

C．新建(Alt+N)　　D．新建(ctrl+N)

(7) 要设置主菜单项的快捷键，需要设置其属性(　　)。

A．ShortcutKeys　　B．Shortcut

C．ShowShortcut　　D．Checked

(8) 要在一个控件上右击弹出快捷菜单，需要利用控件的(　　)事件。

A．Click　　B．KeyPress

C．MouseDown　　D．MouseMove

(9) 消息框 MessageBox 的 Show 方法的返回值是(　　)类型。

A．DialogResult　　B．BorderStyle

C．string　　D．int

(10) C#的 Windows 应用程序的入口点是(　　)。

A．某个窗体的 Load 事件　　B．某个窗体的 Init 事件

C．应用程序的 Main 方法　　D．应用程序的 New 方法

(11) 窗体程序代码中的 this 代表了(　　)。

A．当前窗体类　　B．窗体的当前实例

C．代码所在的方法　　D．代码所在的事件

(12) 要将一个窗体设置为 MDI 父窗体，需要将该窗体的（　　）属性设置为 true。

A．IsHandleCreated　　B．MdiParent

C．MdiChildren　　D．IsMdiContainer

(13) 在 WinFom 开发中，下列关于 TreeView 控件的说法，错误的是（　　）。

A．TreeView 控件用于展示具有层次结构的数据

B．TreeView 控件由层叠的节点构成，每个节点由文本标签和图标组成

C．控件可以显示带有图标的项列表，并且支持多种显示视图

D．获取 TreeView 控件中被选中的节点，可以使用 SelectedNode 属性

(14) 在 WinForm 窗体中，ListView 控件具有多种显示视图，其中不包括(　　)。

A．详细视图　　　　B．超大图标

C．大图标　　　　D．平铺

(15) 在 WinForm 开发中，下列关于 ListView 控件的说法，错误的是(　　)。

A．ListView 控件可以显示带有图标的项列表，且具有多种显示模式

B．使用 ListView 的详细视图时，必须为 ListView 控件添加列

C．可以通过右键菜单来对 ListView 显示视图进行切换

D．ListView 有多种显示视图，可以同时显示两种视图

(16) 在 WinForm 开发中，需要实现一个资源管理器，下列说法错误的是(　　)。

A．资源管理器左侧使用 TreeView 控件展示目录，右侧使用 ListView 展示文件夹和文件

B．为了美观的效果，左侧的 TreeView 中的树节点可以添加图标

C．当树节点被选中时，触发 TreeView 的 Click 事件，加载选中目录下的子目录和文件列表

D．右侧的 ListView 支持多种视图切换，如详细视图、大图标、小图标、列表和平铺面

(17) 若没有为当前窗体 DialogResult 属性赋值，该窗体 ShowDialog()方法的返回值将是(　　)。

A．DialogResult.OK　　　　B．DialogResult.Yes

C．DialogResult.Cancel　　　　D．None

2．简答题

(1) 简述 Windows 应用程序的开发步骤，并列举窗体的常用属性和事件有哪些。

(2) 窗口的打开方式有哪两种？简单介绍其方法以及两者的区别。

(3) 简述树形控件 TreeView 控件和列表视图 ListView 控件的作用及应用场合。

3．操作题

(1) 创建 KTV 项目，创建登录页面、注册页面和主页面。实现 KTV 系统的登录和注册。

(2) 构建 KTV 系统的菜单架构，包含：歌曲管理、歌手管理、歌曲类型管理、用户管理模块。

(3) 使用 TreeView 控件和 ListView 实现歌曲列表展示、实现根据类别筛选歌曲。

参 考 文 献

[1] [美]Christian Nagel，Jay Glynn，Morgan Skinner．C#高级编程[M]．李铭，译．9 版．北京：清华大学出版社，2014．

[2] [美]Anders Hejlsberg，Mads Torgersen，Scott Wiltamuth，Peter Golde．C#程序设计语言[M]．陈宝国，黄俊莲，马燕新，译．4 版．北京：机械工业出版社，2011．

[3] 刘莉，李梅，姜志坚．C#程序设计教程[M]．北京：清华大学出版社，2014．

[4] 郑伟，杨云，陶延涛．Visual C#程序设计项目案例教程[M]．2 版．北京：清华大学出版社，2014．

[5] 董淑娟，马战宝．C#程序设计项目教程[M]．北京：中国水利水电出版社，2014．

[6] 杨树林，胡洁萍．C#程序设计与案例教程[M]．2 版．北京：清华大学出版社，2014．

[7] 郑阿奇，梁敬东，朱毅华，时跃华，赵青松．C#程序设计教程[M]．2 版．北京：机械工业出版社，2011．

[8] 明日科技．C#从入门到精通[M]．3 版．北京：清华大学出版社，2012．

[9] 张志强．C#程序设计案例教程[M]．北京：清华大学出版社，2013．

[10] 庄越，王槐彬．C#程序设计与项目实战[M]．北京：电子工业出版社，2014．

[11] 侯春英，任华，林忠会．C#程序设计项目教程[M]．北京：航空工业出版社，2012．

[12] 郑宇军．C#面向对象程序设计[M]．2 版．北京：人民邮电出版社，2013．

[13] 齐志，赵晓丹．Visual C# 2010 程序设计教程[M]．北京：清华大学出版社，2013．